Das Ingenieurwissen: Regelungs- und Steuerungstechnik

Heinz Unbehauen • Frank Ley

Das Ingenieurwissen: Regelungs- und Steuerungstechnik

Springer Vieweg

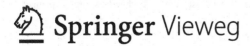

Heinz Unbehauen
Ruhr-Universität Bochum
Bochum, Deutschland

Frank Ley
Fachhochschule Dortmund
Dortmund, Deutschland

ISBN 978-3-662-44025-4
ISBN 978-3-662-44026-1 (eBook)
DOI 10.1007/978-3-662-44026-1

Die Deutsche Nationalbibliothek verzeichnet diese Publikation in der Deutschen Nationalbibliografie; detaillierte bibliografische Daten sind im Internet über http://dnb.d-nb.de abrufbar.

Springer Vieweg
Das vorliegende Buch ist Teil des ursprünglich erschienenen Werks „HÜTTE – Das Ingenieurwissen", 34. Auflage.

Gedruckt auf säurefreiem und chlorfrei gebleichtem Papier

Springer Vieweg ist eine Marke von Springer DE. Springer DE ist Teil der Fachverlagsgruppe Springer Science+Business Media.
www.springer-vieweg.de

Vorwort

Die HÜTTE Das Ingenieurwissen ist ein Kompendium und Nachschlagewerk für unterschiedliche Aufgabenstellungen und Verwendungen. Sie enthält in einem Band mit 17 Kapiteln alle Grundlagen des Ingenieurwissens:

- Mathematisch-naturwissenschaftliche Grundlagen
- Technologische Grundlagen
- Grundlagen für Produkte und Dienstleistungen
- Ökonomisch-rechtliche Grundlagen

Je nach ihrer Spezialisierung benötigen Ingenieure im Studium und für ihre beruflichen Aufgaben nicht alle Fachgebiete zur gleichen Zeit und in gleicher Tiefe. Beispielsweise werden Studierende der Eingangssemester, Wirtschaftsingenieure oder Mechatroniker in einer jeweils eigenen Auswahl von Kapiteln nachschlagen. Die elektronische Version der Hütte lässt das Herunterladen einzelner Kapitel bereits seit einiger Zeit zu und es wird davon in beträchtlichem Umfang Gebrauch gemacht.

Als Herausgeber begrüßen wir die Initiative des Verlages, nunmehr Einzelkapitel in Buchform anzubieten und so auf den Bedarf einzugehen. Das klassische Angebot der Gesamt-Hütte wird davon nicht betroffen sein und weiterhin bestehen bleiben. Wir wünschen uns, dass die Einzelbände als individuell wählbare Bestandteile des Ingenieurwissens ein eigenständiges, nützliches Angebot werden.

Unser herzlicher Dank gilt allen Kolleginnen und Kollegen für ihre Beiträge und den Mitarbeiterinnen und Mitarbeitern des Springer-Verlages für die sachkundige redaktionelle Betreuung sowie dem Verlag für die vorzügliche Ausstattung der Bände.

Berlin, August 2013

H. Czichos, M. Hennecke

Das vorliegende Buch ist dem Standardwerk *HÜTTE Das Ingenieurwissen 34. Auflage* entnommen. Es will einen erweiterten Leserkreis von Ingenieuren und Naturwissenschaftlern ansprechen, der nur einen Teil des gesamten Werkes für seine tägliche Arbeit braucht. Das Gesamtwerk ist im sog. Wissenskreis dargestellt.

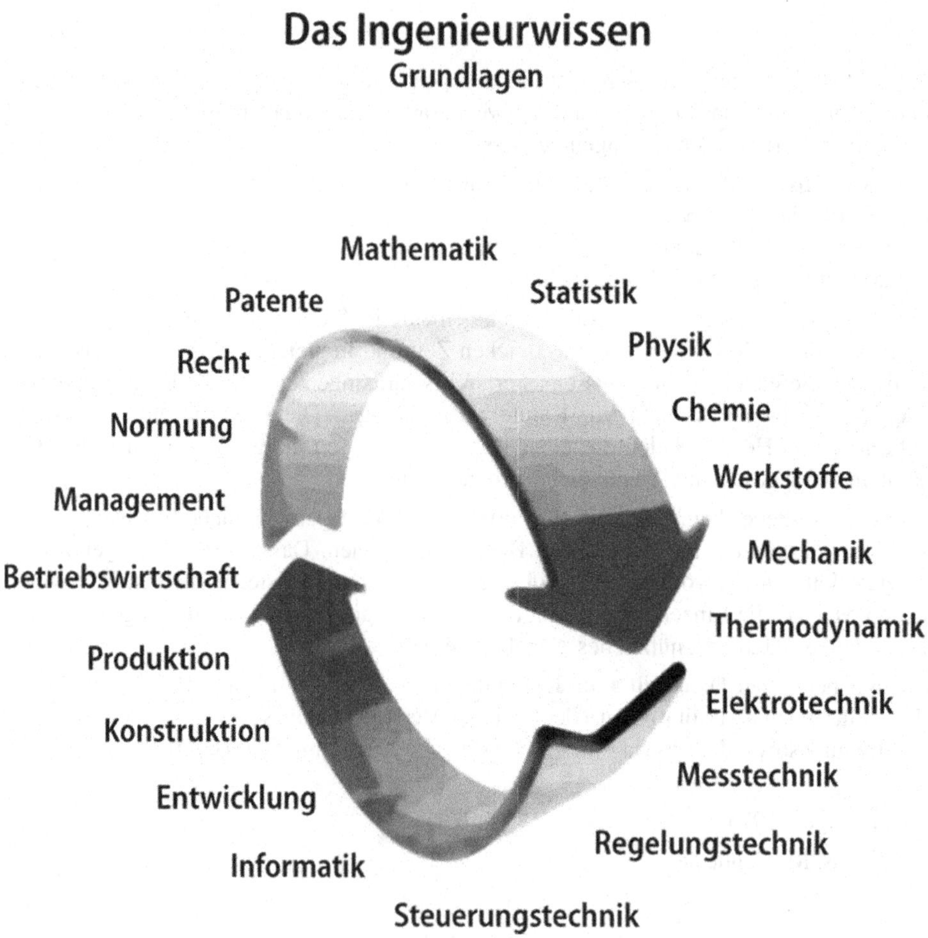

Regelungs- und Steuerungstechnik
H. Unbehauen, F. Ley

Regelungstechnik
H. Unbehauen

Regelungs- und Steuerungstechnik

H. Unbehauen
F. Ley

REGELUNGSTECHNIK
H. Unbehauen

1 Einführung

1.1 Einordnung der Regelungs- und Steuerungstechnik

Automatisierte industrielle Prozesse sind gekennzeichnet durch selbsttätig arbeitende Maschinen und Geräte, die häufig sehr komplexe Anlagen oder Systeme bilden. Die Teilsysteme derselben werden heute durch die übergeordnete, stark informationsorientierte *Leittechnik* koordiniert. Zu ihren wesentlichen Grundlagen zählen die Regelungs- und Steuerungstechnik sowie die Prozessdatenverarbeitung. Ein typisches Merkmal von Regel- und Steuerungssystemen ist, dass sich in ihnen eine zielgerichtete Beeinflussung gewisser Größen (Signale) und eine Informationsverarbeitung abspielt, die N. Wiener [1] veranlasste, für die Gesetzmäßigkeiten dieser Regelungs- und Steuerungsvorgänge (in der Technik, Natur und Gesellschaft) den Begriff der *Kybernetik* einzuführen. Da Regelungs- und Steuerungstechnik weitgehend geräteunabhängig sind, soll im Weiteren mehr auf die systemtheoretischen als auf die gerätetechnischen Grundlagen eingegangen werden.

1.2 Darstellung im Blockschaltbild

In einem Regel- oder Steuerungssystem erfolgt eine Verarbeitung und Übertragung von Signalen. Derartige Systeme werden daher auch als Übertragungssysteme (oder Übertragungsglieder) bezeichnet. Diese besitzen eine eindeutige Wirkungsrichtung, die durch die Pfeilrichtung der Ein- und Ausgangssignale angegeben wird, und sind rückwirkungsfrei. Bei einem Eingrößensystem wirkt jeweils *ein* Eingangs- und Ausgangssignal $x_e(t)$ bzw. $x_a(t)$. Bei Mehrgrößensystemen sind es dementsprechend mehrere Größen am Eingang oder Ausgang des Übertragungsgliedes (auch Teilsystem genannt). Einzelne Übertragungsglieder werden dabei durch Kästchen dargestellt, die über Signale untereinander zu größeren Einheiten (Gesamtsystemen) verbunden werden können. Der Begriff des *Systems* reicht dabei vom einfachen Eingrößensystem über das Mehrgrößensystem bis hin zu hierarchisch gegliederten Mehrstufensystemen. Bild 1-1 zeigt ein einfaches Beispiel eines Blockschemas. Die wichtigsten bei Blockschaltbildern verwendeten Symbole sind in Tabelle 1-1 aufgeführt.

Tabelle 1-1. Die wichtigsten Symbole für Signalverknüpfungen und Systeme im Blockschaltbild

Benennung	Symbol	Mathematische Operation
Verzweigungspunkt	X_1 → X_2, ↓ X_3	$X_3 = X_2 = X_1$
Summenpunkt	X_1 (+), X_2 (±) → ○ → X_3	$X_3 = X_1 \pm X_2$
Multiplikationsstelle	X_1, X_2 → M → X_3	$X_3 = X_1 X_2$
Divisionsstelle	X_1, X_2 → D → X_3	$X_3 = X_1 / X_2$
Allgemeine lineare Operation	X_1 → L → X_2	$X_2 = L(X_1)$
Allgemeine nichtlineare Operation	X_1 → N → X_2	$X_2 = N(X_1)$

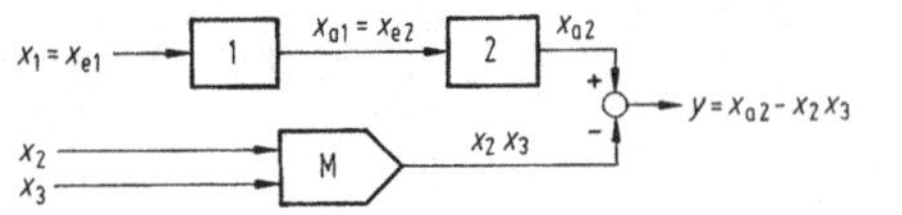

Bild 1-1. Beispiel für ein Blockschaltbild

1.3 Unterscheidung zwischen Regelung und Steuerung

Nach DIN 19226 [2] ist „*Regeln* ein Vorgang, bei dem eine Größe, die *Regelgröße*, fortlaufend erfasst (gemessen), mit einer anderen Größe, der *Führungsgröße*, verglichen und abhängig vom Ergebnis dieses Vergleichs im Sinne der Angleichung an die Führungsgröße beeinflusst wird. Der sich daraus ergebende Wirkungsablauf findet in einem geschlossenen Kreis, dem *Regelkreis*, statt". Demgegenüber ist „*Steuern*" der Vorgang in einem System, bei dem eine oder mehrere Größen als Eingangsgrößen andere Größen als Ausgangsgrößen aufgrund der dem System eigentümlichen Gesetzmäßigkeiten beeinflussen. Kennzeichnend für das Steuern ist der *offene* Wirkungsablauf über das einzelne Übertragungsglied oder die Steuerkette.

Aus dem Blockschaltbild (Bild 1-2a) erkennt man leicht, dass die Regelung durch folgende Schritte charakterisiert wird:

- Messung der Regelgröße y,
- Bildung der Regelabweichung $e = w - y$ durch Vergleich des Istwertes der Regelgröße y mit dem Sollwert w (Führungsgröße),
- Verarbeitung der Regelabweichung derart, dass durch Verändern der Stellgröße u die Regelabweichung vermindert oder beseitigt wird.

Vergleicht man nun eine Steuerung mit einer Regelung, so lassen sich folgende Unterschiede leicht feststellen:

Die *Regelung*
- stellt einen geschlossenen Wirkungsablauf (Regelkreis) dar;
- kann wegen des geschlossenen Wirkungsprinzips allen Störungen z entgegenwirken (negative Rückkopplung);
- kann instabil werden, d. h., Schwingungen im Kreis klingen dann nicht mehr ab, sondern wachsen auch bei beschränkten Eingangsgrößen w und z (theoretisch) über alle Grenzen an.

Die *Steuerung*
- stellt einen offenen Wirkungsablauf (Steuerkette) dar;
- kann nur den Störgrößen entgegenwirken, auf die sie ausgelegt wurde; andere Störeinflüsse sind nicht beseitigbar;
- kann, sofern das zu steuernde Objekt selbst stabil ist, nicht instabil werden.

Gemäß Bild 1-2a besteht ein Regelkreis aus 4 Hauptbestandteilen: Regelstrecke, Messglied, Regler und Stellglied.

Anhand dieses Blockschaltbildes ist zu erkennen, dass die Aufgabe der Regelung einer Anlage oder eines Prozesses (*Regelstrecke*) darin besteht, die vom *Messglied* zeitlich fortlaufend erfasste *Regelgröße* $y(t)$ unabhängig von äußeren *Störungen* $z(t)$ entweder auf einem konstanten *Sollwert* $w(t)$ zu halten (Festwertregelung oder Störgrößenregelung) oder $y(t)$ einem veränderlichen Sollwert $w(t)$ (*Führungsgröße*) nachzuführen (Folgeregelung, Nachlauf- oder Servoregelung). Diese Aufgabe wird durch ein Rechengerät, den *Regler R*, ausgeführt. Der Regler bildet die *Regelabweichung* $e(t) = w(t) - y(t)$, also die Differenz zwischen Sollwert $w(t)$ und Istwert $y(t)$ der Regelgröße, verarbeitet diese entsprechend seiner Funktionsweise (z. B. proportional, integral oder differenzial) und erzeugt ein Signal $u_R(t)$, das über

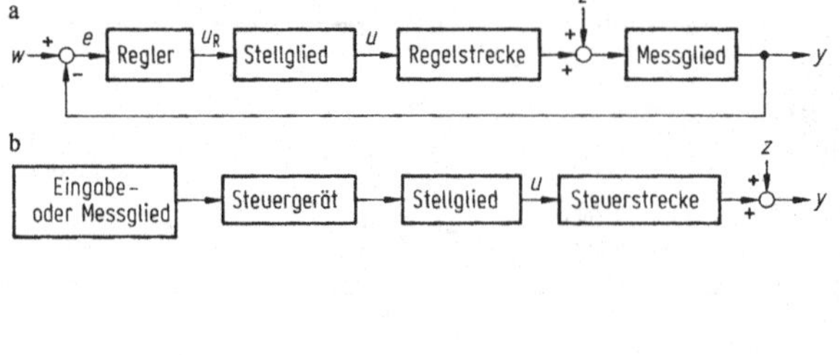

Bild 1-2. Gegenüberstellung **a** einer Regelung und **b** einer Steuerung im Blockschaltbild

das *Stellglied* als *Stellgröße* $u(t)$ auf die Regelstrecke einwirkt und z. B. im Falle der Störgrößenregelung dem Störsignal $z(t)$ entgegenwirkt. Durch diesen geschlossenen Signalverlauf ist der Regelkreis gekennzeichnet, wobei die Reglerfunktion darin besteht, eine eingetretene Regelabweichung $e(t)$ möglichst schnell zu beseitigen oder zumindest klein zu halten. Die hier benutzten Symbole werden in Anlehnung an die international üblichen Bezeichnungen im Folgenden verwendet.

1.4 Beispiele von Regel- und Steuerungssystemen

Anhand einiger typischer Anwendungsfälle wird im Folgenden die Wirkungsweise einer Regelung und einer Steuerung gezeigt, ohne dass dabei bereits die interne Funktionsweise der Geräte erläutert wird. Bild 1-3 zeigt die schematische Gegenüberstellung einer Regelung und einer Steuerung für eine Raumheizungsanlage. Bei der Steuerung, Bild 1-3a, wird die Außentemperatur ϑ_A über einen Temperaturfühler gemessen und dem Steuergerät zugeführt. Das Steuergerät verstellt in Abhängigkeit von ϑ_A über den Motor M und das Ventil V den Heizwärmestrom $\dot{Q}$. Am Steuergerät kann die Steigung der Kennlinie $\dot{Q} = f(\vartheta_A)$ voreingestellt werden. Wie aus dem Blockschaltbild hervorgeht, kompensiert eine gut eingestellte Steuerung nur die Auswirkungen einer Änderung der Außentemperatur $z_2 \mathrel{\hat{=}} \vartheta_A$, jedoch nicht Störungen der Raumtemperatur, z. B. durch Öffnen eines Fensters oder durch starke Sonneneinstrahlung. Im Falle einer Regelung der Raumtemperatur ϑ_R, Bild 1-3b, wird diese gemessen und mit dem eingestellten Sollwert w (z. B. $w = 20\,°\mathrm{C}$) verglichen. Weicht die Raumtemperatur vom Sollwert ab, so wird über einen Regler (R), der die Abweichung verarbeitet, der Heizwärmestrom $\dot{Q}$ verändert. Sämtliche Änderungen der Raumtemperatur ϑ_R werden vom Regler verarbeitet und möglichst beseitigt. Anhand der Blockschaltbilder erkennt man wiederum den geschlossenen Wirkungsablauf der Regelung (Regelkreis) und den offenen der Steuerung (Steuerkette).

Bild 1-4 zeigt einige weitere Anwendungsbeispiele für Regelungen. Daraus erkennt man anschaulich den Unterschied zwischen Festwertregelungen und Folgeregelungen. So muss z. B. bei einer Dampfturbine die Drehzahl entsprechend dem fest eingestellten Sollwert eingehalten werden (Festwertregelung), während bei der Kursregelung der Sollwert bei der Umfahrung eines Hindernisses u. U. verändert wird und die Kursregelung dann die Aufgabe hat, das Schiff diesem Sollkurs nachzuführen (Folgeregelung).

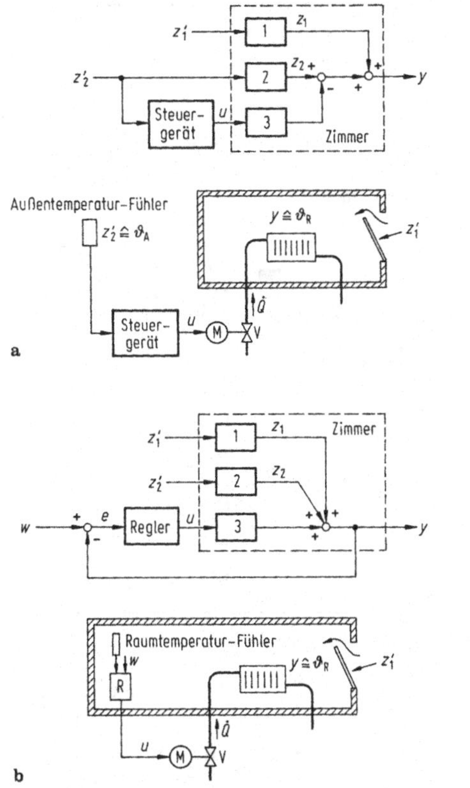

Bild 1-3. Gegenüberstellung **a** einer Steuerung und **b** einer Regelung für eine Raumheizung: Schemaskizzen und zugehörige Blockschaltbilder

Wie diese Beispiele bereits zeigen, kann die Signalübertragung in Regel- und Steuerungssystemen in verschiedenen Formen, d. h. durch mechanische, hydraulische, pneumatische oder elektrische Hilfsenergie erfolgen. Unabhängig von der technischen Realisierung werden die Signale im Weiteren aber

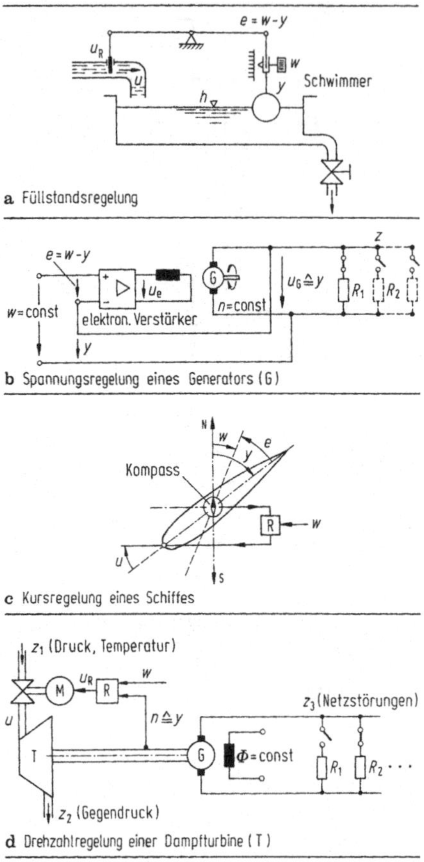

Bild 1-4a–d. Anwendungsbeispiele für Regelungen

nur hinsichtlich ihrer Information betrachtet und i. Allg. als reine (einheitenlose) mathematische Funktionen aufgefasst.

Das eingangs gezeigte Beispiel der Raumheizungssteuerung stellt einen bestimmten Typ einer Steuerung dar, der in die Gruppe der *Führungssteuerungen* fällt, die im Beharrungszustand durch einen festen Zusammenhang zwischen Eingangs- und Ausgangsgrößen, z. B. durch die Heizkurve, charakterisiert sind. Daneben gibt es noch die so genannten *Programmsteuerungen*, zu denen die Zeitplansteuerungen, Wegplansteuerungen und Ablaufsteuerungen sowie deren Kombinationen zählen. Zeitplansteuerungen laufen nach einem festen Zeitplan ohne Rückmeldungen ab. Wegplansteuerungen schalten in einzelnen Schritten erst dann weiter, wenn bestimmte Bedingungen erreicht sind, die durch Rückmeldesignale (nicht zu verwechseln mit der Rückkopplung in Regelkreisen), z. B. durch Endschalter, realisiert werden können. Ablaufsteuerungen sind durch ein bestimmtes festes oder variierbares Programm gekennzeichnet, das schrittweise abläuft, wobei die Einzelschritte durch Rückmeldesignale ausgelöst werden. Ein typisches Beispiel für eine kombinierte Zeitplan- und Ablaufsteuerung ist der Waschautomat. Da Programmsteuerungen heute weitgehend in digitaler Technik ausgeführt werden, bezeichnet man sie häufig auch als binäre Steuerungen. In diesen binären Steuerungen werden Signale verwendet, die nur zwei Werte annehmen können. Auf diesem Prinzip beruhen die modernen speicherprogrammierbaren Steuerungen (SPS), auf die ausführlich im Kapitel 14 eingegangen wird. Die Kapitel 2 bis 13 befassen sich mit der Behandlung regelungstechnischer Gesichtspunkte.

2 Modelle und Systemeigenschaften

2.1 Mathematische Modelle

Das statische und dynamische Verhalten eines Regel- oder Steuerungssystems kann entweder durch physikalische oder andere Gesetzmäßigkeiten analytisch beschrieben oder anhand von Messungen ermittelt und in einem *mathematischen Modell*, z. B. durch Differenzialgleichungen, algebraische oder logische Gleichungen usw. dargestellt werden. Die spezielle Form hängt hinsichtlich ihrer Struktur und ihrer Parameter dabei im Wesentlichen von den Systemeigenschaften ab. Die wichtigsten Eigenschaften von Regelsystemen sind im Bild 2-1 dargestellt. Mathematische Systemmodelle, die das Verhalten eines realen Systems in abstrahierender Form – eventuell vereinfacht, aber doch genügend genau – beschreiben, bilden gewöhnlich die Grundlage für die Analyse oder Synthese des realen technischen Systems sowie häufig auch für dessen rechentechnischer Simulation [1]. So lassen sich bereits im Entwurfsstadium verschiedenartige Betriebsfälle anhand einer Simulation des Systems leicht überprüfen.

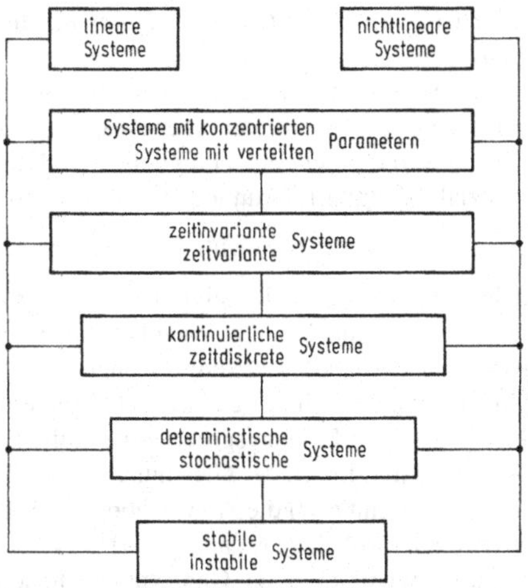

Bild 2-1. Gesichtspunkte zur Beschreibung der Eigenschaften von Regelungssystemen

2.2 Systemeigenschaften

2.2.1 Lineare und nichtlineare Systeme

Man unterscheidet bei Systemen gewöhnlich zwischen dem dynamischen und dem statischen Verhalten. Das *dynamische Verhalten* oder Zeitverhalten beschreibt den zeitlichen Verlauf der Systemausgangsgröße $x_a(t)$ bei vorgegebener Systemeingangsgröße $x_e(t)$. Somit stellen $x_e(t)$ und $x_a(t)$ zwei einander zugeordnete Größen dar. Als Beispiel dafür sei im Bild 2-2 die Antwort $x_a(t)$ eines Systems auf eine sprungförmige Veränderung der Eingangsgröße $x_e(t)$ betrachtet. In diesem Beispiel beschreibt $x_a(t)$ den zeitlichen Übergang von einem stationären Anfangszustand zur Zeit $t \leqq 0$ in einen stationären Endzustand (theoretisch für $t \to \infty$) $x_a(\infty)$.
Variiert man nun – wie im Bild 2-3 dargestellt – die Sprunghöhe $x_{e,s}$ = const und trägt die sich einstellenden stationären Werte der Ausgangsgröße $x_{a,s} = x_a(\infty)$ über $x_{e,s}$ auf, so erhält man die statische Kennlinie

$$x_{a,s} = f(x_{e,s}) , \tag{2-1}$$

die das *statische Verhalten* oder Beharrungsverhalten des Systems in einem gewissen Arbeitsbereich beschreibt. Gleichung (2-1) gibt also den Zusammenhang der Signalwerte im Ruhezustand an. Bei der weiteren Verwendung von (2-1) soll allerdings der einfacheren Darstellung wegen auf die Schreibweise $x_{a,s} = x_a$ und $x_{e,s} = x_e$ übergegangen werden, wobei x_a und x_e jeweils stationäre Werte von $x_a(t)$ und $x_e(t)$ darstellen. Beschreibt (2-1) eine Geradengleichung, so bezeichnet man das System als linear. Für ein lineares System gilt das Superpositionsprinzip, das folgenden Sachverhalt beschreibt: Lässt man nacheinander auf den Eingang eines Systems n beliebige Eingangsgrößen $x_{ei}(t)$ einwirken und bestimmt man die Systemantworten $x_{ai}(t)$, so ergibt sich die Systemantwort auf die Summe der n Eingangsgrößen als Summe der n Antworten $x_{ai}(t)$. Ist das Superpositionsprinzip nicht erfüllt, so ist das System nichtlinear.
Lineare kontinuierliche Systeme können gewöhnlich durch lineare Differenzialgleichungen beschrieben werden. Als Beispiel sei eine gewöhnliche lineare Differenzialgleichung betrachtet:

$$\sum_{i=0}^{n} a_i(t) \frac{\mathrm{d}^i x_a(t)}{\mathrm{d}t^i} = \sum_{j=0}^{n} b_j(t) \frac{\mathrm{d}^j x_e(t)}{\mathrm{d}t^j} . \tag{2-2}$$

Wie man leicht sieht, gilt auch hier das Superpositionsprinzip. Da heute für die Behandlung linearer Systeme eine weitgehend abgeschlossene Theorie zur Verfügung steht, ist man beim Auftreten von Nichtlinearitäten i. Allg. bemüht, eine Linearisierung durchzuführen. In vielen Fällen ist es möglich, durch einen linearisierten Ansatz das Systemverhalten hinreichend genau zu beschreiben. Die Durchführung der *Linearisierung* hängt vom jeweiligen nichtlinearen Charakter des Systems ab. Daher wird im Weiteren zwischen der Linearisierung einer statischen Kennlinie und der Linearisierung einer nichtlinearen Differenzialgleichung unterschieden.

(a) Linearisierung einer statischen Kennlinie
Wird die nichtlineare Kennlinie für das statische Verhalten eines Systems durch $x_a = f(x_e)$, also durch

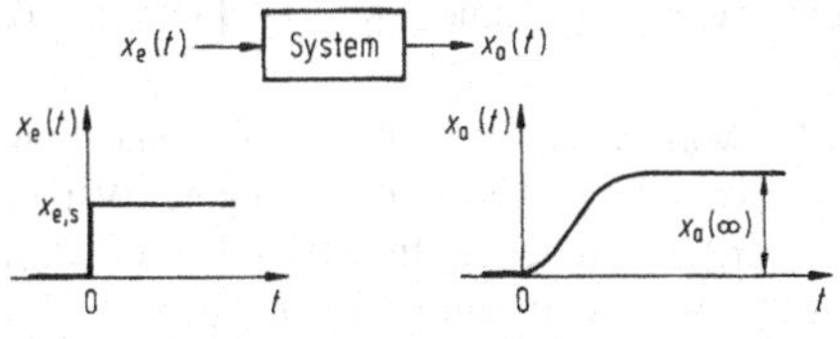

Bild 2-2. Beispiel für das dynamische Verhalten eines Systems

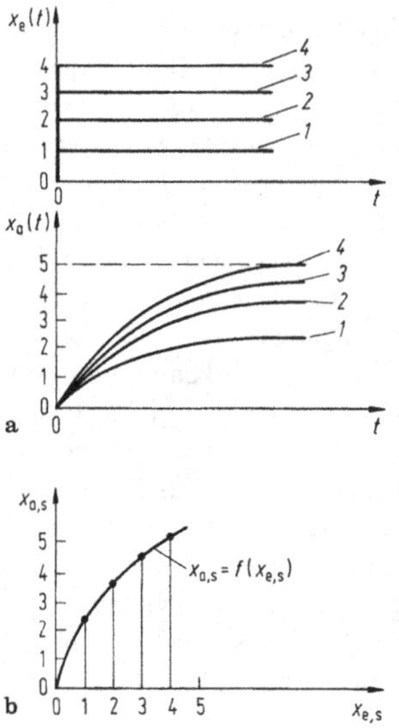

Bild 2-3. Beispiel für **a** das dynamische und **b** das statische Verhalten eines Systems

(2-1), beschrieben, so kann diese nichtlineare Gleichung im jeweils betrachteten Arbeitspunkt $(\bar{x}_e, \bar{x}_a)$ in die Taylor-Reihe

$$x_a = f(\bar{x}_e) + \left.\frac{df}{dx_e}\right|_{x_e=\bar{x}_e}(x_e - \bar{x}_e) + \frac{1}{2!}\cdot\left.\frac{d^2f}{dx_e^2}\right|_{x_e=\bar{x}_e}(x_e - \bar{x}_e)^2 + \ldots \quad (2\text{-}3)$$

entwickelt werden, siehe A 9.2.1 und A 11.2.1. Sind die Abweichungen $(x_e - \bar{x}_e)$ vom Arbeitspunkt klein, so können die Terme mit den höheren Ableitungen vernachlässigt werden, und aus (2-3) folgt die lineare Beziehung

$$x_a - \bar{x}_a \approx K(x_e - \bar{x}_e)\,, \quad \text{mit} \quad \bar{x}_a = f(\bar{x}_e) \quad \text{und} \quad K = \left.\frac{df}{dx_e}\right|_{x_e=\bar{x}_e}. \quad (2\text{-}4)$$

Dieselbe Vorgehensweise ist auch für eine Funktion mit zwei oder mehreren unabhängigen Variablen $x_a = f(x_{e_1}, x_{e_2})$ möglich. In diesem Fall erhält man analog zu (2-4) die lineare Beziehung

$$x_a - \bar{x}_a \approx K_1(x_{e_1} - \bar{x}_{e_1}) + K_2(x_{e_2} - \bar{x}_{e_2})\,. \quad (2\text{-}5)$$

(b) Linearisierung nichtlinearer Differenzialgleichungen

Ein nichtlineares dynamisches System mit der Eingangsgröße $x_e(t) = u(t)$ und der Ausgangsgröße $x_a(t) = y(t)$ werde beschrieben durch die nichtlineare Differenzialgleichung 1. Ordnung

$$\dot{y}(t) = f[y(t), u(t)]\,, \quad (2\text{-}6)$$

die in der Umgebung einer Ruhelage $(\bar{y}, \bar{u})$ linearisiert werden soll. Eine Ruhelage $\bar{y}$ zu einer konstanten Eingangsgröße $\bar{u}$ ist dadurch gekennzeichnet, dass $y(t)$ zeitlich konstant ist, d. h., es gilt $\dot{y}(t) = 0$. Man erhält zu einer gegebenen Eingangsgröße $\bar{u}$ die Ruhelagen des Systems durch Lösen der Gleichung $0 = f(\bar{y}, \bar{u})$. Bezeichnet man mit $y^*(t)$ die Abweichung der Variablen $y(t)$ von der Ruhelage $\bar{y}$, dann gilt $y(t) = \bar{y} + y^*(t)$, und daraus folgt $\dot{y}(t) = \dot{y}^*(t)$. Ganz entsprechend ergibt sich für die zweite Variable $u(t) = \bar{u} + u^*(t)$. Die Taylor-Reihenentwicklung von (2-6) um die Ruhelage $(\bar{y}, \bar{u})$ liefert bei Vernachlässigung der Terme mit den höheren Ableitungen näherungsweise die lineare Differenzialgleichung

$$\dot{y}^*(t) \approx Ay^*(t) + Bu^*(t)\,, \quad (2\text{-}7)$$

mit

$$A = \left.\frac{\partial f(y,u)}{\partial y}\right|_{\substack{y=\bar{y}\\ u=\bar{u}}} \quad \text{und} \quad B = \left.\frac{\partial f(y,u)}{\partial u}\right|_{\substack{u=\bar{u}\\ y=\bar{y}}}.$$

Ganz entsprechend kann auch bei nichtlinearen Vektordifferenzialgleichungen

$$\dot{\boldsymbol{x}}(t) = \boldsymbol{f}[\boldsymbol{x}(t), \boldsymbol{u}(t)]\,, \quad \text{mit}$$
$$\boldsymbol{x}(t) = [x_1(t) \ldots x_n(t)]^T\,,$$
$$\boldsymbol{u}(t) = [u_1(t) \ldots u_r(t)]^T \quad (2\text{-}8)$$

vorgegangen werden. Dabei stellen $\boldsymbol{f}(\boldsymbol{x}, \boldsymbol{u})$, $\boldsymbol{x}(t)$ und $\boldsymbol{u}(t)$ Spaltenvektoren dar. Hierbei liefert die Linearisierung die lineare Vektordifferenzialgleichung

$$\dot{\boldsymbol{x}}^*(t) = \boldsymbol{A}\boldsymbol{x}^*(t) + \boldsymbol{B}\boldsymbol{u}^*(t)\,, \quad (2\text{-}9)$$

wobei $\boldsymbol{A}$ und $\boldsymbol{B}$ als Jacobi-Matrizen die partiellen Ableitungen enthalten:

$$\boldsymbol{A} = \left[\begin{array}{ccc} \frac{\partial f_1(\boldsymbol{x},\boldsymbol{u})}{\partial x_1} & \ldots & \frac{\partial f_1(\boldsymbol{x},\boldsymbol{u})}{\partial x_n} \\ \vdots & & \vdots \\ \frac{\partial f_n(\boldsymbol{x},\boldsymbol{u})}{\partial x_1} & \ldots & \frac{\partial f_n(\boldsymbol{x},\boldsymbol{u})}{\partial x_n} \end{array}\right]_{\substack{\boldsymbol{x}=\bar{\boldsymbol{x}}\\ \boldsymbol{u}=\bar{\boldsymbol{u}}}} \quad (2\text{-}10)$$

$$
\boldsymbol{B} = \begin{bmatrix} \dfrac{\partial f_1(\boldsymbol{x},\boldsymbol{u})}{\partial u_1} & \cdots & \dfrac{\partial f_1(\boldsymbol{x},\boldsymbol{u})}{\partial u_r} \\ \vdots & & \vdots \\ \dfrac{\partial f_n(\boldsymbol{x},\boldsymbol{u})}{\partial u_1} & \cdots & \dfrac{\partial f_n(\boldsymbol{x},\boldsymbol{u})}{\partial u_r} \end{bmatrix}_{\substack{\boldsymbol{x}=\bar{\boldsymbol{x}} \\ \boldsymbol{u}=\bar{\boldsymbol{u}}}} \tag{2-11}
$$

2.2.2 Systeme mit konzentrierten und verteilten Parametern

Man kann sich ein Übertragungssystem aus endlich vielen idealisierten einzelnen Elementen zusammengesetzt denken, z. B. Ohm'schen Widerständen, Kapazitäten, Induktivitäten, Dämpfern, Federn, Massen usw. Derartige Systeme werden als Systeme mit konzentrierten Parametern bezeichnet. Diese werden durch gewöhnliche Differenzialgleichungen beschrieben. Besitzt ein System unendlich viele, unendlich kleine Einzelelemente der oben angeführten Art, dann stellt es ein System mit verteilten Parametern dar, das durch partielle Differenzialgleichungen beschrieben wird. Ein typisches Beispiel hierfür ist eine elektrische Leitung. Der Spannungsverlauf auf einer Leitung ist eine Funktion von Ort und Zeit und damit nur durch eine partielle Differenzialgleichung beschreibbar.

2.2.3 Zeitvariante und zeitinvariante Systeme

Sind die Systemparameter nicht konstant, sondern ändern sie sich in Abhängigkeit von der Zeit, dann ist das System zeitvariant (zeitvariabel, nichtstationär). Ist das nicht der Fall, dann wird das System als zeitinvariant bezeichnet. Beispiele für zeitvariante Systeme sind: Rakete (Massenänderungen), Kernreaktor (Abbrand), chemische Prozesse (Verschmutzung).

Häufiger und wichtiger sind zeitinvariante Systeme, deren Parameter konstant sind. Bei diesen Systemen hat z. B. eine zeitliche Verschiebung des Eingangssignals $x_e(t)$ um t_0 eine gleiche Verschiebung des Ausgangssignals $x_a(t)$ zur Folge, ohne dass dabei $x_a(t)$ sonst verändert wird.

2.2.4 Systeme mit kontinuierlicher und diskreter Arbeitsweise

Ist eine Systemvariable (Signal) y, z. B. die Eingangs- oder Ausgangsgröße eines Systems, zu jedem beliebigen Zeitpunkt gegeben, und ist sie innerhalb gewisser Grenzen stetig veränderlich, dann spricht man von einem *kontinuierlichen* Signalverlauf (Bild 2-4a). Kann das Signal nur gewisse diskrete Amplitudenwerte annehmen, dann liegt ein *quantisiertes* Signal vor (Bild 2-4b). Ist hingegen der Wert des Signals nur zu bestimmten diskreten Zeitpunkten bekannt, so handelt es sich um ein *zeitdiskretes* (oder kurz: diskretes) Signal (Bild 2-4c). Sind die Signalwerte zu äquidistanten Zeitpunkten mit dem Intervall T gegeben, so spricht man von einem Abtastsignal mit der Abtastperiode T. Systeme, in denen derartige Signale verarbeitet werden, bezeichnet man auch als *Abtastsysteme*. In sämtlichen Regelsystemen, in denen ein Digitalrechner z. B. die Funktionen eines Reglers übernimmt, können von diesem nur zeitdiskrete quantisierte Signale verarbeitet werden (Bild 2-4d).

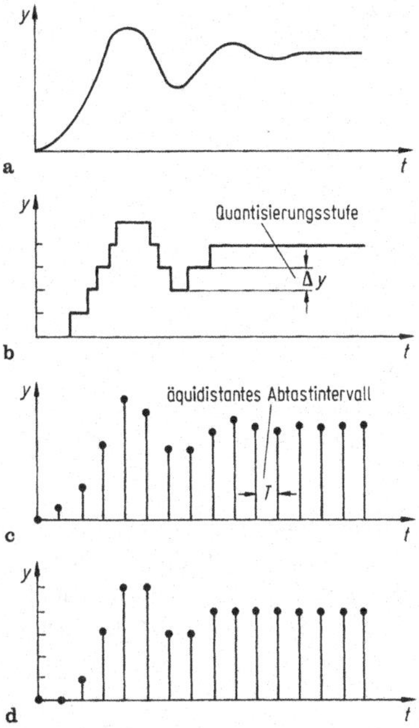

Bild 2-4. Unterscheidungsmerkmale für kontinuierliche und diskrete Signale **a** kontinuierlich, **b** quantisiert, **c** zeitdiskret, **d** zeitdiskret und quantisiert

2.2.5 Systeme mit deterministischen oder stochastischen Variablen

Eine Systemvariable kann entweder deterministischen oder stochastischen Charakter aufweisen. Die

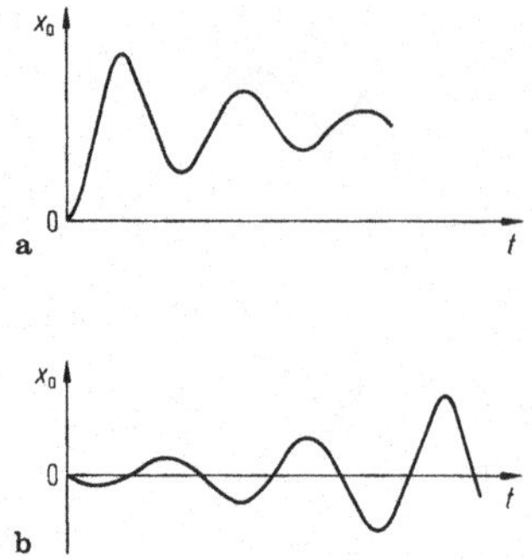

Bild 2-5. **a** stabiles und **b** instabiles Systemverhalten $x_a(t)$ bei beschränkter Eingangsgröße $x_e(t)$

deterministischen oder stochastischen Eigenschaften beziehen sich sowohl auf die in einem System auftretenden Signale als auch auf die Parameter des mathematischen Systemmodells. Im deterministischen Fall sind die Signale und das mathematische Modell eines Systems eindeutig bestimmt. Das zeitliche Verhalten des Systems lässt sich somit reproduzieren. Im stochastischen Fall hingegen können sowohl die auf das System einwirkenden Signale als auch das Systemmodell, z. B. ein Koeffizient der Systemgleichung, stochastischen, also regellosen Charakter, besitzen. Der Wert dieser in den Signalen oder im System auftretenden Variablen kann daher zu jedem Zeitpunkt nur durch stochastische Gesetzmäßigkeiten beschrieben werden und ist somit nicht mehr reproduzierbar.

2.2.6 Kausale Systeme

Bei einem kausalen System hängt die Ausgangsgröße $x_a(t_1)$ zu einem beliebigen Zeitpunkt t_1 nur vom Verlauf der Eingangsgröße $x_e(t)$ bis zu diesem Zeitpunkt t_1 ab. Es muss also erst eine Ursache auftreten,

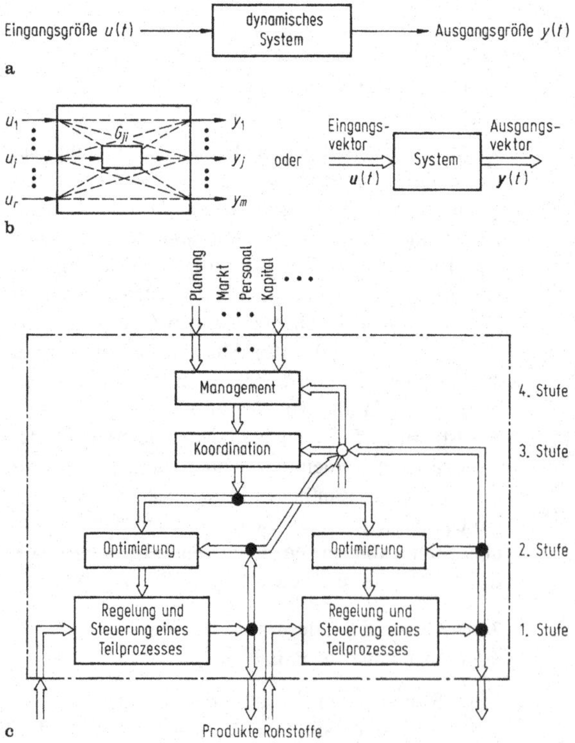

Bild 2-6. Symbolische Darstellung des Systembegriffs: **a** Eingrößensystem, **b** Mehrgrößensystem, **c** Mehrstufensystem

bevor sich eine Wirkung zeigt. Alle realen Systeme sind daher kausal.

2.2.7 Stabile und instabile Systeme

Ein System ist genau dann stabil, wenn jedes beschränkte zulässige Eingangssignal $x_e(t)$ ein ebenfalls beschränktes Ausgangssignal $x_a(t)$ zur Folge hat. Ist dies nicht der Fall, dann ist das System instabil (Bild 2-5).

2.2.8 Eingrößen- und Mehrgrößensysteme

Ein System, welches genau eine Eingangs- und eine Ausgangsgröße besitzt, heißt Eingrößensystem. Ein System mit mehreren Eingangsgrößen und/oder Ausgangsgrößen heißt Mehrgrößensystem. Große Systeme sind häufig in mehreren Stufen angeordnet. Man bezeichnet sie deshalb auch als Mehrstufensysteme (Bild 2-6).
Neben den hier diskutierten Systemeigenschaften gibt es noch einige weitere. So sind beispielsweise die *Steuerbarkeit* und *Beobachtbarkeit* eines Systems wesentliche Eigenschaften, die das innere Systemverhalten beschreiben.

3 Beschreibung linearer kontinuierlicher Systeme im Zeitbereich

3.1 Beschreibung mittels Differenzialgleichungen

Das Übertragungsverhalten linearer kontinuierlicher Systeme kann durch lineare Differenzialgleichungen beschrieben werden. Im Falle von Systemen mit konzentrierten Parametern führt dies auf gewöhnliche lineare Differenzialgleichungen gemäß (2-2) in 2.2,

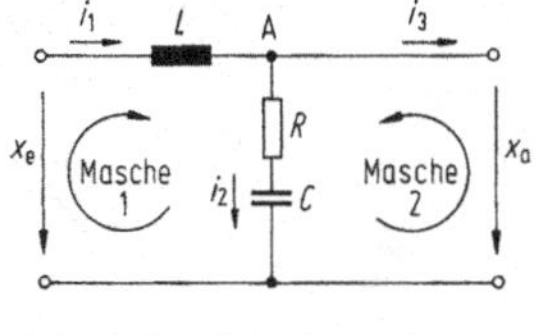

Bild 3-1. Ein elektrischer Schwingkreis

während bei Systemen mit verteilten Parametern sich partielle lineare Differenzialgleichungen als mathematische Modelle zur Systembeschreibung ergeben. Anhand einiger Beispiele soll die Aufstellung der das System beschreibenden Differenzialgleichungen gezeigt werden.

3.1.1 Elektrische Systeme

Für die Behandlung elektrischer Netzwerke benötigt man die Kirchhoff'schen Gesetze:

1. Die Summe der Ströme in einem Knotenpunkt ist gleich Null: $\sum i_i = 0$.
2. Die Summe der Spannungen bei einem Umlauf in einer Masche ist gleich Null: $\sum u_i = 0$.

Wendet man diese Gesetze auf die beiden Maschen und den Knoten A des in Bild 3-1 dargestellten Schwingkreises an und setzt voraus, dass $i_3 = 0$ ist, so erhält man nach kurzer Rechnung die lineare Differenzialgleichung 2. Ordnung mit konstanten Koeffizienten

$$T_2^2 \frac{d^2 x_a}{dt^2} + T_1 \frac{dx_a}{dt} + x_a = x_e + T_1 \frac{dx_e}{dt} , \qquad (3\text{-}1)$$

mit den Abkürzungen $T_1 = RC$ und $T_2 = \sqrt{LC}$. Zur eindeutigen Lösung müssen noch die beiden Anfangsbedingungen $x_a(0)$ und $\dot{x}_a(0)$ gegeben sein.

3.1.2 Mechanische Systeme

Zum Aufstellen der Differenzialgleichungen von mechanischen Systemen benötigt man die folgenden Gesetze:

- Newton'sches Gesetz,
- Kräfte- und Momentengleichgewichte,
- Erhaltungssätze von Impuls, Drehimpuls und Energie.

Als Beispiel für ein mechanisches System soll die Differenzialgleichung eines gedämpften Schwingers nach Bild 3-2 ermittelt werden. Dabei bezeichnen c die Federkonstante, d die Dämpfungskonstante und m die Masse desselben. Die Größen $x_1 (= x_a)$, x_2 und x_e beschreiben jeweils die Geschwindigkeiten in den gekennzeichneten Punkten. Die Anwendung obiger Gesetze liefert nach kurzer Zwischenrechnung dieselbe Differenzialgleichung (3-1) wie bei dem zuvor

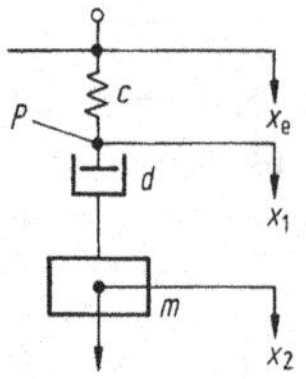

Bild 3-2. Gedämpfter mechanischer Schwinger

betrachteten elektrischen Schwingkreis, wobei allerdings $T_1 = m/d$ und $T_2 = \sqrt{m/c}$ gilt. Beide Systeme sind daher analog zueinander.

3.1.3 Thermische Systeme

Zur Bestimmung der Differenzialgleichungen thermischer Systeme benötigt man

- die Erhaltungssätze der inneren Energie oder Enthalpie sowie
- die Wärmeleitungs- und Wärmeübertragungsgesetze.

Als Beispiel soll das mathematische Modell des Stoff- und Wärmetransports in einem dickwandigen, von einem Fluid durchströmten Rohr gemäß Bild 3-3 betrachtet werden. Zunächst werden die folgenden vereinfachenden *Annahmen* getroffen:

- Die Temperatur, sowohl im Fluid, als auch in der Rohrwand, ist nur von der Koordinate z abhängig.
- Der gesamte Wärmetransport in Richtung der Rohrachse wird nur durch den Massetransport, nicht aber durch Wärmeleitung innerhalb des Fluids oder der Rohrwand bewirkt.
- Die Strömungsgeschwindigkeit des Fluids ist im ganzen Rohr konstant und hat nur eine Komponente in z-Richtung.
- Die Stoffwerte vom Fluid und Rohr sind über die Rohrlänge konstant.
- Nach außen hin ist das Rohr ideal isoliert.

Mit folgenden *Bezeichnungen*

$\vartheta(z,t)$	Fluidtemperatur
$\Theta(z,t)$	Rohrtemperatur
$\dot{m}$	Fluidstrom
L	Rohrlänge
w_F	Fluidgeschwindigkeit
ϱ_F, ϱ_R	Dichte (Fluid, Rohr)
c_F, c_R	spezifische Wärmekapazität (Fluid, Rohr)
α	Wärmeübergangszahl Fluid/Rohr
D_i, D_a	innerer und äußerer Rohrdurchmesser

sollen nun die Differenzialgleichungen des mathematischen Modells hergeleitet werden. Betrachtet wird ein Rohrelement der Länge dz. Das zugehörige Rohrwandvolumen sei dV_R, das entsprechende Fluidvolumen sei dV_F. Für die im Bild 3-3 eingetragenen Wärmemengen gilt:

$$\begin{aligned} dQ_1 &= c_F \vartheta \dot{m}\, dt \\ dQ_2 &= c_F \left(\vartheta + \frac{\partial \vartheta}{\partial z} dz\right) \dot{m}\, dt \\ dQ_3 &= \alpha(\vartheta - \Theta)\pi D_i\, dz\, dt\,. \end{aligned}$$

Während des Zeitintervalls dt ändert sich im Fluidelement dV_F die gespeicherte Wärmemenge um

$$dQ_F = \varrho_F \frac{\pi}{4} D_i^2 dz\, c_F \frac{\partial \vartheta}{\partial t} dt\,.$$

Nun lässt sich die Wärmebilanzgleichung für das Fluid im betrachteten Zeitintervall dt angeben:

$$dQ_F = dQ_1 - dQ_2 - dQ_3\,. \tag{3-2}$$

Für die Wärmespeicherung im Rohrwandelement dV_R folgt andererseits im selben Zeitintervall:

$$dQ_R = \varrho_R \frac{\pi}{4}\left(D_a^2 - D_i^2\right) dz\, c_R \frac{\partial \Theta}{\partial t} dt\,.$$

Damit lässt sich nun die Wärmebilanzgleichung für das Rohrwandelement angeben. Es gilt

$$dQ_R = dQ_3\,, \tag{3-3}$$

da nach den getroffenen Voraussetzungen an der Rohraußenwand eine ideale Wärmeisolierung vor-

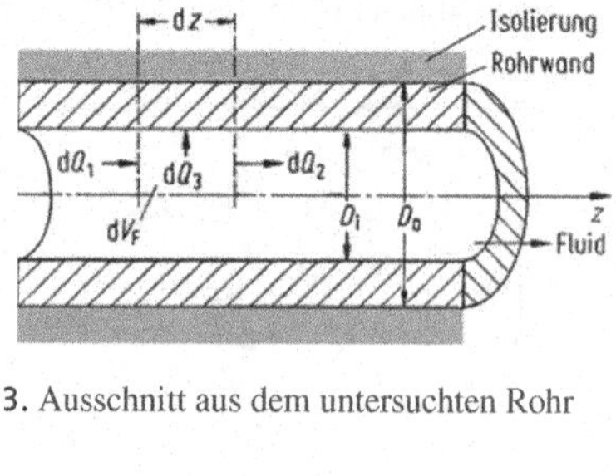

Bild 3-3. Ausschnitt aus dem untersuchten Rohr

handen ist. Werden in (3-2) und (3-3) die zuvor aufgestellten Beziehungen eingesetzt, so erhält man mit den Abkürzungen

$$K_1 = \frac{\alpha \pi D_\mathrm{i}}{\frac{\pi}{4} D_\mathrm{i}^2 \varrho_\mathrm{F} c_\mathrm{F}}, \quad K_2 = \frac{\alpha \pi D_\mathrm{i}}{\frac{\pi}{4}\left(D_\mathrm{a}^2 - D_\mathrm{i}^2\right) \varrho_\mathrm{R} c_\mathrm{R}}$$

und

$$w_\mathrm{F} = \frac{\dot{m}}{\frac{\pi}{4} D_\mathrm{i}^2 \varrho_\mathrm{F}}$$

die beiden partiellen Differenzialgleichungen

$$\frac{\partial \vartheta}{\partial t} + w_\mathrm{F} \frac{\partial \vartheta}{\partial z} = K_1(\Theta - \vartheta) \qquad (3\text{-}4a)$$

und

$$\frac{\partial \Theta}{\partial t} = K_2(\vartheta - \Theta) \,, \qquad (3\text{-}4b)$$

die das hier behandelte System beschreiben. Zur Lösung wird außer den beiden Anfangsbedingungen $\vartheta(z,0)$ und $\Theta(z,0)$ auch noch die Randbedingung $\vartheta(0,t)$ benötigt.

Als *Spezialfall* ergibt sich das dünnwandige Rohr, bei dem $\mathrm{d}Q_3 = 0$ wird, da keine Wärmespeicherung stattfindet. Für diesen Fall geht (3-4a) über in

$$\frac{\partial \vartheta}{\partial t} + w_\mathrm{F} \frac{\partial \vartheta}{\partial z} = 0 \,. \qquad (3\text{-}5)$$

Bei Systemen mit örtlich verteilten Parametern braucht die Eingangsgröße $x_\mathrm{e}(t)$ nicht unbedingt in den Differenzialgleichungen aufzutreten, sie kann vielmehr auch in die Randbedingungen eingehen. Im vorliegenden Fall wird als Eingangsgröße die Fluidtemperatur am Rohreingang betrachtet:

$$x_\mathrm{e}(t) = \vartheta(0,t)\; t > 0.$$

Entsprechend wird als Ausgangsgröße $x_\mathrm{a}(t) = \vartheta(L,t)$ die Fluidtemperatur am Ende des Rohres der Länge L definiert. Unter der zusätzlichen Annahme $\vartheta(z,0) = 0$ erhält man als Lösung von (3-5)

$$x_\mathrm{a}(t) = x_\mathrm{e}(t - T_\mathrm{t}) \quad \text{mit} \quad T_\mathrm{t} = \frac{L}{w_\mathrm{F}} \,. \qquad (3\text{-}6)$$

Diese Gleichung beschreibt somit den reinen Transportvorgang im Rohr. Die Zeit T_t, um die die Ausgangsgröße $x_\mathrm{a}(t)$ der Eingangsgröße $x_\mathrm{e}(t)$ nacheilt, wird als Totzeit bezeichnet.

3.2 Beschreibung mittels spezieller Ausgangssignale

3.2.1 Die Übergangsfunktion (Normierte Sprungantwort)

Für die weiteren Überlegungen wird der Begriff der *Sprungfunktion* (auch Einheitssprung) benötigt:

$$\sigma(t) = \begin{cases} 1 & \text{für} \quad t \geq 0 \\ 0 & \text{für} \quad t < 0 \end{cases} \,. \qquad (3\text{-}7)$$

Die sogenannte Sprungantwort lässt sich definieren als die Reaktion $x_\mathrm{a}(t)$ des Systems auf eine sprungförmige Veränderung der Eingangsgröße

$$x_\mathrm{e}(t) = \hat{x}_\mathrm{e}\sigma(t) \quad \text{mit} \quad \hat{x}_\mathrm{e} = \text{const} \,,$$

vgl. Bild 3-4.

Die *Übergangsfunktion* stellt dann die auf die Sprunghöhe $\hat{x}_\mathrm{e}$ bezogene Sprungantwort

$$h(t) = \frac{1}{\hat{x}_\mathrm{e}} x_\mathrm{a}(t) \qquad (3\text{-}8)$$

dar, die bei einem kausalen System die Eigenschaft $h(t) = 0$ für $t < 0$ besitzt.

3.2.2 Die Gewichtsfunktion (Impulsantwort)

Die Gewichtsfunktion $g(t)$ ist definiert als die Antwort des Systems auf die Impulsfunktion (Einheitsimpuls oder Dirac-Impuls) $\delta(t)$. Dabei ist $\delta(t)$ keine Funktion im Sinne der klassischen Analysis, sondern muss als verallgemeinerte Funktion oder *Distribution* aufgefasst werden [1], vgl. A 8.3. Der Einfachheit halber wird $\sigma(t)$ näherungsweise als Rechteckimpulsfunktion

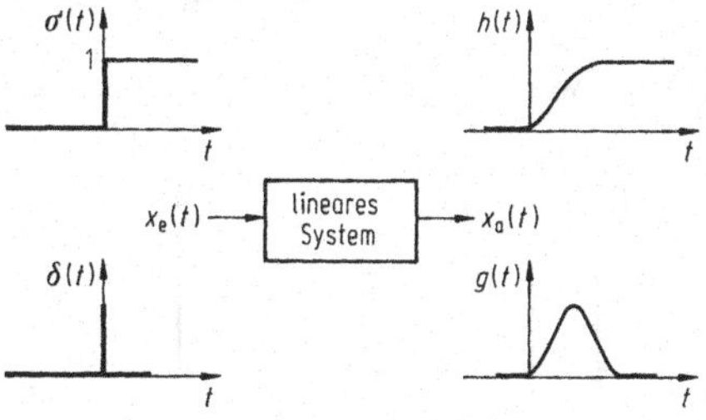

Bild 3-4. Zur Definition der Übergangsfunktion $h(t)$ und der Gewichtsfunktion $g(t)$

$$r_\varepsilon = \begin{cases} \frac{1}{\varepsilon} & \text{für} \quad 0 \leqq t \leqq \varepsilon \\ 0 & \text{sonst} \end{cases} \tag{3-9}$$

mit kleinem positiven ε beschrieben (vgl. Bild 3-5). Somit ist die Impulsfunktion definiert durch

$$\delta(t) = \lim_{\varepsilon \to 0} r_\varepsilon(t) \tag{3-10}$$

mit den Eigenschaften

$$\delta(t) = 0 \quad \text{für} \quad t \neq 0 \quad \text{und} \quad \int_{-\infty}^{\infty} \delta(t)\,\mathrm{d}t = 1\,.$$

Gewöhnlich wird die δ-Funktion gemäß Bild 3-5b für $t = 0$ symbolisch als Pfeil der Länge 1 dargestellt. Man bezeichnet die Länge 1 als die Impulsstärke (zu beachten ist, dass für die Höhe des Impulses dabei weiterhin $\delta(0) = \infty$ gilt). Im Sinne der Distributionentheorie besteht zwischen der δ-Funktion und der Sprungfunktion $\sigma(t)$ der Zusammenhang

$$\delta(t) = \frac{\mathrm{d}\sigma(t)}{\mathrm{d}t}\,. \tag{3-11}$$

Entsprechend gilt zwischen der Gewichtsfunktion $g(t)$ und der Übergangsfunktion $h(t)$ die Beziehung

$$g(t) = \frac{\mathrm{d}}{\mathrm{d}t}h(t)\,. \tag{3-12a}$$

Bezeichnet man den Wert von $h(t)$ für $t = 0+$ mit $h(0+)$, so lässt sich $h(t)$ in der Form

$$h(t) = h_0(t) + h(0+)\,\sigma(t)$$

darstellen, wobei angenommen wird, dass der sprungfreie Anteil $h_0(t)$ auf der gesamten t-Achse stetig und stückweise differenzierbar ist. Damit kann (3-12a) auch in der Form

$$g(t) = \dot{h}(t) = \dot{h}_0(t) + h(0+)\,\delta(t) \tag{3-12b}$$

geschrieben werden.

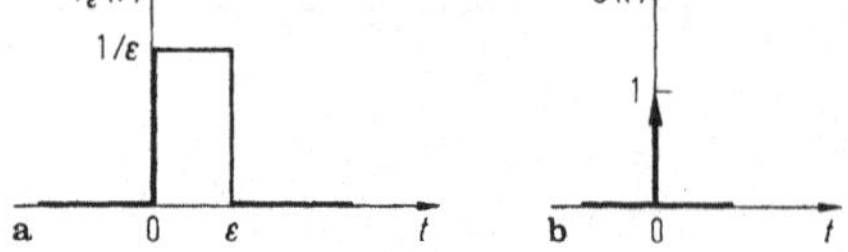

Bild 3-5. **a** Annäherung der $\delta(t)$-Funktion; **b** symbolische Darstellung der δ-Funktion

3.2.3 Das Faltungsintegral (Duhamel'sches Integral)

Bei den folgenden Überlegungen wird als das zu beschreibende dynamische System die Regelstrecke mit der Eingangsgröße $x_e(t) = u(t)$ und der Ausgangsgröße $x_a(t) = y(t)$ gewählt. Es sei jedoch darauf hingewiesen, dass diese Überlegungen selbstverständlich allgemein gültig sind. Das Übertragungsverhalten eines kausalen linearen zeitinvarianten Systems ist durch die Kenntnis eines Funktionspaares $[y_i(t); u_i(t)]$ eindeutig bestimmt. Kennt man insbesondere die Gewichtsfunktion $g(t)$, so kann für ein beliebiges Eingangssignal $u(t)$ das Ausgangssignal $y(t)$ mithilfe des Faltungsintegrals

$$y(t) = \int_0^t g(t-\tau)u(\tau)\,\mathrm{d}\tau \tag{3-13}$$

bestimmt werden, siehe A 25.6. Umgekehrt kann bei bekanntem Verlauf von $u(t)$ und $y(t)$ durch eine Umkehrung der Faltung die Gewichtsfunktion $g(t)$ berechnet werden. Sowohl die Gewichtsfunktion $g(t)$ als auch die Übergangsfunktion $h(t)$ sind für die Beschreibung linearer Systeme von großer Bedeutung, da sie die gesamte Information über deren dynamisches Verhalten enthalten.

3.3 Zustandsraumdarstellung

3.3.1 Zustandsraumdarstellung für Eingrößensysteme

Am Beispiel des im Bild 3-6 dargestellten RLC-Netzwerkes soll die Systembeschreibung in Form der Zustandsraumdarstellung in einer kurzen Einführung behandelt werden. Das dynamische Verhalten des Systems ist für alle Zeiten $t \geqq t_0$ vollständig definiert, wenn

- die Anfangswerte $u_C(t_0)$, $i(t_0)$ und
- die Eingangsgröße $u_K(t)$ für $t \geqq t_0$

bekannt sind. Durch diese Angaben lassen sich die

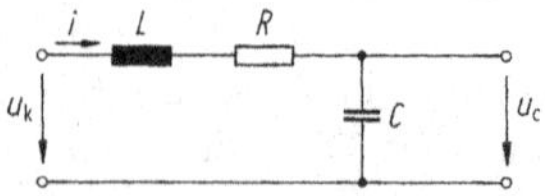

Bild 3-6. RLC-Netzwerk

Größen $i(t)$ und $u_C(t)$ für alle Werte $t \geqq t_0$ bestimmen. Die Größen $i(t)$ und $u_C(t)$ charakterisieren den „Zustand" des Netzwerkes und werden aus diesem Grund als dessen *Zustandsgrößen* bezeichnet. Für dieses Netzwerk gelten folgende Beziehungen:

$$L\frac{\mathrm{d}i}{\mathrm{d}t} + Ri + u_C = u_K\,, \tag{3-14a}$$

$$C\frac{\mathrm{d}u_C}{\mathrm{d}t} = i\,. \tag{3-14b}$$

Aus (3-14a,b) erhält man

$$LC\frac{\mathrm{d}^2u_C}{\mathrm{d}t^2} + RC\frac{\mathrm{d}u_C}{\mathrm{d}t} + u_C = u_K\,.$$

Diese lineare Differenzialgleichung 2. Ordnung beschreibt das System bezüglich des Eingangs-Ausgangs-Verhaltens vollständig. Man kann aber zur Systembeschreibung auch die beiden ursprünglichen linearen Differenzialgleichungen 1. Ordnung, also (3-14a,b), benutzen. Dazu fasst man diese beiden Gleichungen zweckmäßigerweise mithilfe der Vektorschreibweise zu einer linearen Vektordifferenzialgleichung 1. Ordnung

$$\begin{bmatrix} \frac{\mathrm{d}i}{\mathrm{d}t} \\ \frac{\mathrm{d}u_C}{\mathrm{d}t} \end{bmatrix} = \begin{bmatrix} -\frac{R}{L} & -\frac{1}{L} \\ \frac{1}{C} & 0 \end{bmatrix} \begin{bmatrix} i \\ u_C \end{bmatrix} + \begin{bmatrix} \frac{1}{L} \\ 0 \end{bmatrix} u_K \tag{3-15}$$

mit dem Anfangswertvektor

$$\begin{bmatrix} i(t_0) \\ u_C(t_0) \end{bmatrix}$$

zusammen. Diese lineare Vektordifferenzialgleichung 1. Ordnung beschreibt den Zusammenhang zwischen der Eingangsgröße und den Zustandsgrößen. Man benötigt nun aber noch eine Gleichung, die die Abhängigkeit der Ausgangsgröße von den Zustandsgrößen und der Eingangsgröße angibt. In diesem Beispiel gilt, wie man direkt sieht, für die Ausgangsgröße

$$y(t) = u_C(t)\,.$$

Gewöhnlich stellt die Ausgangsgröße eine Linearkombination der Zustandsgrößen und der Eingangsgröße dar. Allgemein hat die Zustandsraumdarstellung für Eingrößensysteme daher folgende Form:

$$\dot{\boldsymbol{x}} = \boldsymbol{A}\boldsymbol{x} + \boldsymbol{b}u\,, \quad \boldsymbol{x}(t_0) = \boldsymbol{x}_0\,, \tag{3-16}$$

$$y = \boldsymbol{c}^\mathrm{T}\boldsymbol{x} + \mathrm{d}u\,. \tag{3-17}$$

Dabei beschreibt (3-16) ein lineares Differenzialgleichungssystem 1. Ordnung für die Zustandsgrößen $x_1, x_2, \ldots, x_n$, die zum Zustandsvektor $\boldsymbol{x} = [x_1 \ldots x_n]^\mathrm{T}$ zusammengefasst werden, wobei die Eingangsgröße u multipliziert mit dem Vektor $\boldsymbol{b}$ als Störterm auftritt. Gleichung (3-17) ist dagegen eine rein algebraische Gleichung, die die lineare Abhängigkeit der Ausgangsgröße von den Zustandsgrößen und der Eingangsgröße angibt. Mathematisch beruht die Zustandsraumdarstellung auf dem Satz, dass man jede lineare Differenzialgleichung n-ter Ordnung in n gekoppelte Differenzialgleichungen 1. Ordnung umwandeln kann.

Vergleicht man die Darstellung gemäß (3-16) und (3-17) mit den Gleichungen des oben betrachteten Beispiels, so folgt:

$$x = \begin{bmatrix} x_1 \\ x_2 \end{bmatrix} = \begin{bmatrix} i \\ u_C \end{bmatrix}, \quad x_0 = \begin{bmatrix} i(t_0) \\ u_C(t_0) \end{bmatrix},$$

$$\boldsymbol{A} = \begin{bmatrix} -\frac{R}{L} & -\frac{1}{L} \\ \frac{1}{C} & 0 \end{bmatrix}, \quad \boldsymbol{b} = \begin{bmatrix} \frac{1}{L} \\ 0 \end{bmatrix}; u = u_K\,,$$

$$\boldsymbol{c}^\mathrm{T} = [0, 1]\,; \quad d = 0\,.$$

3.3.2 Zustandsraumdarstellung für Mehrgrößensysteme

Für lineare Mehrgrößensysteme mit r Eingangsgrößen und m Ausgangsgrößen gehen (3-16), (3-17) in die allgemeine Form

$$\dot{\boldsymbol{x}} = \boldsymbol{A}\boldsymbol{x} + \boldsymbol{B}\boldsymbol{u} \text{ mit der Anfangsbedingung } \boldsymbol{x}(t_0)\,, \tag{3-18}$$

$$\boldsymbol{y} = \boldsymbol{C}\boldsymbol{x} + \boldsymbol{D}\boldsymbol{u} \tag{3-19}$$

über, wobei die folgenden Beziehungen gelten:

$$\text{Zustandsvektor} \quad \boldsymbol{x} = \begin{bmatrix} x_1 \\ \vdots \\ x_n \end{bmatrix},$$

$$\text{Eingangsvektor (Steuervektor)} \quad \boldsymbol{u} = \begin{bmatrix} u_1 \\ \vdots \\ u_r \end{bmatrix},$$

$$\text{Ausgangsvektor} \quad \boldsymbol{m} = \begin{bmatrix} y_1 \\ \vdots \\ y_m \end{bmatrix},$$

Systemmatrix	$\boldsymbol{A}$	$(n \times n)$-Matrix ,
Steuermatrix	$\boldsymbol{B}$	$(n \times r)$-Matrix ,
Ausgangs- oder Beobachtungsmatrix	$\boldsymbol{C}$	$(m \times n)$-Matrix ,
Durchgangsmatrix	$\boldsymbol{D}$	$(m \times r)$-Matrix .

Selbstverständlich schließt die allgemeine Darstellung von (3-18) und (3-19) auch die Zustandsraumdarstellung des Eingrößensystems mit ein.
Die Verwendung der Zustandsraumdarstellung hat verschiedene Vorteile, von denen hier einige genannt seien:

1. Ein- und Mehrgrößensysteme können formal gleich behandelt werden.
2. Diese Darstellung ist sowohl für die theoretische Behandlung (analytische Lösungen, Optimierung) als auch für die numerische Berechnung gut geeignet.
3. Die Berechnung des Verhaltens des homogenen Systems unter Verwendung der Anfangsbedingung $\boldsymbol{x}(t_0)$ ist sehr einfach.
4. Schließlich gibt diese Darstellung einen besseren Einblick in das innere Systemverhalten. So lassen sich allgemeine Systemeigenschaften wie die Steuerbarkeit oder Beobachtbarkeit des Systems mit dieser Darstellungsform definieren und überprüfen.

Durch (3-18) und (3-19) werden *lineare* Systeme mit konzentrierten Parametern beschrieben. Die Zustandsraumdarstellung lässt sich jedoch auch auf *nichtlineare* Systeme mit konzentrierten Parametern erweitern:

$$\dot{\boldsymbol{x}} = \boldsymbol{f}_1(\boldsymbol{x}, \boldsymbol{u}, t) \quad \text{(Vektordifferenzialgleichung)}, \tag{3-20}$$

$$\boldsymbol{y} = \boldsymbol{f}_2(\boldsymbol{x}, \boldsymbol{u}, t) \quad \text{(Vektorgleichung)}. \tag{3-21}$$

Der Zustandsvektor $\boldsymbol{x}(t)$ stellt für den Zeitpunkt t einen Punkt in einem n-dimensionalen euklidischen Raum (Zustandsraum) dar. Mit wachsender Zeit t ändert dieser *Zustandspunkt des Systems* seine räumliche Position und beschreibt dabei eine Kurve, die als *Zustandskurve* oder *Trajektorie* des Systems bezeichnet wird.

4 Beschreibung linearer kontinuierlicher Systeme im Frequenzbereich

4.1 Die Laplace-Transformation [1]

Die Laplace-Transformation kann als wichtiges Hilfsmittel zur Lösung linearer Differenzialgleichungen mit konstanten Koeffizienten angesehen werden. Bei regelungstechnischen Aufgaben erfüllen die zu lösenden Differenzialgleichungen meist die zum Einsatz der Laplace-Transformation notwendigen Voraussetzungen. Die Laplace-Transformation ist eine *Integraltransformation*, die einer großen Klasse von *Originalfunktionen* $f(t)$ umkehrbar eindeutig eine *Bildfunktion* $F(s)$ zuordnet, siehe A 23.2. Diese Zuordnung erfolgt über das *Laplace-Integral* von $f(t)$, also durch

$$F(s) = \int_0^\infty f(t)\mathrm{e}^{-st}\mathrm{d}t = \mathscr{L}\{f(t)\}, \tag{4-1}$$

wobei im Argument dieser *Laplace-Transformierten* $F(s)$ die komplexe Variable $s = \sigma + \mathrm{j}\omega$ auftritt und $\mathscr{L}$ die Operatorschreibweise darstellt. Die Voraussetzungen für die Gültigkeit von (4-1) sind:

(a) $f(t) = 0$ für $t < 0$;
(b) das Integral in (4-1) muss konvergieren.

Bei der Behandlung dynamischer Systeme ist die Originalfunktion $f(t)$ gewöhnlich eine Zeitfunktion. Da die komplexe Variable s die Frequenz ω enthält, wird die Bildfunktion $F(s)$ oft auch als Frequenzfunktion bezeichnet. Damit ermöglicht die Laplace-Transformation gemäß (4-1) den Übergang vom *Zeitbereich* (Originalbereich) in den *Frequenzbereich* (Bildbereich).
Die sogenannte Rücktransformation oder inverse Laplace-Transformation, also die Gewinnung der Originalfunktion aus der Bildfunktion wird durch das *Umkehrintegral*

$$f(t) = \frac{1}{2\pi\mathrm{j}} \int_{c-\mathrm{j}\infty}^{c+\mathrm{j}\infty} F(s)\mathrm{e}^{st}\mathrm{d}s = \mathscr{L}^{-1}\{F(s)\}, \quad t > 0 \tag{4-2}$$

ermöglicht, wobei $f(t) = 0$ für $t < 0$ gilt, siehe A 23.2. Die Laplace-Transformation ist eine *umkehrbar eindeutige* Zuordnung von Originalfunktion und Bildfunktion. Daher braucht in vielen Fällen das Umkehrintegral gar nicht berechnet zu werden; es können vielmehr *Korrespondenztafeln* verwendet werden, in denen für viele Funktionen die oben genannte Zuordnung enthalten ist, siehe Tabelle A 23.2.
Die Lösung von Differenzialgleichungen mithilfe der Laplace-Transformation erfolgt gemäß Bild 4-1 in folgenden drei Schritten:

1. Transformation der Differenzialgleichung in den Bildbereich,
2. Lösung der algebraischen Gleichung im Bildbereich,
3. Rücktransformation der Lösung in den Originalbereich.

Beispiel: Gegeben ist die Differenzialgleichung

$$\ddot{f}(t) + 3\dot{f}(t) + 2f(t) = \mathrm{e}^{-t}$$

mit den Anfangsbedingungen $f(0+) = \dot{f}(0+) = 0$. Die Lösung erfolgt in den zuvor angegebenen Schritten:

1. Schritt:

$$s^2F(s) + 3sF(s) + 2F(s) = \frac{1}{s+1}\,.$$

2. Schritt:

$$F(s) = \frac{1}{s+1} \cdot \frac{1}{s^2+3s+2}\,.$$

3. Schritt:
Vor der Rücktransformation wird $F(s)$ in Partialbrüche zerlegt, da die Korrespondenztafeln nur bestimmte Standardfunktionen enthalten:

$$F(s) = \frac{1}{s+2} - \frac{1}{s+1} + \frac{1}{(s+1)^2}\,.$$

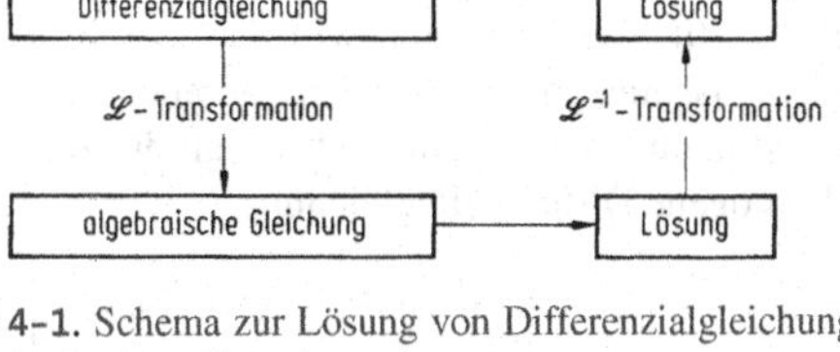

Bild 4-1. Schema zur Lösung von Differenzialgleichungen mit der Laplace-Transformation

Mittels der Korrespondenzen aus Tabelle A 23-2 folgt durch die inverse Laplace-Transformation als Lösung der gegebenen Differenzialgleichung:

$$f(t) = \mathrm{e}^{-2t} - \mathrm{e}^{-t} + t\mathrm{e}^{-t}\,.$$

Wie man leicht anhand dieses Beispiels erkennt, ist die Lage der Pole s_1, s_2 und s_3 für den Verlauf von $f(t)$ ausschlaggebend. Da hier sämtliche Pole von $F(s)$ negativen Realteil besitzen, ist der Verlauf von $f(t)$ gedämpft, d. h., er klingt für $t \to \infty$ auf null ab. Wäre jedoch der Realteil eines Poles positiv, dann würde für $t \to \infty$ auch $f(t)$ unendlich groß werden. Da bei regelungstechnischen Problemen die Originalfunktion $f(t)$ stets den zeitlichen Verlauf einer im Regelkreis auftretenden Systemgröße darstellt, lässt sich das Schwingungsverhalten dieser Systemgröße $f(t)$ durch die Untersuchung der Lage der Polstellen der zugehörigen Bildfunktion $F(s)$ direkt beurteilen. Auf diese so entscheidende Bedeutung der Lage der Polstellen einer Bildfunktion wird im Kapitel 6 ausführlich eingegangen.

4.2 Die Fourier-Transformation [2]

Oben wurde die Laplace-Transformation für Zeitfunktionen $f(t)$ mit der Eigenschaft $f(t) = 0$ im Bereich $t < 0$ behandelt. Zeitfunktionen mit dieser Eigenschaft kommen hauptsächlich bei technischen Einschaltvorgängen vor. Für Zeitfunktionen im gesamten t-Bereich $-\infty \leqq t \leqq +\infty$ wird die *Fourier-Transformierte* ($\mathscr{F}$-Transformierte, Spektral- oder Frequenzfunktion)

$$F(\mathrm{j}\omega) = \mathscr{F}\{f(t)\} = \int_{-\infty}^{\infty} f(t)\mathrm{e}^{-\mathrm{j}\omega t}\mathrm{d}t \qquad (4\text{-}3)$$

und die *inverse Fourier-Transformierte*

$$f(t) = \mathscr{F}^{-1}\{F(\mathrm{j}\omega)\} = \frac{1}{2\pi}\int_{-\infty}^{\infty} F(\mathrm{j}\omega)\mathrm{e}^{\mathrm{j}\omega t}\mathrm{d}\omega \qquad (4\text{-}4)$$

benutzt, wobei mit den Operatorzeichen $\mathscr{F}$ und $\mathscr{F}^{-1}$ formal die Fourier-Transformation bzw. ihre Inverse gekennzeichnet wird.
Da die Fourier-Transformierte meist eine komplexe Funktion ist, können ebenfalls die Darstellungen

$$F(\mathrm{j}\omega) = R'(\omega) + \mathrm{j}I'(\omega) \tag{4-5}$$

und

$$F(\mathrm{j}\omega) = A'(\omega)\mathrm{e}^{\mathrm{j}\varphi'(\omega)} \tag{4-6}$$

unter Verwendung von Real- und Imaginärteil $R'(\omega)$ und $I'(\omega)$ oder von Amplituden- und Phasengang $A'(\omega)$ und $\varphi'(\omega)$ gewählt werden, wobei

$$A'(\omega) = |F(\mathrm{j}\omega)| = \sqrt{R'^2(\omega) + I'^2(\omega)} \tag{4-7}$$

auch als *Fourier-Spektrum* oder *Amplitudendichtespektrum* von $f(t)$ bezeichnet wird, und außerdem für den *Phasengang* gilt:

$$\varphi'(\omega) = \arctan\frac{I'(\omega)}{R'(\omega)}\,. \tag{4-8}$$

Ähnlich wie die Laplace-Transformation stellt die Fourier-Transformation eine umkehrbar eindeutige Zuordnung zwischen Zeitfunktion $f(t)$ und Frequenz- oder Spektralfunktion $F(\mathrm{j}\omega)$ her. Die wichtigsten Funktionspaare sind in Tabelle A 23.1 zusammengestellt. Wegen Analogien von Fourier- und Laplace-Transformation vgl. A 23.1 und A 23.2.

4.3 Der Begriff der Übertragungsfunktion

4.3.1 Definition

Lineare, kontinuierliche, zeitinvariante Systeme mit konzentrierten Parametern, ohne Totzeit werden durch die Differenzialgleichung

$$\sum_{i=0}^{n} a_i \frac{\mathrm{d}^i x_\mathrm{a}(t)}{\mathrm{d}t^i} = \sum_{j=0}^{m} b_j \frac{\mathrm{d}^j x_\mathrm{e}(t)}{\mathrm{d}t^j}\,, \quad m \leqq n \tag{4-9}$$

beschrieben. Sind alle *Anfangswerte gleich null* und wendet man auf beide Seiten von (4-9) die Laplace-Transformation an, so folgt nach kurzer Umformung

$$\frac{X_\mathrm{a}(s)}{X_\mathrm{e}(s)} = \frac{b_0 + b_1 s + \ldots + b_m s^m}{a_0 + a_1 s + \ldots + a_n s^n} = G(s) = \frac{Z(s)}{N(s)}\,, \tag{4-10}$$

wobei $Z(s)$ und $N(s)$ das Zähler- bzw. Nennerpolynom von $G(s)$ sind. Die das Übertragungsverhalten des Systems vollständig charakterisierende Funktion $G(s)$ wird *Übertragungsfunktion* des Systems genannt. Ist noch eine *Totzeit* T_t zu berücksichtigen, dann erhält man anstelle von (4-9)

$$\sum_{i=0}^{n} a_i \frac{\mathrm{d}_i x_\mathrm{a}(t)}{\mathrm{d}t^i} = \sum_{j=0}^{m} b_j \frac{\mathrm{d}^j x_\mathrm{e}(t - T_\mathrm{t})}{\mathrm{d}t^j}\,. \tag{4-11}$$

Die Laplace-Transformation liefert in diesem Fall die *transzendente* Übertragungsfunktion

$$G(s) = \frac{Z(s)}{N(s)}\mathrm{e}^{-sT_\mathrm{t}}\,. \tag{4-12}$$

Die Erregung eines linearen Systems durch einen Einheitsimpuls $\delta(t)$ liefert als Ausgangsgröße die Gewichtsfunktion: $x_\mathrm{a}(t) = g(t)$, vgl. 3.2.2. Es ist nun wegen $\mathscr{L}\{\delta(t)\} = 1$ und mit (4-10)

$$\mathscr{L}\{g(t)\} = X_\mathrm{a}(s) = X_\mathrm{a}(s)/X_\mathrm{e}(s) = G(s)\,; \tag{4-13}$$

d. h., die Übertragungsfunktion $G(s)$ ist identisch mit der Laplace-Transformierten der Gewichtsfunktion. Das Ergebnis (4-13) folgt auch durch Laplace-Transformation aus der Beziehung (3-13):

$$\mathscr{L}\{x_\mathrm{a}(t)\} = \mathscr{L}\left\{\int_0^t g(t - \tau)x_\mathrm{e}(\tau)\mathrm{d}\tau\right\} = G(s)X_\mathrm{e}(s)\,. \tag{4-14}$$

4.3.2 Pole und Nullstellen der Übertragungsfunktion

Häufig ist es zweckmäßig, die rationale Übertragungsfunktion $G(s)$ gemäß (4-10) faktorisiert in der Form

$$G(s) = \frac{Z(s)}{N(s)} = k_0 \frac{(s - s_{\mathrm{N}1})(s - s_{\mathrm{N}2})\ldots(s - s_{\mathrm{N}m})}{(s - s_{\mathrm{P}1})(s - s_{\mathrm{P}2})\ldots(s - s_{\mathrm{P}n})} \tag{4-15}$$

darzustellen. Da aus physikalischen Gründen nur reelle Koeffizienten a_i, b_j vorkommen, können die *Nullstellen* $s_{\mathrm{N}j}$ bzw. die *Polstellen* $s_{\mathrm{P}i}$ von $G(s)$ *reell* oder *konjugiert komplex* sein. Pole und Nullstellen lassen sich anschaulich in der komplexen s-Ebene entsprechend Bild 4-2 darstellen. Ein lineares zeitinvariantes System *ohne* Totzeit wird somit durch die Angabe der Pol- und Nullstellenverteilung sowie des Faktors k_0 vollständig beschrieben. Darüber hinaus haben die Pole der Übertragungsfunktion eine weitere Bedeutung. Betrachtet man das ungestörte System ($x_\mathrm{e}(t) \equiv 0$) nach (4-9) und will man den Zeitverlauf der Ausgangsgröße $x_\mathrm{a}(t)$ nach Vorgabe von n Anfangsbedingungen ermitteln, so hat man die zugehörige homogene Differenzialgleichung

$$\sum_{i=0}^{n} a_i \frac{\mathrm{d}^i x_\mathrm{a}(t)}{\mathrm{d}t^i} = 0 \tag{4-16}$$

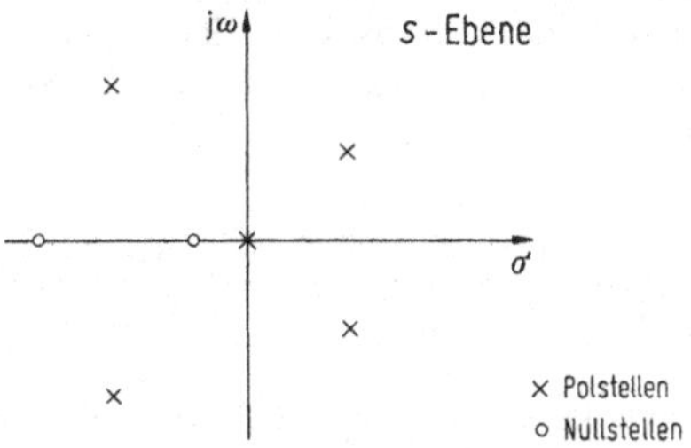

Bild 4-2. Pol- und Nullstellenverteilung einer Übertragungsfunktion in der s-Ebene

zu lösen. Wird für (4-16) der Lösungsansatz $x_a(t) = e^{st}$ gemacht, so erhält man als Bestimmungsgleichung für s die *charakteristische Gleichung*

$$\sum_{i=0}^{n} a_i s^i = 0 \,. \qquad (4\text{-}17)$$

Diese Beziehung geht also unmittelbar durch Nullsetzen des Nenners ($N(s) = 0$) aus $G(s)$ hervor, sofern $N(s)$ und $Z(s)$ teilerfremd sind. Die Nullstellen s_k der charakteristischen Gleichung stellen somit Pole s_{Pj} der Übertragungsfunktion dar. Da das Eigenverhalten ($x_e(t) \equiv 0$) allein durch die charakteristische Gleichung beschrieben wird, enthalten somit die Pole s_{Pj} der Übertragungsfunktion diese Information vollständig.

4.3.3 Das Rechnen mit Übertragungsfunktionen

Für das Zusammenschalten von Übertragungsgliedern lassen sich nun einfache Rechenregeln zur Bestimmung der Übertragungsfunktion herleiten.

a) *Hintereinanderschaltung*: Aus der Schaltung entsprechend Bild 4-3 folgt

$$Y(s) = G_2(s) G_1(s) U(s) \,.$$

Damit ergibt sich als Gesamtübertragungsfunktion der Hintereinanderschaltung

$$G(s) = \frac{Y(s)}{U(s)} = G_1(s) G_2(s) \,. \qquad (4\text{-}18)$$

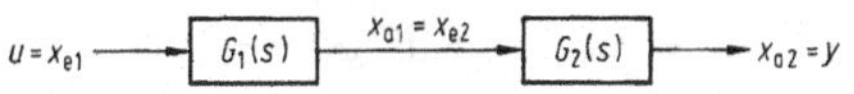

Bild 4-3. Hintereinanderschaltung zweier Übertragungsglieder

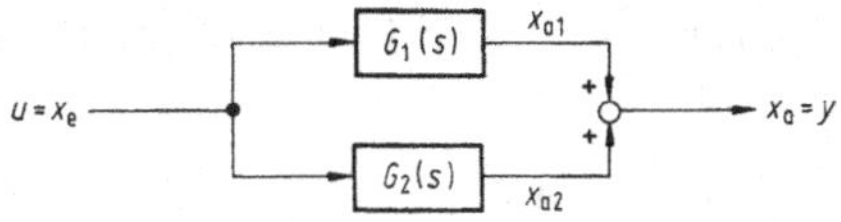

Bild 4-4. Parallelschaltung zweier Übertragungsglieder

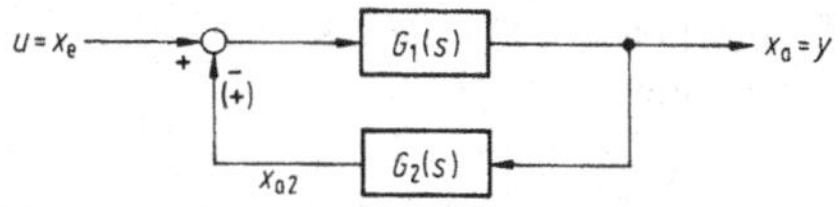

Bild 4-5. Kreisschaltung zweier Übertragungsglieder

b) *Parallelschaltung*: Für die Ausgangsgröße des Gesamtsystems nach Bild 4-4 erhält man

$$\begin{aligned} Y(s) &= X_a(s) \\ &= X_{a1}(s) + X_{a2}(s) = [G_1(s) + G_2(s)]\, U(s) \,, \end{aligned}$$

und daraus ergibt sich als Gesamtübertragungsfunktion der Parallelschaltung

$$G(s) = \frac{Y(s)}{U(s)} = G_1(s) + G_2(s) \,. \qquad (4\text{-}19)$$

c) *Kreisschaltung:* Aus Bild 4-5 folgt unmittelbar für die Ausgangsgröße

$$Y(s) = X_a(s) = [U(s)(\mp) X_{a2}(s)] G_1(s) \,.$$

Mit $X_{a2}(s) = G_2(s) Y(s)$ erhält man daraus die Gesamtübertragungsfunktion der Kreisschaltung

$$G(s) = \frac{Y(s)}{U(s)} = \frac{G_1(s)}{1 \underset{(-)}{+} G_1(s) G_2(s)} \,. \qquad (4\text{-}20)$$

Da die Ausgangsgröße von $G_1(s)$ über $G_2(s)$ wieder an den Eingang zurückgeführt wird, spricht man auch von einer Rückkopplung. Dabei unterscheidet man zwischen positiver Rückkopplung (*Mitkopplung*) bei positiver Aufschaltung von $X_{a2}(s)$ und negativer Rückkopplung (*Gegenkopplung*) bei negativer Aufschaltung von $X_{a2}(s)$.

4.3.4 Zusammenhang zwischen *G*(*s*) und der Zustandsraumdarstellung

Wendet man auf die Zustandsraumdarstellung eines Eingrößensystems, in 3.3.1 beschrieben durch (3-16) und (4-17) mit $\boldsymbol{x}(t_0) = 0$, die Laplace-Transformation an, so folgt aus

$$s\boldsymbol{X}(s) = \boldsymbol{A}\boldsymbol{X}(s) + \boldsymbol{b}U(s) \quad \text{und}$$
$$Y(s) = \boldsymbol{c}^{\mathrm{T}}\boldsymbol{X}(s) + \mathrm{d}U(s)$$

nach Elimination von $\boldsymbol{X}(s)$ nach kurzer Rechnung die Übertragungsfunktion

$$G(s) = \frac{Y(s)}{U(s)} = \boldsymbol{c}^{\mathrm{T}}(s\boldsymbol{I} - \boldsymbol{A})^{-1}\,\boldsymbol{b} + d\,. \tag{4-21}$$

$\boldsymbol{I}$ ist dabei die Einheitsmatrix. Gleichung (4-21) stimmt natürlich mit (4-10) überein, wenn beide mathematischen Modelle dasselbe System beschreiben.

4.3.5 Die komplexe *G*-Ebene

Die komplexe Übertragungsfunktion $G(s)$ beschreibt eine lokal konforme Abbildung der s-Ebene auf die G-Ebene, vgl. A 19. Wegen der bei dieser Abbildung gewährleisteten Winkeltreue wird das orthogonale Netz achsenparalleler Geraden σ = const und ω = const der s-Ebene in ein wiederum orthogonales, aber krummliniges Netz der G-Ebene – wie im Bild 4-6 dargestellt – abgebildet. Dabei bleibt „im unendlich Kleinen" auch die Maßstabstreue erhalten. Einen sehr wichtigen speziellen Fall erhält man für $\sigma = 0$ und $\omega \geqq 0$. Er repräsentiert die konforme Abbildung

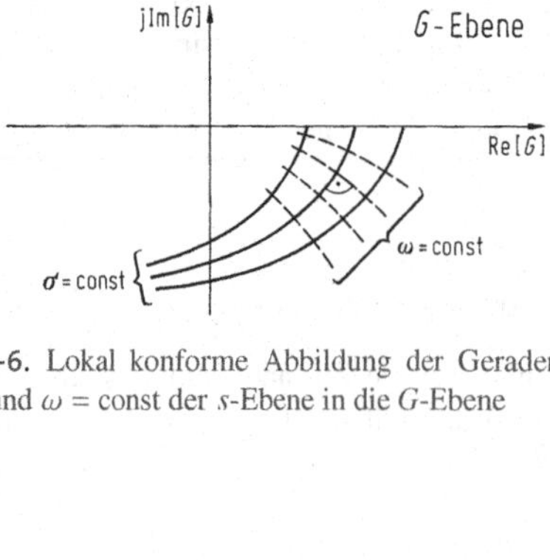

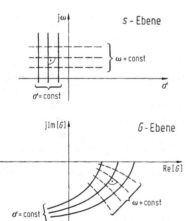

Bild 4-6. Lokal konforme Abbildung der Geraden σ = const und ω = const der s-Ebene in die G-Ebene

der positiven Imaginärachse der s-Ebene und wird als *Ortskurve des Frequenzganges* $G(\mathrm{j}\omega)$ des Systems bezeichnet.

4.4 Die Frequenzgangdarstellung

4.4.1 Definition

Wie bereits kurz erwähnt, geht für $\sigma = 0$, also für den Spezialfall $s = \mathrm{j}\omega$, die Übertragungsfunktion $G(s)$ in den *Frequenzgang* $G(\mathrm{j}\omega)$ über. Während die Übertragungsfunktion $G(s)$ mehr eine abstrakte, nicht messbare Beschreibungsform zur mathematischen Behandlung linearer Systeme darstellt, kann der Frequenzgang $G(\mathrm{j}\omega)$ unmittelbar auch anschaulich physikalisch interpretiert werden. Dazu wird zunächst der Frequenzgang als komplexe Größe

$$G(\mathrm{j}\omega) = R(\omega) + \mathrm{j}I(\omega)\,, \tag{4-22}$$

mit dem Realteil $R(\omega)$ und dem Imaginärteil $I(\omega)$, zweckmäßigerweise durch seinen *Amplitudengang* $A(\omega)$ und seinen *Phasengang* $\varphi(\omega)$ in der Form

$$G(\mathrm{j}\omega) = A(\omega)\mathrm{e}^{\mathrm{j}\varphi(\omega)} \tag{4-23}$$

dargestellt. Denkt man sich nun die Systemgröße $x_\mathrm{e}(t)$ sinusförmig mit der Amplitude $\widehat{x}_\mathrm{e}$ und der Frequenz ω erregt, also durch

$$x_\mathrm{e}(t) = \widehat{x}_\mathrm{e} \sin \omega t\,, \tag{4-24}$$

dann wird bei einem linearen kontinuierlichen System die Ausgangsgröße mit derselben Frequenz ω mit anderer Amplitude $\widehat{x}_\mathrm{a}$ und mit einer gewissen Phasenverschiebung $\varphi = \varphi(\omega)$ ebenfalls sinusförmige Schwingungen ausführen:

$$x_\mathrm{a}(t) = \widehat{x}_\mathrm{a} \sin(\omega t + \varphi)\,. \tag{4-25}$$

Führt man dieses Experiment für verschiedene Frequenzen $\omega = \omega_\nu$ ($\nu = 1, 2, \ldots$) mit $\widehat{x}_\mathrm{e}$ = const durch, dann stellt man eine Frequenzabhängigkeit der Amplitude $\widehat{x}_\mathrm{a}$ des Ausgangssignals sowie der Phasenverschiebung φ fest, und somit gilt für die jeweilige Frequenz ω_ν

$$\widehat{x}_{\mathrm{a},\nu} = \widehat{x}_\mathrm{a}(\omega_\nu) \quad \text{und} \quad \varphi_\nu = \varphi(\omega_\nu)\,.$$

Aus dem Verhältnis der Amplituden $\widehat{x}_\mathrm{a}$ und $\widehat{x}_\mathrm{e}$ lässt sich nun der *Amplitudengang* des Frequenzganges

$$A(\omega) = \frac{\widehat{x}_a(\omega)}{\widehat{x}_e} = |G(j\omega)| = \sqrt{R^2(\omega) + I^2(\omega)} \quad (4\text{-}26)$$

als frequenzabhängige Größe definieren. Weiterhin wird die frequenzabhängige Phasenverschiebung $\varphi(\omega)$ als *Phasengang* des Frequenzganges bezeichnet. Es gilt somit

$$\varphi(\omega) = \arg G(j\omega) = \arctan \frac{I(\omega)}{R(\omega)} . \quad (4\text{-}27)$$

Aus diesen Überlegungen ist ersichtlich, dass durch Verwendung sinusförmiger Eingangssignale $x_e(t)$ unterschiedlicher Frequenz der Amplitudengang $A(\omega)$ und der Phasengang $\varphi(\omega)$ des Frequenzganges $G(j\omega)$ direkt gemessen werden können. Der gesamte Frequenzgang $G(j\omega)$ für alle Frequenzen $0 \leqq \omega \leqq \infty$ beschreibt ähnlich wie die Übertragungsfunktion $G(s)$ oder die Übergangsfunktion $h(t)$ das Übertragungsverhalten eines linearen kontinuierlichen Systems vollständig.

4.4.2 Ortskurvendarstellung des Frequenzganges

Trägt man für das oben behandelte Experiment für jeden Wert von ω_ν mithilfe von $A(\omega_\nu)$ und $\varphi(\omega_\nu)$ den jeweiligen Wert von $G(j\omega_\nu) = A(\omega_\nu)e^{j\varphi(\omega_\nu)}$ in die komplexe G-Ebene ein, so erhält man die in ω parametrierte *Ortskurve des Frequenzganges*, die auch als *Nyquist-Ortskurve* bezeichnet wird. Bild 4-7 zeigt eine solche aus 8 Messwerten experimentell ermittelte Ortskurve.

Die Ortskurvendarstellung von Frequenzgängen hat u. a. den Vorteil, dass die Frequenzgänge sowohl von hintereinander als auch von parallel geschalteten Übertragungsgliedern sehr einfach grafisch konstruiert werden können. Dabei werden die zu gleichen ω-Werten gehörenden Zeiger der betreffenden Ortskurven herausgesucht. Bei der Parallelschaltung werden die Zeiger addiert (Parallelogrammkonstruktion); bei der Hintereinanderschaltung werden die Zeiger multipliziert, indem die Längen der Zeiger multipliziert und ihre Winkel addiert werden.

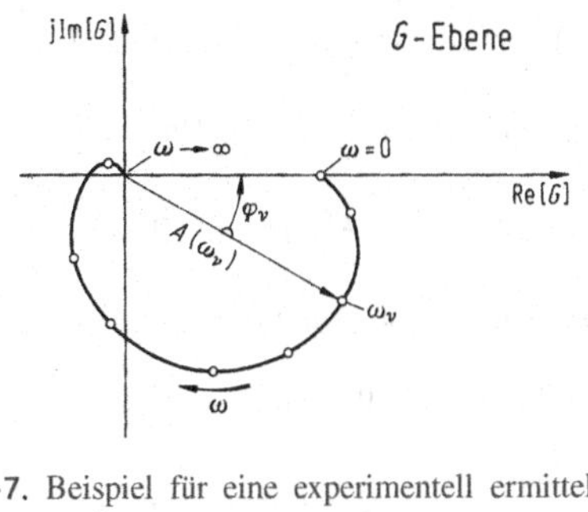

Bild 4-7. Beispiel für eine experimentell ermittelte Frequenzgangortskurve

4.4.3 Darstellung des Frequenzganges durch Frequenzkennlinien (Bode-Diagramm)

Trägt man den Betrag $A(\omega)$ und die Phase $\varphi(\omega)$ des Frequenzganges $G(j\omega) = A(\omega)e^{j\varphi(\omega)}$ getrennt über der Frequenz ω auf, so erhält man den Amplitudengang oder die *Betragskennlinie* sowie den *Phasengang oder die Phasenkennlinie* des Übertragungsgliedes. Beide zusammen ergeben die *Frequenzkennlinien* oder das *Bode-Diagramm* (Bild 4-8). $A(\omega)$ (ggf. nach Normierung auf die Dimension 1) und ω werden logarithmisch und $\varphi(\omega)$ linear aufgetragen. Es ist dabei üblich, $A(\omega)$ auf die Einheit Dezibel (dB) zu beziehen. Laut Definition gilt

$$A_{dB}(\omega) = 20 \lg A(\omega) .$$

Die logarithmische Darstellung bietet besondere Vorteile bei der *Hintereinanderschaltung* von Übertragungsgliedern, zumal sich kompliziertere Frequenzgänge, wie sie beispielsweise aus

$$G(s) = K\frac{(s - s_{N1}) \ldots (s - s_{Nm})}{(s - s_{P1}) \ldots (s - s_{Pn})} \quad (4\text{-}28)$$

mit $s = j\omega$ hervorgehen, als Hintereinanderschal-

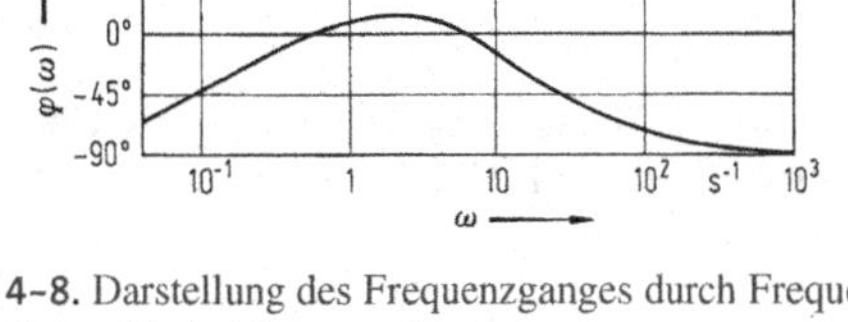

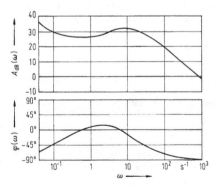

Bild 4-8. Darstellung des Frequenzganges durch Frequenzkennlinien (Bode-Diagramm)

tung der Frequenzgänge einfacher Übertragungsglieder der Form

$$G_i(\mathrm{j}\omega) = (\mathrm{j}\omega - s_{\mathrm{N}i}) \quad \text{für} \quad i = 1,2,\ldots,m \quad (4\text{-}29)$$

$$\text{und} \quad G_{m+i}(\omega) = \frac{1}{\mathrm{j}\omega - s_{\mathrm{P}i}} \quad \text{für} \quad i = 1,2,\ldots,n \quad (4\text{-}30)$$

darstellen lassen. Es gilt dann

$$G(\mathrm{j}\omega) = KG_1(\mathrm{j}\omega)G_2(\mathrm{j}\omega)\ldots G_{n+m}(\mathrm{j}\omega)\,. \quad (4\text{-}31)$$

Aus der Darstellung

$$G(\mathrm{j}\omega) = KA_1(\omega)A_2(\omega)\ldots A_{n+m}(\omega)\mathrm{e}^{\mathrm{j}[\varphi_1(\omega)+\varphi_2(\omega)+\ldots+\varphi_{n+m}(\omega)]} \quad (4\text{-}32)$$

bzw. aus $A(\omega) = |G(\mathrm{j}\omega)|$ erhält man den *logarithmischen Amplitudengang*

$$A_{\mathrm{dB}}(\omega) = K_{\mathrm{dB}} + A_{1\mathrm{dB}}(\omega) + A_{2\mathrm{dB}}(\omega) + \ldots A_{n+m\mathrm{dB}}(\omega) \quad (4\text{-}33)$$

und den *Phasengang*

$$\varphi(\omega) = \varphi_0(\omega) + \varphi_1(\omega) + \ldots + \varphi_{n+m}(\omega)\,, \quad (4\text{-}34)$$

wobei $\varphi_0(\omega) = 0°$ für $K > 0$ und $\varphi_0(\omega) = -180°$ für $K < 0$.
Der Gesamtfrequenzgang einer Hintereinanderschaltung ergibt sich also durch Addition der einzelnen Frequenzkennlinien.

4.5 Das Verhalten der wichtigsten Übertragungsglieder

Für die nachfolgend behandelten Übertragungsglieder ist jeweils der Verlauf der Übergangsfunktion $h(t)$ und des Frequenzganges $G(\mathrm{j}\omega)$ in Tabelle 4-1 zusammengestellt.

4.5.1 Das proportional wirkende Glied (P-Glied)

a) Darstellung im Zeitbereich:

$$x_{\mathrm{a}}(t) = Kx_{\mathrm{e}}(t)\,. \quad (4\text{-}35)$$

K wird als *Verstärkungsfaktor* oder als Übertragungsbeiwert des P-Gliedes bezeichnet.

b) Übertragungsfunktion:

$$G(s) = K\,. \quad (4\text{-}36)$$

c) Frequenzgang:

$$G(\mathrm{j}\omega) = K\,. \quad (4\text{-}37)$$

Die Ortskurve von $G(\mathrm{j}\omega)$ stellt für sämtliche Frequenzen einen Punkt auf der reellen Achse mit dem Abstand K vom Nullpunkt dar, d. h., der Phasengang $\varphi(\omega)$ ist null für $K > 0$ oder $-180°$ für $K < 0$, während für den logarithmischen Amplitudengang

$$A_{\mathrm{dB}}(\omega) = 20\lg K = K_{\mathrm{dB}} = \text{const}$$

gilt.

4.5.2 Das integrierende Glied (I-Glied)

a) Darstellung im Zeitbereich:

$$x_{\mathrm{a}}(t) = \frac{1}{T_{\mathrm{I}}}\int_0^t x_{\mathrm{e}}(\tau)\,\mathrm{d}\tau + x_{\mathrm{a}}(0)\,. \quad (4\text{-}38)$$

T_{I} ist eine Konstante mit der Dimension Zeit und wird deshalb als *Integrationszeitkonstante* bezeichnet.

b) Übertragungsfunktion:

$$G(s) = \frac{1}{sT_{\mathrm{I}}}\,. \quad (4\text{-}39)$$

c) Frequenzgang:

$$G(\mathrm{j}\omega) = \frac{1}{\mathrm{j}\omega T_{\mathrm{I}}} = \frac{1}{\omega T_{\mathrm{I}}}\mathrm{e}^{-\mathrm{j}\frac{\pi}{2}}\,, \quad (4\text{-}40)$$

mit dem Amplituden- und Phasengang

$$A(\omega) = \frac{1}{\omega T_{\mathrm{I}}} \quad \text{und} \quad \varphi(\omega) = -\frac{\pi}{2} = \text{const} \quad (4\text{-}41)$$

und dem logarithmischen Amplitudengang

$$A_{\mathrm{dB}}(\omega) = -20\lg\omega T_{\mathrm{I}} = -20\lg\frac{\omega}{\omega_{\mathrm{e}}}\,, \quad (4\text{-}42)$$

wobei $\omega_{\mathrm{e}} = 1/T_{\mathrm{I}}$ als *Eckfrequenz* definiert wird.

4.5.3 Das differenzierende Glied (D-Glied)

a) Darstellung im Zeitbereich:

$$x_{\mathrm{a}}(t) = T_{\mathrm{D}}\frac{\mathrm{d}}{\mathrm{d}t}x_{\mathrm{e}}(t)\,. \quad (4\text{-}43)$$

Tabelle 4-1. Übertragungsglieder mit Übergangsfunktion und Frequenzgang

lfd. Nr.	Glied	Übergangsfunktion $h(t)$	Gl. der Übergangsfunktion $h(t)$	Übertragungs-funktion $G(s)$	Ortskurve	Bode-Diagramm $A_{dB}(\omega)$ und $\varphi(\omega)$	Pole (×) und Nullstellen (○) in s-Ebene
1	P		$K\sigma(t)$	K			keine Pol- und Nullstellen
2	I		$\frac{t}{T_I}\sigma(t)$	$\frac{1}{sT_I}$			
3	PT_1		$K(1-e^{-t/T})\sigma(t)$	$\frac{K}{1+sT}$			
4	PT_2		$K(1-\frac{T_1}{T_1-T_2}e^{-t/T_1}+\frac{T_2}{T_1-T_2}e^{-t/T_2})\sigma(t)$	$\frac{K}{(1+sT_1)(1+sT_2)}$			
5	PT_2S		$K\{1-e^{-D\omega_0 t}\cdot[\cos(\sqrt{1-D^2}\,\omega_0 t)+\frac{D}{\sqrt{1-D^2}}\sin(\sqrt{1-D^2}\,\omega_0 t)]\}\sigma(t)$	$\frac{K}{1+2\frac{D}{\omega_0}s+\frac{1}{\omega_0^2}s^2}$, $D<1$			
6	IT_1		$[\frac{t}{T_I}+\frac{T}{T_I}(e^{-t/T}-1)]\sigma(t)$	$\frac{1}{T_I s(1+sT)}$			
7	PI		$K_R[1+t/T_I]\sigma(t)$	$K_R\frac{1+sT_I}{sT_I}$			
8	D		$T_D\delta(t)$	sT_D			
9	DT_1		$e^{-t/T}\sigma(t)$	$\frac{sT}{1+sT}$			
10	PD		$K_R[\sigma(t)+T_D\delta(t)]$	$K_R(1+sT_D)$			
11	PID		$K_R[\sigma(t)+\frac{t}{T_I}\sigma(t)+T_D\delta(t)]$	$K_R\frac{1+sT_I+s^2T_IT_D}{sT_I}$			

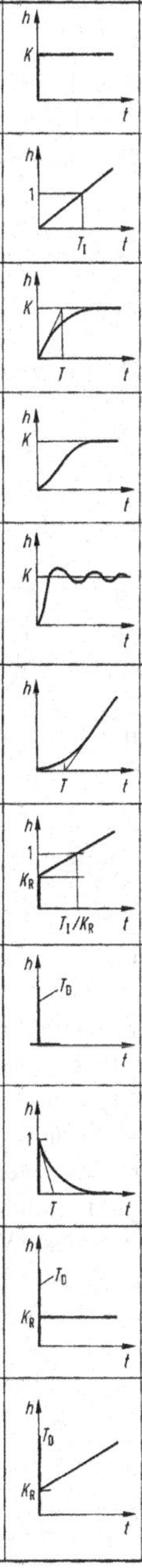

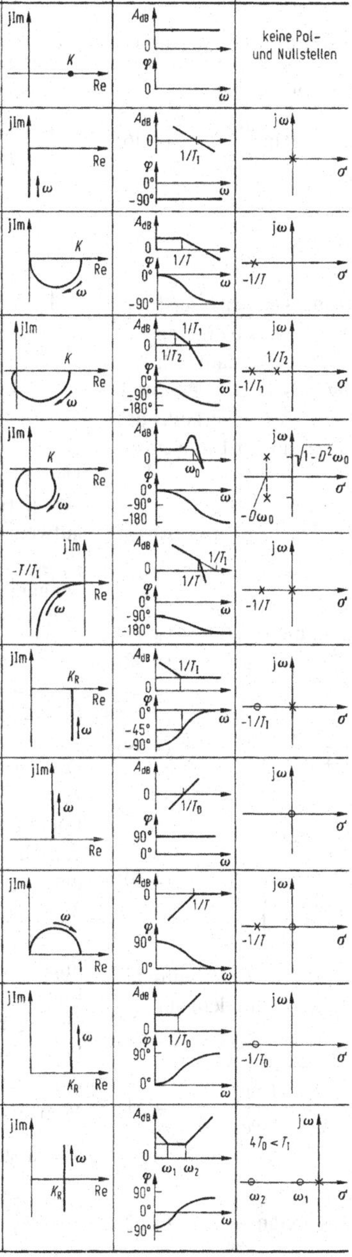

b) Übertragungsfunktion:

$$G(s) = sT_D \,. \tag{4-44}$$

c) Frequenzgang:

$$G(j\omega) = j\omega T_D = \omega T_D e^{j\frac{\pi}{2}} \,, \tag{4-45}$$

mit dem logarithmischen Amplitudengang

$$A_{dB}(\omega) = 20 \lg \omega T_D = 20 \lg \frac{\omega}{\omega_e} \tag{4-46}$$

und dem Phasengang

$$\varphi(\omega) = \frac{\pi}{2} = \text{const} \,. \tag{4-47}$$

Es ist leicht ersichtlich, dass die Übertragungsfunktionen von I- und D-Glied durch Inversion ineinander übergehen. Daher können die Kurvenverläufe für den Amplituden- und Phasengang des D-Gliedes durch Spiegelung der entsprechenden Kurvenverläufe des I-Gliedes an der 0-dB-Linie bzw. an der Linie $\varphi = 0$ gewonnen werden.

4.5.4 Das Verzögerungsglied 1. Ordnung (PT_1-Glied)

a) Darstellung im Zeitbereich:

$$x_a(t) + T\dot{x}_a(t) = Kx_e(t) \,, \quad \text{mit} \quad x_a(0) = x_{a0} \,. \tag{4-48}$$

b) Übertragungsfunktion:

$$G(s) = \frac{K}{1 + sT} \,. \tag{4-49}$$

c) Frequenzgang:

$$G(j\omega) = K \frac{1 - j\dfrac{\omega}{\omega_e}}{1 + \left(\dfrac{\omega}{\omega_e}\right)^2} \tag{4-50}$$

mit der Knickfrequenz $\omega_e = 1/T$. T wird als *Zeitkonstante* definiert. Als Amplitudengang ergibt sich

$$A(\omega) = |G(j\omega)| = K \Big/ \sqrt{1 + \left(\frac{\omega}{\omega_e}\right)^2} \tag{4-51}$$

und als Phasengang

$$\varphi(\omega) = \arctan \frac{I(\omega)}{R(\omega)} = -\arctan \frac{\omega}{\omega_e} \,. \tag{4-52}$$

Aus (4-51) lässt sich der logarithmische Amplitudengang

$$A_{dB}(\omega) = 20 \lg K - 20 \lg \sqrt{1 + \left(\frac{\omega}{\omega_e}\right)^2} \tag{4-53}$$

herleiten. Gleichung (4-53) kann asymptotisch durch zwei Geraden approximiert werden:

α) Im Bereich $\omega/\omega_e \ll 1$ durch die *Anfangsasymptote*

$$A_{dB}(\omega) \approx 20 \lg K = K_{dB} \,,$$

wobei $\varphi(\omega) \approx 0$ wird.

β) Im Bereich $\omega/\omega_e \gg 1$ durch die *Endasymptote*

$$A_{dB}(\omega) \approx 20 \lg K - 20 \lg \frac{\omega}{\omega_e} \,,$$

wobei $\varphi(\omega) \approx -\frac{\pi}{2}$ gilt.

Der Verlauf der Anfangsasymptote ist horizontal, wobei die Endasymptote eine Steigung von –20/Dekade aufweist. Als Schnittpunkt beider Geraden ergibt sich $\omega/\omega_e = 1$. Die maximale Abweichung des Amplitudenganges von den Asymptoten tritt bei $\omega = \omega_e$ auf und beträgt $\Delta A_{dB}(\omega_e) = -20 \lg \sqrt{2} \mathrel{\hat{=}} -3\,\text{dB}$.

4.5.5 Das Verzögerungsglied 2. Ordnung (PT_2-Glied und PT_2S-Glied)

Das Verzögerungsglied 2. Ordnung ist gekennzeichnet durch zwei voneinander unabhängige Energiespeicher. Je nach den Dämpfungseigenschaften bzw. der Lage der Pole von $G(s)$ unterscheidet man beim Verzögerungsglied 2. Ordnung zwischen schwingendem und aperiodischem Verhalten. Besitzt ein Verzögerungsglied 2. Ordnung ein konjugiert komplexes Polpaar, dann weist es schwingendes Verhalten (PT_2S-Verhalten) auf. Liegen die beiden Pole auf der negativ reellen Achse, so besitzt das Übertragungsglied ein verzögerndes PT_2-Verhalten.

a) Darstellung im Zeitbereich:

$$T_2'^2 \frac{d^2 x_a(t)}{dt^2} + T_1' \frac{dx_a(t)}{dt} + x_a(t) = Kx_e(t) \,. \tag{4-54}$$

b) Übertragungsfunktion:

$$G(s) = \frac{K}{1 + T_1' s + T_2'^2 s^2} = \frac{K}{(1 + T_1 s)(1 + T_2 s)} \,. \tag{4-55}$$

Führt man nun Begriffe ein, die das Zeitverhalten charakterisieren, und zwar den *Dämpfungsgrad* $D = T_1'/2T_2'$ sowie die *Eigenfrequenz* (der nicht gedämpften Schwingung) $\omega_0 = 1/T_2'$, so erhält man aus (4-55)

$$G(s) = \frac{K}{1 + \frac{2D}{\omega_0} s + \frac{1}{\omega_0^2} s^2} \,. \tag{4-56}$$

c) Frequenzgang:

$$G(\mathrm{j}\omega) = K \frac{\left[1 - \left(\frac{\omega}{\omega_0}\right)^2\right] - \mathrm{j} \cdot 2D \frac{\omega}{\omega_0}}{\left[1 - \left(\frac{\omega}{\omega_0}\right)^2\right]^2 + \left[2D \frac{\omega}{\omega_0}\right]^2} \,. \tag{4-57}$$

Somit lautet der zugehörige Amplitudengang

$$A(\omega) = \frac{K}{\sqrt{\left[1 - \left(\frac{\omega}{\omega_0}\right)^2\right]^2 + \left[2D \frac{\omega}{\omega_0}\right]^2}} \tag{4-58}$$

und der Phasengang

$$\varphi(\omega) = -\arctan \frac{2D \frac{\omega}{\omega_0}}{1 - \left(\frac{\omega}{\omega_0}\right)^2} \,. \tag{4-59}$$

Für den logarithmischen Amplitudengang ergibt sich aus (4-58)

$$A_{\mathrm{dB}}(\omega) = 20 \lg K - 20 \lg \sqrt{\left[1 - \left(\frac{\omega}{\omega_0}\right)^2\right]^2 + \left[2D \frac{\omega}{\omega_0}\right]^2} \,. \tag{4-60}$$

Der Verlauf von $A_{\mathrm{dB}}(\omega)$ lässt sich durch folgende Asymptoten approximieren:

α) Im Bereich $\omega/\omega_0 \ll 1$ durch die *Anfangsasymptote*

$$A_{\mathrm{dB}}(\omega) \approx 20 \lg K \quad \text{mit} \quad \varphi(\omega) \approx 0 \,.$$

β) Im Bereich $\omega/\omega_0 \gg 1$ durch die *Endasymptote*

$$A_{\mathrm{dB}}(\omega) \approx 20 \lg K - 40 \lg \left(\frac{\omega}{\omega_0}\right)$$

$$\text{mit} \quad \varphi(\omega) \approx -\pi \,.$$

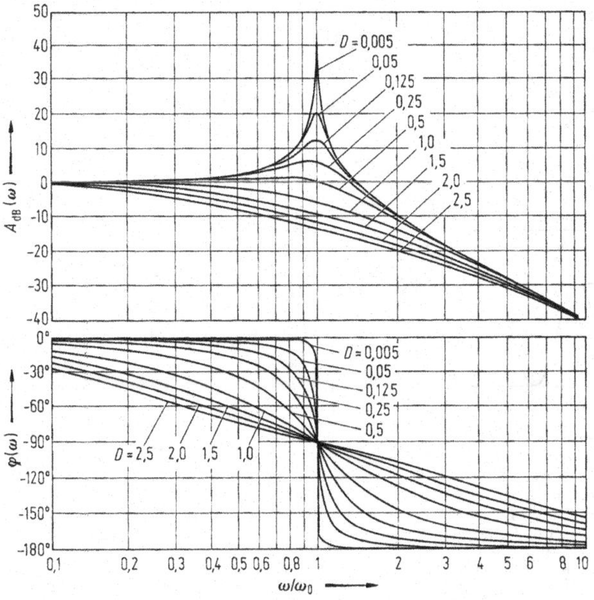

Bild 4-9. Bode-Diagramm eines Verzögerungsgliedes 2. Ordnung ($K = 1$)

Die Endasymptote stellt im Bode-Diagramm eine Gerade mit der Steigung –40dB/Dekade dar. Als Schnittpunkt beider Asymptoten folgt die auf ω_0 normierte Kreisfrequenz $\omega/\omega_0 = 1$. Der tatsächliche Wert von $A_{\mathrm{dB}}(\omega)$ kann bei $\omega = \omega_0$ beträchtlich vom Asymptotenschnittpunkt abweichen. Für $D < 0{,}5$ liegt der Wert oberhalb, für $D > 0{,}5$ unterhalb der Asymptoten. Bild 4-9 zeigt für $0 < D \leqq 2{,}5$ und $K = 1$ den Verlauf von $A_{\mathrm{dB}}(\omega)$ und $\varphi(\omega)$ im Bode-Diagramm. Daraus ist ersichtlich, dass beim Amplitudengang ab einem bestimmten Dämpfungsgrad D für die einzelnen Kurvenverläufe jeweils ein Maximalwert existiert. Dieser Maximalwert tritt für die einzelnen D-Werte bei der sogenannten *Resonanzfrequenz*

$$\omega_\mathrm{r} = \omega_0\sqrt{1-2D^2} \quad \text{für} \quad 0 \leqq D \leqq 0{,}707 \qquad (4\text{-}61)$$

auf. Für den Maximalwert des Amplitudenganges mit $K = 1$ erhält man

$$A_{\max}(\omega) = A(\omega_\mathrm{r}) = \frac{1}{2D\sqrt{1-D^2}}\,. \qquad (4\text{-}62)$$

Das Eigenverhalten des Übertragungsgliedes wird durch die Pole der Übertragungsfunktion gemäß (4-56), also aus seiner charakteristischen Gleichung

$$N(s) = 0 = 1 + \frac{2D}{\omega_0}s + \frac{1}{\omega_0^2}s^2 \qquad (4\text{-}63)$$

Tabelle 4-2. Lage der Pole und Übergangsfunktion für Übertragungsglieder 2. Ordnung (PT_2- und PT_2S-Verhalten)

Dämpfung	Lage der Pole	Übergangsfunktion $h(t)$
$0 < D < 1$ PT_2S-Verhalten	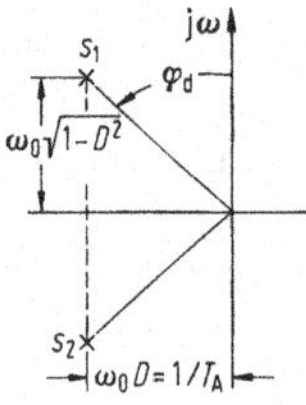	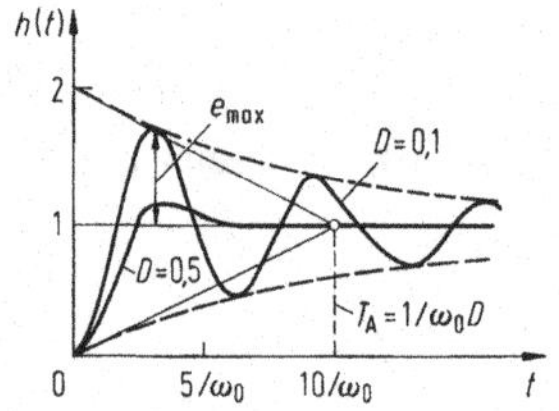
$D = 1$ PT_2-Verhalten $T_1 = T_2$	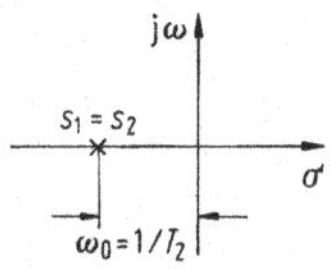	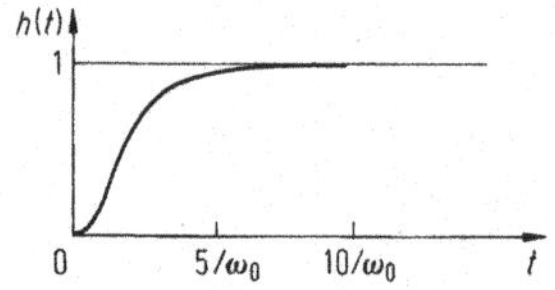
$D > 1$ PT_2-Verhalten $T_1 \neq T_2$	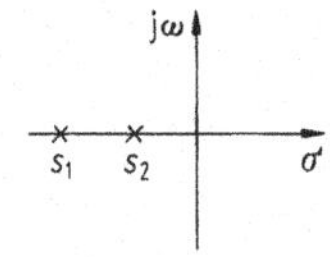	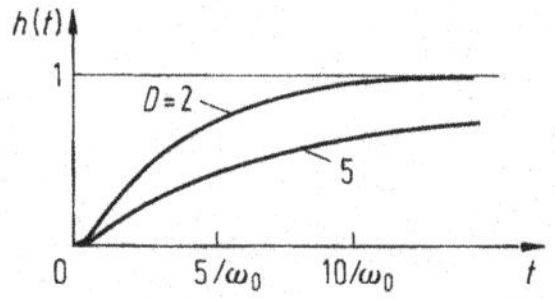
$D = 0$ ungedämpfter Fall	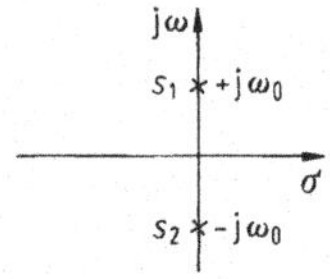	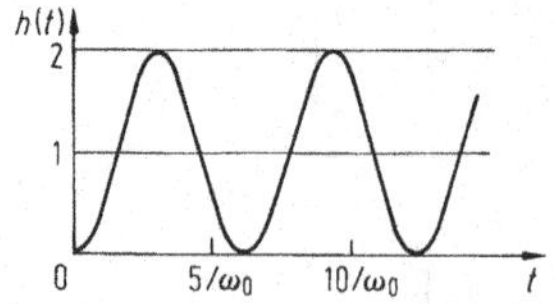
$-1 < D < 0$ instabiler Fall	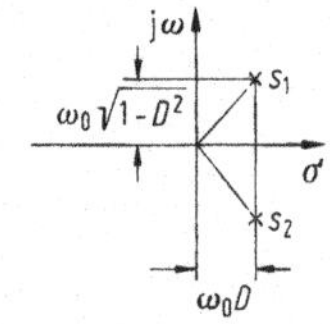	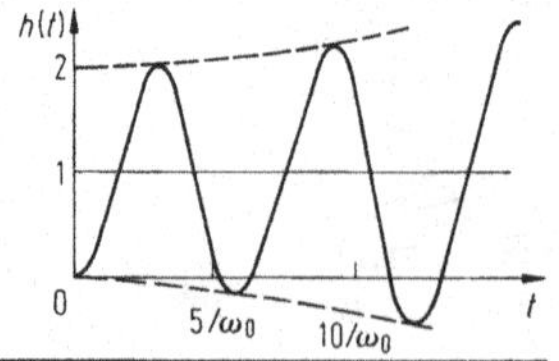

bestimmt. Als Pole der Übertragungsfunktion ergeben sich

$$s_{1,2} = -\omega_0 D \pm \omega_0 \sqrt{D^2 - 1}\,. \qquad (4\text{-}64)$$

In Abhängigkeit von der Lage der Pole in der s-Ebene lässt sich nun anschaulich das Schwingungsverhalten eines Verzögerungsgliedes 2. Ordnung beschreiben. Dazu wird zweckmäßigerweise der Verlauf der zugehörigen Übergangsfunktion $h(t)$ gewählt. Tabelle 4-2 zeigt in Abhängigkeit von D die Lage der Pole der Übertragungsfunktion und die dazugehörigen Übergangsfunktionen dieses Systems.

4.5.6 Bandbreite eines Übertragungsgliedes

Einen wichtigen Begriff stellt die *Bandbreite* eines Übertragungsgliedes dar. Verzögerungsglieder mit Proportionalverhalten, wie z. B. PT_1-, PT_2- und PT_2S-Glieder sowie PT_n-Glieder (Hintereinanderschaltung von n PT_1-Gliedern), besitzen so genannte Tiefpasseigenschaften, d. h., sie übertragen vorzugsweise tiefe Frequenzen, während hohe Frequenzen von Signalen entsprechend dem stark abfallenden Amplitudengang abgeschwächt übertragen werden. Zur Beschreibung dieses Übertragungsverhaltens führt man den Begriff der Bandbreite ein. Als Bandbreite eines Tiefpassgliedes bezeichnet man die Frequenz ω_b, bei der der logarithmische Amplitudengang gegenüber der horizontalen Anfangsasymptote um –3 dB abgefallen ist, siehe Bild 4-10.

4.5.7 Systeme mit minimalem und nichtminimalem Phasenverhalten

Durch eine Übertragungsfunktion, die keine Pole und Nullstellen in der rechten s-Halbebene besitzt,

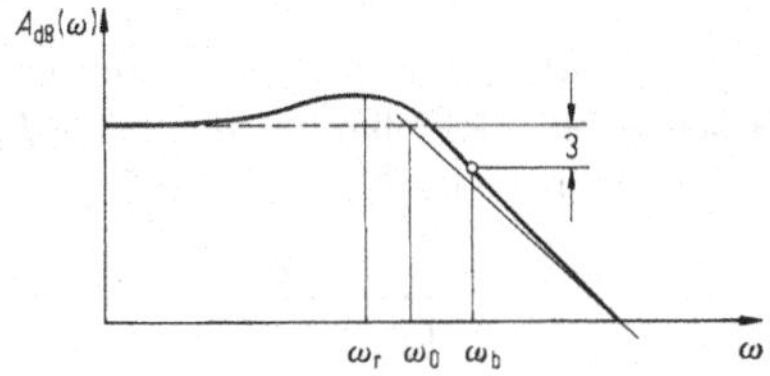

Bild 4-10. Zur Definition der Bandbreite ω_b bei Übertragungssystemen mit Tiefpassverhalten (ω_r Resonanzfrequenz, ω_0 Eigenfrequenz der ungedämpften Schwingung)

wird ein System mit *Minimalphasenverhalten* beschrieben. Es ist dadurch charakterisiert, dass bei bekanntem Amplitudengang $A(\omega) = |G(j\omega)|$ im Bereich $0 \leqq \omega < \infty$ der zugehörige Phasengang $\varphi(\omega)$ aus $A(\omega)$ mithilfe des Bode'schen Gesetzes [3] berechnet werden kann und das dabei ermittelte $\varphi(\omega)$ betragsmäßig den kleinstmöglichen Phasenverlauf zu dem vorgegebenen $A(\omega)$ besitzt. Weist eine Übertragungsfunktion in der rechten s-Halbebene Pole und/oder Nullstellen auf, dann hat das entsprechende System *nichtminimales Phasenverhalten.* Der zugehörige Phasenverlauf hat stets größere Werte als der bei dem entsprechenden System mit Minimalphasenverhalten, das denselben Amplitudengang besitzt. Die Übertragungsfunktion eines nichtminimalphasigen Übertragungsgliedes $G_b(s)$ lässt sich immer durch Hintereinanderschaltung des zugehörigen Minimalphasengliedes und eines reinen phasendrehenden Gliedes, die durch die Übertragungsfunktionen $G_a(s)$ und $G_A(s)$ beschrieben werden, darstellen:

$$G_b(s) = G_A(s) G_a(s)\,. \qquad (4\text{-}65)$$

Ein phasendrehendes Glied, auch *Allpassglied* genannt, ist dadurch charakterisiert, dass der Betrag seines Frequenzganges $G_A(j\omega)$ für alle Frequenzen gleich eins ist. So lautet z. B. die Übertragungsfunktion des Allpassgliedes 1. Ordnung

$$G_A(s) = \frac{1 - sT}{1 + sT}\,, \qquad (4\text{-}66)$$

woraus als Amplitudengang $A_A(\omega) = 1$ und als Phasengang $\varphi_A(\omega) = -2 \arctan \omega T$ folgen. Dieses Allpassglied überstreicht einen Winkel $\varphi_A(\omega)$ von 0° bis −180°. Die Bedingung für Allpassglieder, d. h. $|G_A(j\omega)| = 1$, wird nur von Übertragungsgliedern erfüllt, bei denen die Nullstellenverteilung von $G_A(s)$ in der s-Ebene *spiegelbildlich* zur Polverteilung bezüglich der $j\omega$-Achse ist.
Ein typisches System mit nichtminimalem Phasenverhalten ist das *Totzeitglied* (PT_t-Glied), das durch die Übertragungsfunktion

$$G(s) = e^{-sT_t} \qquad (4\text{-}67)$$

und den Frequenzgang

$$G(j\omega) = e^{-j\omega T_t} \qquad (4\text{-}68)$$

mit dem Amplitudengang

$$A(\omega) = |G(\mathrm{j}\omega)| = |\cos\omega T_t - \mathrm{j}\sin\omega T_t| = 1 \quad (4\text{-}69)$$

sowie dem Phasengang (im Bogenmaß)

$$\varphi(\omega) = -\omega T_t \quad (4\text{-}70)$$

beschrieben wird. Die Ortskurve von $G(\mathrm{j}\omega)$ stellt somit einen Kreis um den Koordinatenursprung dar, der mit $\omega = 0$ auf der reellen Achse bei $R(\omega) = 1$ beginnend mit wachsenden ω-Werten fortwährend durchlaufen wird, da der Phasenwinkel ständig zunimmt. Bei Systemen mit Minimalphasenverhalten kann man eindeutig aus dem Amplitudengang $A(\omega)$ den Phasengang $\varphi(\omega)$ bestimmen. Dies gilt jedoch für Systeme mit nichtminimalem Phasenverhalten nicht. Die Überprüfung, ob ein System Minimalphasenverhalten aufweist oder nicht, lässt sich aus dem Verlauf von $\varphi(\omega)$ und $A_{\mathrm{dB}}(\omega)$ für hohe Frequenzen leicht abschätzen. Bei einem Minimalphasensystem, das durch die gebrochen rationale Übertragungsfunktion $G(s) = Z(s)/N(s)$ dargestellt wird, wobei der Zähler $Z(s)$ vom Grade m und der Nenner $N(s)$ vom Grade n ist, erhält man nämlich für $\omega \to \infty$ den Phasengang

$$\varphi(\infty) = -90°(n - m)\,. \quad (4\text{-}71)$$

Bei einem System mit nichtminimalem Phasenverhalten wird dieser Wert stets größer. In beiden Fällen wird der logarithmische Amplitudengang für $\omega \to \infty$ die Steigung $-20(n - m)$ dB/Dekade besitzen.

5 Das Verhalten linearer kontinuierlicher Regelkreise

5.1 Dynamisches Verhalten des Regelkreises

Bild 5-1 zeigt das Blockschema des geschlossenen Regelkreises mit den 4 klassischen Bestandteilen: Regler, Stellglied, Regelstrecke und Messglied. Meist ist es zweckmäßig, Regler und Stellglied zur Regeleinrichtung zusammenzufassen, während das Messglied oft der Regelstrecke zugerechnet wird. Man gelangt somit zur vereinfachten Beschreibung gemäß Bild 5-2. Da die Störgröße z gewöhnlich an einer anderen Stelle in der Regelstrecke eingreift als

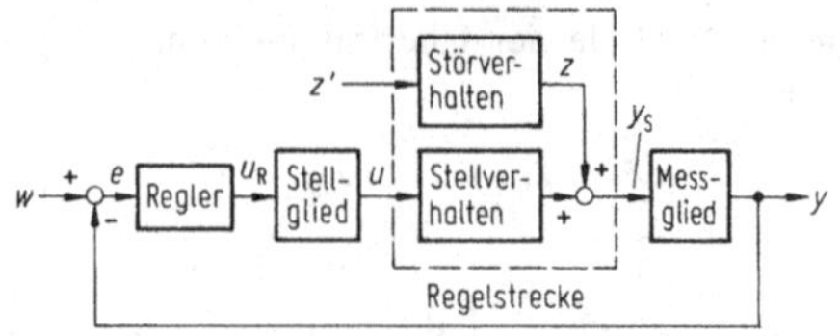

Bild 5-1. Die Grundbestandteile eines Regelkreises

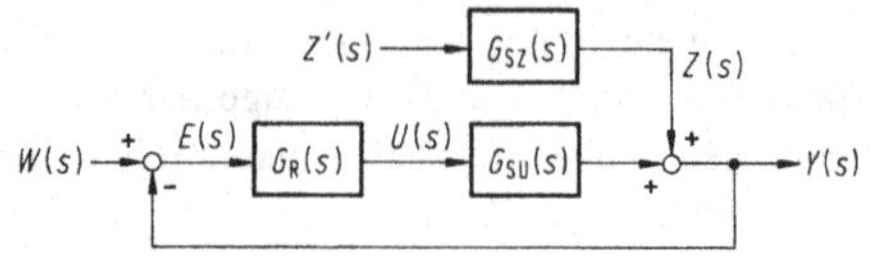

Bild 5-2. Blockschaltbild des Regelkreises

die Stellgröße u, stellt die Regelstrecke ein System mit mindestens zwei Eingangsgrößen dar (sofern nur eine Störung vorhanden ist). Im Allgemeinen wirkt auch jede dieser beiden Eingangsgrößen mit verschiedenem Übertragungsverhalten auf die Regelgröße y. Es wird daher unterschieden zwischen dem *Stellverhalten* und dem *Störverhalten* der Regelstrecke, die durch die Übertragungsfunktionen $G_{\mathrm{SU}}(s)$ und $G_{\mathrm{SZ}}(s)$ beschrieben werden. Weiterhin kennzeichnet die Übertragungsfunktion $G_{\mathrm{R}}(s)$ das Übertragungsverhalten der Regeleinrichtung (im Weiteren meist wieder nur als „Regler" bezeichnet). Wie aus Bild 5-2 leicht abzulesen ist, gilt im geschlossenen Regelkreis für die Regelgröße

$$Y(s) = \frac{G_{\mathrm{SZ}}(s)}{1 + G_{\mathrm{R}}(s)\,G_{\mathrm{SU}}(s)} Z(s) + \frac{G_{\mathrm{R}}(s)\,G_{\mathrm{SU}}(s)}{1 + G_{\mathrm{R}}(s)\,G_{\mathrm{SU}}(s)} W(s)\,. \quad (5\text{-}1)$$

Anhand dieser Beziehung lassen sich Übertragungsfunktionen für die beiden Aufgabenstellungen einer Regelung (vgl. 1.3) unterscheiden:

a) Für $W(s) = 0$ erhält man als Übertragungsfunktion des geschlossenen Regelkreises für *Störverhalten* (Festwertregelung oder Störgrößenregelung)

$$G_{\mathrm{Z}}(s) = \frac{Y(s)}{Z(s)} = \frac{G_{\mathrm{SZ}}(s)}{1 + G_{\mathrm{R}}(s)\,G_{\mathrm{SU}}(s)}\,. \quad (5\text{-}2)$$

b) Für $Z(s) = 0$ folgt entsprechend als Übertragungsfunktion des geschlossenen Regelkreises für *Führungsverhalten* (Nachlauf- oder Folgeregelung)

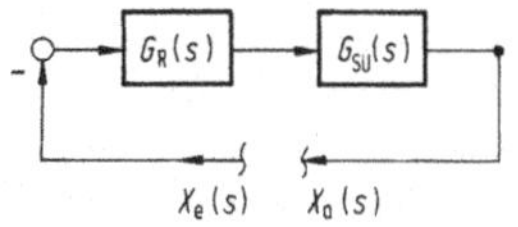

Bild 5-3. Offener Regelkreis

$$G_W(s) = \frac{Y(s)}{W(s)} = \frac{G_R(s)\,G_{SU}(s)}{1 + G_R(s)\,G_{SU}(s)} . \qquad (5\text{-}3)$$

Beide Übertragungsfunktionen $G_Z(s)$ und $G_W(s)$ enthalten gemeinsam den *dynamischen Regelfaktor*

$$R(s) = 1/[1 + G_0(s)] \qquad (5\text{-}4)$$

mit

$$G_0(s) = G_R(s)G_{SU}(s) . \qquad (5\text{-}5)$$

Schneidet man für $W(s) = 0$ und $Z(s) = 0$ den Regelkreis gemäß Bild 5-3 an einer beliebigen Stelle auf, und definiert man unter Berücksichtigung der Wirkungsrichtung der Übertragungsglieder die Eingangsgröße $x_e(t)$ sowie die Ausgangsgröße $x_a(t)$, so erhält man als Übertragungsfunktion des *offenen Regelkreises*

$$G_{\text{offen}}(s) = \frac{X_a(s)}{X_e(s)} = -G_R(s)G_{SU}(s) = -G_0(s) . \qquad (5\text{-}6)$$

Allerdings hat sich (inkorrekterweise) in der Regelungstechnik durchgesetzt, dass meist $G_0(s)$ als Übertragungsfunktion des offenen Regelkreises definiert wird. Für den geschlossenen Regelkreis erhält man durch Nullsetzen des Nennerausdrucks in (5-2) und (5-3) aus der Bedingung

$$1 + G_0(s) = 0 \qquad (5\text{-}7)$$

die charakteristische Gleichung in der Form

$$a_0 + a_1 s + a_2 s^2 + \ldots + a_n s^n = 0 , \qquad (5\text{-}8)$$

sofern $G_0(s)$ eine gebrochen rationale Übertragungsfunktion darstellt.

5.2 Stationäres Verhalten des Regelkreises

Sehr häufig lässt sich das Übertragungsverhalten des offenen Regelkreises durch eine allgemeine Standardübertragungsfunktion der Form

$$G_0(s) = \frac{K_0}{s^k} \cdot \frac{1 + \beta_1 s + \ldots + \beta_m s^m}{1 + \alpha_1 s + \ldots + \alpha_{n-k} s^{n-k}} \mathrm{e}^{-T_t s} , \quad m \leqq n \qquad (5\text{-}9)$$

beschreiben, wobei durch die (ganzzahlige) Konstante $k = 0, 1, 2, \ldots$ der Typ der Übertragungsfunktion $G_0(s)$ im Wesentlichen charakterisiert wird. $K_0 = K_R K_S$ stellt die Verstärkung des offenen Regelkreises dar und wird auch als *Kreisverstärkung* bezeichnet; K_R und K_S sind die Verstärkungsfaktoren von Regler und Regelstrecke. $G_0(s)$ weist somit z. B. für

$k = 0$:	*Proportionales* Verhalten	(P-Verhalten)
$k = 1$:	*Integrales* Verhalten	(I-Verhalten)
$k = 2$:	*Doppelt-integrales* Verhalten	(I_2-Verhalten)

auf. Es sei nun angenommen, dass der in (5-9) auftretende Term der gebrochen rationalen Funktion nur Pole in der linken s-Halbebene besitzt. Damit kann im Weiteren für die einzelnen Typen der Übertragungsfunktion $G_0(s)$ bei verschiedenen Signalformen der Führungsgröße $w(t)$ oder der Störgröße $z(t)$ das stationäre Verhalten des geschlossenen Regelkreises für $t \to \infty$ untersucht werden.

Mit $E(s) = W(s) - Y(s)$ folgt aus (5-1) und (5-5) für die Regelabweichung

$$E(s) = \frac{1}{1 + G_0(s)}[W(s) - Z(s)] . \qquad (5\text{-}10)$$

Unter der Voraussetzung, dass der Grenzwert der Regelabweichung $e(t)$ für $t \to \infty$ existiert, gilt mithilfe des Grenzwertsatzes der Laplace-Transformation für den stationären Endwert der Regelabweichung

$$\lim_{t\to\infty} e(t) = \lim_{s\to 0} sE(s) . \qquad (5\text{-}11)$$

Für den Fall, dass alle Störgrößen auf den Streckenausgang bezogen werden, folgt aus (5-10), dass – abgesehen vom Vorzeichen – beide Arten von Eingangsgrößen, also Führungs- oder Störgrößen, gleich behandelt werden können. Im Folgenden wird daher stellvertretend für beide Signalarten die Bezeichnung $X_e(s)$ als Eingangsgröße gewählt. Mithilfe von (5-10) und (5-11) lassen sich nun die stationären Endwerte der Regelabweichung für die unterschiedlichsten Signalformen von $x_e(t)$ bei verschiedenen Typen der Übertragungsfunktion $G_0(s)$ des offenen Regelkreises berechnen. Diese Werte charakterisieren das statische Verhalten des geschlossenen Regelkreises. Sie sollen im Folgenden für die wichtigsten Fälle bestimmt werden.

Bei den weiteren Betrachtungen werden gemäß Bild 5-4 folgende Testsignale zugrunde gelegt:

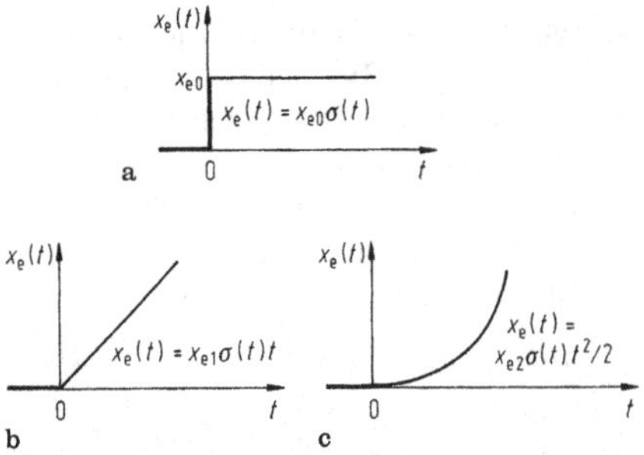

Bild 5-4. Verschiedene Eingangsfunktionen $x_e(t)$, die häufig für Störgrößen $z(t)$ und Führungsgrößen $w(t)$ zugrunde gelegt werden: **a** sprungförmiger, **b** rampenförmiger und **c** parabolischer Signalverlauf

a) *Sprungförmige Erregung*:

$$X_e(s) = \frac{x_{e0}}{s}\,, \tag{5-12}$$

wobei x_{e0} die Sprunghöhe darstellt.

b) *Rampenförmige Erregung*:

$$X_e(s) = \frac{x_{e1}}{s^2}\,, \tag{5-13}$$

wobei x_{e1} die Geschwindigkeit des rampenförmigen Anstiegs des Signals $x_e(t)$ beschreibt.

c) *Parabelförmige Erregung*:

$$X_e(s) = \frac{x_{e2}}{s^3}\,, \tag{5-14}$$

wobei x_{e2} ein Maß für die Beschleunigung des parabolischen Signalanstiegs $x_e(t)$ ist.

Für die Regelabweichung gilt nach (5-10)

$$E(s) = \frac{1}{1 + G_0(s)} X_e(s)\,, \tag{5-15}$$

wobei sich der Unterschied zwischen Führungs- und Störverhalten nur im Vorzeichen von $X_e(s)$ bemerkbar macht (Störverhalten: $X_e(s) = -Z(s)$; Führungsverhalten: $X_e(s) = W(s)$). Setzt man in diese Beziehung nacheinander (10) bis (14) ein, dann lässt sich damit die entsprechende Regelabweichung für verschiedene Typen der Übertragungsfunktion $G_0(s)$ berechnen. Die Ergebnisse sind in Tabelle 5-1 dargestellt. Daraus folgt, dass die bleibende Regelabweichung e_∞, die das statische Verhalten des Regelkreises charakterisiert, in all den Fällen, wo sie einen endlichen Wert annimmt, um so kleiner gehalten werden kann,

Tabelle 5-1. Bleibende Regelabweichung für verschiedene Systemtypen von $G_0(s)$ und unterschiedliche Eingangsgrößen $x_e(t)$ (Führungs- und Störgrößen, falls alle Störgrößen auf den Ausgang der Regelstrecke bezogen sind)

Systemtyp von $G_0(s)$ gemäß (5-9)	Eingangsgröße $X_e(s)$	Bleibende Regelabweichung e_∞
$k = 0$ (P-Verhalten)	$\frac{x_{e0}}{s}$	$\frac{1}{1+K_0} x_{e0}$
	$\frac{x_{e1}}{s^2}$	∞
	$\frac{x_{e2}}{s^3}$	∞
$k = 1$ (I-Verhalten)	$\frac{x_{e0}}{s}$	0
	$\frac{x_{e1}}{s^2}$	$\frac{1}{K_0} x_{e1}$
	$\frac{x_{e2}}{s^3}$	∞
$k = 2$ (I_2-Verhalten)	$\frac{x_{e0}}{s}$	0
	$\frac{x_{e1}}{s^2}$	0
	$\frac{x_{e2}}{s^3}$	$\frac{1}{K_0} x_{e2}$

je größer die Kreisverstärkung K_0 gewählt wird. Bei P-Verhalten des offenen Regelkreises bedeutet dies auch, dass die bleibende Regelabweichung e_∞ um so kleiner wird, je kleiner der *statische Regelfaktor*

$$R = \frac{1}{1 + K_0} \tag{5-16}$$

wird.

Häufig führt jedoch eine zu große Kreisverstärkung K_0 schnell zur Instabilität des geschlossenen Regelkreises, wie in Kapitel 6 ausführlich besprochen wird. Daher ist bei der Festlegung von K_0 gewöhnlich ein entsprechender Kompromiss zu treffen, vorausgesetzt, dass nicht schon durch die Wahl eines geeigneten Reglertyps die bleibende Regelabweichung verschwindet.

5.3 Der PID-Regler und die aus ihm ableitbaren Reglertypen

Die gerätetechnische Ausführung eines Reglers umfasst die Bildung der Regelabweichung, sowie deren

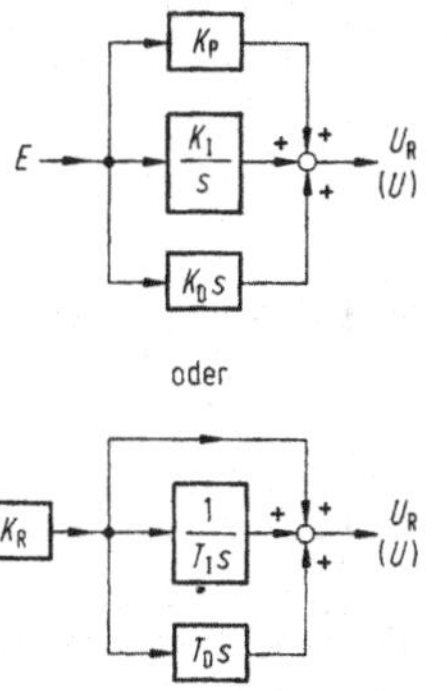

Bild 5-5. Zwei gleichwertige Blockschaltbilder des PID-Reglers

weitere Verarbeitung zur Reglerausgangsgröße $u_R(t)$ gemäß Bild 5-1 oder direkt zur Stellgröße $u(t)$, falls das Stellglied mit dem Regler zur Regeleinrichtung entsprechend Bild 5-2 zusammengefasst wird. Die meisten in der Industrie eingesetzten linearen Reglertypen sind Standardregler, deren Übertragungsverhalten sich auf die drei idealisierten linearen Grundformen des P-, I- und D-Gliedes zurückführen lässt. Der wichtigste Standardregler weist PID-Verhalten auf. Die prinzipielle Wirkungsweise dieses PID-Reglers lässt sich anschaulich durch die im Bild 5-5 dargestellte Parallelschaltung je eines P-, I- und D-Gliedes erklären. Aus dieser Darstellung folgt als *Übertragungsfunktion* des PID-Reglers

$$G_R(s) = \frac{U_R(s)}{E(s)} = K_P + \frac{K_I}{s} + K_D s \,. \qquad (5\text{-}17)$$

Durch Einführen der Größen

$K_R = K_P$ Verstärkungsfaktor

$T_I = \frac{K_P}{K_I}$ Integralzeit oder Nachstellzeit

$T_D = \frac{K_D}{K_P}$ Differenzialzeit oder Vorhaltezeit

lässt sich (5-17) so umformen, dass neben dem dimensionsbehafteten Verstärkungsfaktor K_R nur die beiden Zeitkonstanten T_I und T_D in der Übertragungsfunktion

$$G_R(s) = K_R\left(1 + \frac{1}{T_I s} + T_D s\right) \qquad (5\text{-}18)$$

auftreten. Diese drei Größen K_R, T_I und T_D sind gewöhnlich in bestimmten Wertebereichen einstellbar; sie werden daher auch als *Einstellwerte* des Reglers bezeichnet. Durch geeignete Wahl dieser Einstellwerte lässt sich ein Regler dem Verhalten der Regelstrecke so anpassen, dass ein möglichst günstiges Regelverhalten entsteht. Aus (5-18) folgt für den zeitlichen Verlauf der Reglerausgangsgröße

$$u_R(t) = K_R e(t) + \frac{K_R}{T_I}\int_0^t e(\tau)\,d\tau + K_R T_D \frac{de(t)}{dt} \,. \qquad (5\text{-}19)$$

Damit lässt sich nun leicht für eine sprungförmige Änderung von $e(t)$, also $e(t) = \sigma(t)$, die *Übergangsfunktion* $h(t)$ des PID-Reglers bilden. Sie ist im Bild 5-6a dargestellt.

Bei den bisherigen Überlegungen wurde davon ausgegangen, dass sich das D-Verhalten im PID-Regler realisieren lässt. Gerätetechnisch kann jedoch das ideale D-Verhalten nicht verwirklicht werden. Bei tatsächlich ausgeführten Reglern ist das D-Verhalten stets mit einer gewissen Verzögerung behaftet, sodass anstelle des D-Gliedes in der Schaltung von Bild 5-5 ein DT_1-Glied mit der Übertragungsfunktion

$$G_D(s) = K_D \frac{Ts}{1 + Ts} \qquad (5\text{-}20)$$

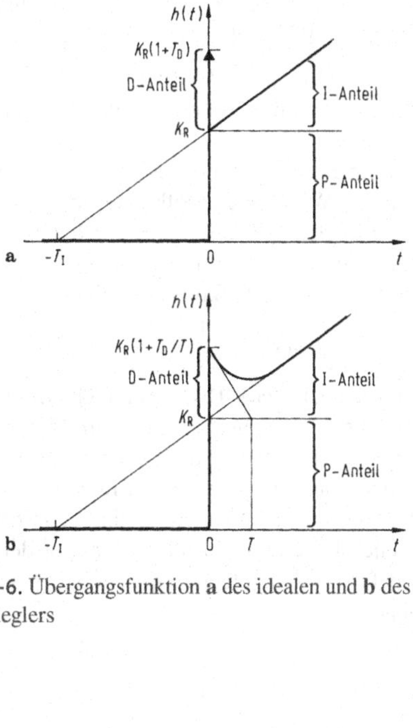

Bild 5-6. Übergangsfunktion **a** des idealen und **b** des realen PID-Reglers

zu berücksichtigen ist. Damit erhält man als Übertragungsfunktion des *realen* PID-Reglers oder genauer des $PIDT_1$-Reglers die Beziehung

$$G_R(s) = K_P + \frac{K_I}{s} + K_D\frac{Ts}{1+Ts}\,, \tag{5-21}$$

und durch Einführung der Reglereinstellwerte $K_R = K_P, T_I = K_R/K_I$ und $T_D = K_D T/K_R$ folgt daraus

$$G_R(s) = K_R\left(1 + \frac{1}{T_I s} + T_D\frac{s}{1+Ts}\right) \tag{5-22}$$

Die Übergangsfunktion $h(t)$ des $PIDT_1$-Reglers ist im Bild 5-6b dargestellt.

Als *Sonderfälle des PID-Reglers* erhält man für:

a) $T_D = 0$ den *PI-Regler* mit der Übertragungsfunktion

$$G_R(s) = K_R\left(1 + \frac{1}{T_I s}\right); \tag{5-23}$$

b) $T_I \to \infty$ den *PD-Regler* mit der Übertragungsfunktion

$$G_R(s) = K_R(1 + T_D s) \tag{5-24}$$

bzw. den PDT_1-Regler mit der Übertragungsfunktion

$$G_R(s) = K_R\left(1 + T_D\frac{s}{1+Ts}\right); \tag{5-25}$$

c) für $T_D = 0$ und $T_I \to \infty$ den P-Regler mit der Übertragungsfunktion

$$G_R(s) = K_R\,. \tag{5-26}$$

Die Übergangsfunktionen dieser Reglertypen sind im Bild 5-7 dargestellt.

Neben den hier behandelten Reglertypen, die durch entsprechende Wahl der Einstellwerte sich direkt aus einem PID-Regler (Universalregler) herleiten lassen, kommt manchmal auch ein reiner *I-Regler* zum Einsatz. Die Übertragungsfunktion des I-Reglers lautet

$$G_R(s) = K_I\frac{1}{s} = \frac{K_R}{T_I s}\,. \tag{5-27}$$

Erwähnt sei noch, dass D-Glieder nicht direkt als Regler eingesetzt werden, sondern nur in Verbindung mit P-Gliedern beim PD- und PID-Regler auftreten.

Wendet man die hier vorgestellten Regler z. B. auf Regelstrecken mit P-Verhalten an und stört den so entstandenen Regelkreis mit einem Sprung der Höhe z_0, so lassen sich folgende qualitative Aussagen machen [1]:

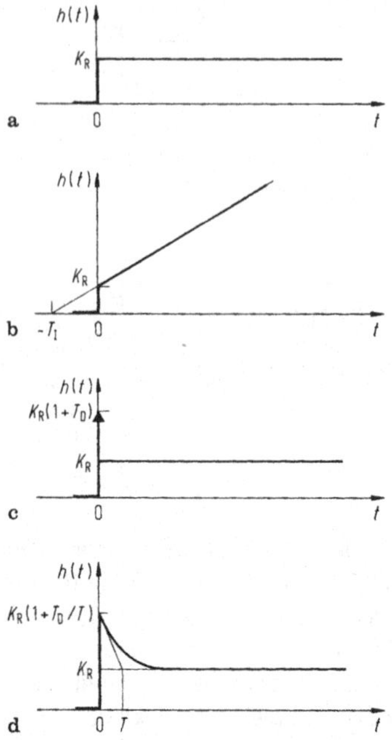

Bild 5-7. Übergangsfunktionen der aus dem PID-Regler ableitbaren Reglertypen: **a** P-Regler, **b** PI-Regler, **c** PD-Regler (ideal) und **d** PDT_1-Regler (realer PD-Regler)

a) Der *P-Regler* weist ein relativ großes maximales Überschwingen $y_{max}/K_S z_0$ der normierten Regelgröße, eine große Ausregelzeit $t_{3\%}$ (dies ist der Zeitpunkt, bei dem die Differenz $|y(t)-y(\infty)| < 3\%$ des stationären Endwertes der Regelstreckenübergangsfunktion beträgt), sowie eine bleibende Regelabweichung auf.

b) Der *I-Regler* besitzt aufgrund des langsam einsetzenden I-Verhaltens ein noch größeres maximales Überschwingen als der P-Regler, dafür aber keine bleibende Regelabweichung.

c) Der *PI-Regler* vereinigt die Eigenschaften von P- und I-Regler. Er liefert ungefähr ein maximales Überschwingen und eine Ausregelzeit wie der P-Regler und weist keine bleibende Regelabweichung auf.

d) Der *PD-Regler* besitzt aufgrund des „schnellen" D-Anteils eine geringere maximale Überschwingweite als die unter a) bis c) aufgeführten Reglertypen. Aus demselben Grund zeichnet er sich auch durch die geringste Ausregelzeit aus. Aber auch

Tabelle 5-2. Realisierung der wichtigsten linearen Standardregler mittels Operationsverstärker

Regler-typ	Schaltung	Übertragungsfunktion $G_R(s) = U_R(s)/E(s)$	Einstellwerte
P	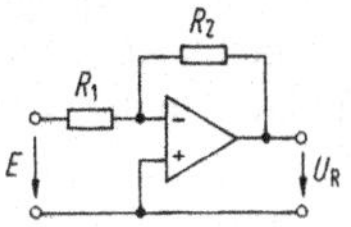	$-\frac{R_2}{R_1}$	Verstärkung $K_R = -\frac{R_2}{R_1}$
I	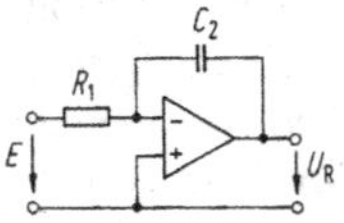	$-\frac{\frac{1}{sC_2}}{R_1} = -\frac{1}{sR_1C_2}$	Nachstellzeit $T_I = R_1C_2$
PI	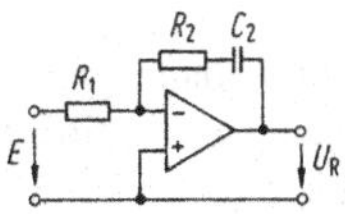	$-\frac{\frac{1}{sC_2}+R_2}{R_1} = -\frac{R_2}{R_1}\left(1+\frac{1}{sR_2C_2}\right)$	Verstärkung $K_R = -\frac{R_2}{R_1}$ Nachstellzeit $T_I = R_2C_2$
PD	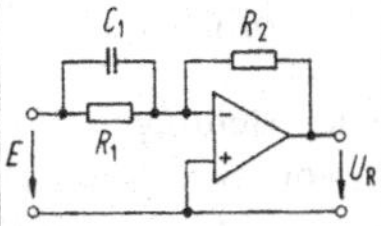	$-\frac{R_2}{\frac{R_1}{1+sR_1C_1}} = -\frac{R_2}{R_1}(1+sR_1C_1)$	Verstärkung $K_R = -\frac{R_2}{R_1}$ Vorhaltezeit $T_D = R_1C_1$
PID	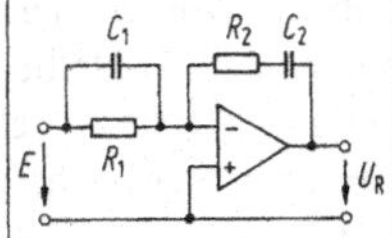	$-\frac{R_2+\frac{1}{sC_2}}{\frac{R_1}{1+sR_1C_1}}$ $= -\frac{R_1C_1+R_2C_2}{R_1C_2}\left[1+\frac{1}{R_1C_1+R_2C_2}\cdot\frac{1}{s}+\frac{R_1R_2C_1C_2}{R_1C_1+R_2C_2}s\right]$	Verstärkung $K_R = -\frac{R_1C_1+R_2C_2}{R_1C_2}$ Nachstellzeit $T_I = R_1C_1+R_2C_2$ Vorhaltezeit $T_D = \frac{R_1R_2C_1C_2}{R_1C_1+R_2C_2}$

hier stellt sich eine bleibende Regelabweichung ein, die allerdings geringer ist als beim P-Regler, da der PD-Regler im Allgemeinen aufgrund der phasenanhebenden Wirkung des D-Anteils mit einer höheren Verstärkung K_R betrieben wird.

e) Der *PID-Regler* vereinigt die Eigenschaften des PI- und PD-Reglers. Er besitzt ein noch geringeres maximales Überschwingen als der PD-Regler und weist aufgrund des I-Anteils keine bleibende Regelabweichung auf. Durch den hinzugekommenen I-Anteil wird die Ausregelzeit jedoch größer als beim PD-Regler.

Tabelle 5-2 zeigt mögliche Ausführungsformen der verschiedenen Reglertypen mit einem als Invertierer beschalteten Operationsverstärker.

6 Stabilität linearer kontinuierlicher Regelsysteme

6.1 Definition der Stabilität

Ein lineares zeitinvariantes Übertragungssystem heißt (*asymptotisch*) *stabil*, wenn seine Gewichtsfunktion asymptotisch auf null abklingt, d. h., wenn gilt

$$\lim_{t\to\infty} g(t) = 0 \,. \qquad (6\text{-}1)$$

Geht dagegen die Gewichtsfunktion betragsmäßig mit wachsendem t gegen unendlich, so nennt man das System *instabil*. Als Sonderfall sollen noch solche Systeme betrachtet werden, bei denen der Betrag der Gewichtsfunktion mit wachsendem t einen endlichen

Wert nicht überschreitet oder einem endlichen Grenzwert zustrebt. Diese Systeme werden als *grenzstabil* bezeichnet. (Beispiele: ungedämpftes PT_2S-Glied, I-Glied.)
Die Stabilitätsbedingung gemäß (6-1) kann auch als Bedingung für $G(s)$ formuliert werden. Ist $G(s)$ als rationale Übertragungsfunktion

$$G(s) = \frac{Z(s)}{N(s)} = \frac{Z(s)}{a_0 + a_1 s + \ldots + a_n s^n} \qquad (6\text{-}2)$$

gegeben, und sind $s_k = \sigma_k + j\omega_k$ die Pole der Übertragungsfunktion $G(s)$, also die Wurzeln des Nennerpolynoms

$$N(s) = a_n(s-s_1)(s-s_2)\ldots(s-s_n) = \sum_{i=0}^{n} a_i s^i\,, \qquad (6\text{-}3)$$

so setzt sich die zugehörige Gewichtsfunktion

$$g(t) = \sum_{j=1}^{n} g_j(t)$$

aus n Summanden der Form

$$g_{j'}(t) = c_j t^{\mu} \mathrm{e}^{s_i t} \quad (\mu = 0,1,2,\ldots;\ j = 1,2,\ldots,n) \qquad (6\text{-}4)$$

zusammen. Dabei ist c_j im Allgemeinen eine komplexe Konstante, und die Zahl μ wird für mehrfache Pole s_i größer als null. Bildet man den Betrag dieser Funktion, so erhält man

$$|g_j(t)| = |c_j t^{\mu} \mathrm{e}^{s_i t}| = |c_j| t^{\mu} \mathrm{e}^{\sigma_i t}\,.$$

Ist nun $\sigma_i < 0$, so strebt die e-Funktion gegen 0, und damit der ganze Ausdruck, selbst wenn $\mu > 0$ ist.
Diese Überlegung macht deutlich, dass (6-1) genau dann erfüllt ist, wenn sämtliche Pole von $G(s)$ einen negativen Realteil haben. Ist der Realteil auch nur eines Pols positiv, oder ist der Realteil eines mehrfachen Pols gleich null, so wächst die Gewichtsfunktion mit t über alle Grenzen.
Es genügt also, zur Stabilitätsuntersuchung die Pole der Übertragungsfunktion $G(s)$ des Systems, d. h. die Wurzeln s_i seiner charakteristischen Gleichung

$$P(s) \equiv a_0 + a_1 s + a_2 s + \ldots + a_n s^n = 0 \qquad (6\text{-}5)$$

zu überprüfen. Es lassen sich nun die folgenden notwendigen und hinreichenden *Stabilitätsbedingungen* formulieren:

a) Asymptotische Stabilität
Ein lineares Übertragungssystem ist genau dann asymptotisch stabil, wenn für alle Wurzeln $s_i (i = 1,2,\ldots,n)$ seiner charakteristischen Gleichung Re $s_i < 0$ gilt oder, anders ausgedrückt, wenn *alle* Pole seiner Übertragungsfunktion in der linken s-Halbebene liegen.

b) Instabilität
Ein lineares System ist genau dann instabil, wenn mindestens ein Pol seiner Übertragungsfunktion in der rechten s-Halbebene liegt, oder wenn mindestens ein mehrfacher Pol (Vielfachheit $\mu \geqq 2$) auf der imaginären Achse der s-Ebene liegt.

c) Grenzstabilität
Ein lineares System ist genau dann grenzstabil, wenn kein Pol der Übertragungsfunktion in der rechten s-Halbebene liegt, keine mehrfachen Pole auf der imaginären Achse auftreten und auf dieser mindestens ein *einfacher* Pol vorhanden ist.

Für regelungstechnische Problemstellungen ist es oft nicht notwendig, die Wurzeln von (6-5) genau zu bestimmen. Für die Stabilitätsuntersuchung interessiert den Regelungstechniker nur, ob alle Wurzeln der charakteristischen Gleichung in der linken s-Halbebene liegen oder nicht. Hierfür gibt es einfache Kriterien, sog. *Stabilitätskriterien*, mit welchen dies leicht überprüft werden kann.

6.2 Algebraische Stabilitätskriterien

6.2.1 Das Hurwitz-Kriterium [1]

Mithilfe dieses Kriteriums lässt sich einfach prüfen, ob das durch (6-5) beschriebene charakteristische Polynom $P(s)$ zu einem asymptotisch stabilen System gehört. Notwendige und hinreichende Bedingungen für asymptotisch stabiles Verhalten des betrachteten Systems sind, dass

a) die Koeffizienten von $P(s)$ alle von Null verschieden sind und positives Vorzeichen haben und
b) folgende n Determinanten positiv sind, vgl. A 6.1:

$$D_1 = a_{n-1} > 0\,, \quad D_2 = \begin{vmatrix} a_{n-1} & a_n \\ a_{n-3} & a_{n-2} \end{vmatrix} > 0\,,$$

$$D_3 = \begin{vmatrix} a_{n-1} & a_n & 0 \\ a_{n-3} & a_{n-2} & a_{n-1} \\ a_{n-5} & a_{n-4} & a_{n-3} \end{vmatrix} > 0\,, \qquad (6\text{-}6)$$

$$D_{n-1} = \begin{vmatrix} a_{n-1} & a_n & \dots & 0 \\ a_{n-3} & a_{n-2} & \dots & \cdot \\ \cdot & \cdot & \dots & \cdot \\ \cdot & \cdot & \dots & \cdot \\ 0 & 0 & \dots & a_1 \end{vmatrix} > 0\,,$$

$$D_n = a_0 D_{n-1} > 0\,.$$

Während für ein System 2. Ordnung die Determinantenbedingungen von selbst erfüllt sind, sobald nur die Koeffizienten a_0, a_1, a_2 positiv sind, erhält man für den Fall eines Systems 3. Ordnung als Hurwitzbedingungen

$$D_1 = a_2 > 0\,, \quad D_2 = \begin{vmatrix} a_2 & a_3 \\ a_0 & a_1 \end{vmatrix} = a_1 a_2 - a_0 a_3 > 0$$

und $$D_3 = \begin{vmatrix} a_2 & a_3 & 0 \\ a_0 & a_1 & a_2 \\ 0 & 0 & a_0 \end{vmatrix} = a_0 D_2 > 0\,.$$

6.2.2 Das Routh-Kriterium [2]

Sind die Koeffizienten a_i des charakteristischen Polynoms $P(s)$ zahlenmäßig vorgegeben, so kann man zur Überprüfung der Stabilität eines Systems anstelle des Hurwitz-Kriteriums auch das Routh'sche Verfahren verwenden. Dabei werden die Koeffizienten $a_i (i = 0, 1, \dots, n)$ in folgender Form in den ersten beiden Zeilen des *Routh-Schemas* angeordnet, das insgesamt $(n + 1)$ Zeilen enthält:

n	a_n	a_{n-2}	a_{n-4}	a_{n-6}	$\dots$	0
$n-1$	a_{n-1}	a_{n-3}	a_{n-5}	a_{n-7}	$\dots$	0
$n-2$	b_{n-1}	b_{n-2}	b_{n-3}	b_{n-4}	$\dots$	0
$n-3$	c_{n-1}	c_{n-2}	c_{n-3}	c_{n-4}	$\dots$	0
$\vdots$						
3	d_{n-1}	d_{n-2}	0			
2	e_{n-1}	e_{n-2}	0			
1	f_{n-1}	0				
0	g_{n-1}					

Die Koeffizienten $b_{n-1}, b_{n-2}, b_{n-3}, \dots$ in der dritten Zeile ergeben sich durch die Kreuzproduktbildung aus den beiden ersten Zeilen:

$$b_{n-1} = \frac{a_{n-1}a_{n-2} - a_n a_{n-3}}{a_{n-1}}\,,$$
$$b_{n-2} = \frac{a_{n-1}a_{n-4} - a_n a_{n-5}}{a_{n-1}}\,,$$
$$b_{n-3} = \frac{a_{n-1}a_{n-6} - a_n a_{n-7}}{a_{n-1}}\,, \dots$$

Bei den Kreuzprodukten wird immer von den Elementen der ersten Spalte ausgegangen. Die Berechnung dieser b-Werte erfolgt so lange, bis alle restlichen Werte null werden. Ganz entsprechend wird die Berechnung der c-Werte aus den beiden darüberliegenden Zeilen durchgeführt:

$$c_{n-1} = \frac{b_{n-1}a_{n-3} - a_{n-1}b_{n-2}}{b_{n-1}}\,,$$
$$c_{n-2} = \frac{b_{n-1}a_{n-5} - a_{n-1}b_{n-3}}{b_{n-1}}\,,$$
$$c_{n-3} = \frac{b_{n-1}a_{n-7} - a_{n-1}b_{n-4}}{b_{n-1}}\,, \dots$$

Aus diesen beiden neu gewonnenen Zeilen werden in gleicher Weise weitere Zeilen gebildet, wobei sich schließlich für die letzten beiden Zeilen die Koeffizienten

$$f_{n-1} = \frac{e_{n-1}d_{n-2} - d_{n-1}e_{n-2}}{e_{n-1}} \quad \text{und}$$
$$g_{n-1} = e_{n-2}$$

ergeben. Nun lautet das *Routh-Kriterium*:

> Das charakteristische Polynom $P(s)$ mit den positiven Koeffizienten $a_i (i = 0, 1, 2, \dots, n)$ beschreibt genau dann ein asymptotisch stabiles System, wenn alle Koeffizienten in der ersten Spalte des Routh-Schemas positiv sind:
>
> $$b_{n-1} > 0\,, c_{n-1} > 0\,, \dots, d_{n-1} > 0\,,\; e_{n-1} > 0\,,\; f_{n-1} > 0\,, g_{n-1} > 0\,.$$

Beispiel:

$$P(s) = 240 + 110s + 50s^2 + 30s^3 + 2s^4 + s^5$$

Das Routh-Schema lautet hierfür:

5	1	30	110	0
4	2	50	240	0
3	5	−10	0	
2	54	240		
1	−32,44	0		
0	240			

Da in der 1. Spalte des Routh-Schemas ein Koeffizient negativ wird, ist das zugehörige System instabil.

6.3 Das Nyquist-Verfahren [3]

Dieses Verfahren ermöglicht, ausgehend vom Verlauf des Frequenzganges $G_0(\mathrm{j}\omega)$ des offenen Regelkreises, eine Aussage über die Stabilität des geschlossenen Regelkreises. Für die praktische Anwendung genügt es, dass der Frequenzgang $G_0(\mathrm{j}\omega)$ grafisch vorliegt, z. B. auch in Form experimentell ermittelter Frequenzgänge. Dieses Kriterium ist sehr allgemein anwendbar. Es ermöglicht nicht nur die Stabilitätsanalyse von Systemen mit konzentrierten Parametern, sondern auch von solchen mit verteilten Parametern oder Totzeit-Systemen. Das Kriterium kann entweder in der Ortskurvendarstellung oder in der Frequenzkennliniendarstellung formuliert werden.

6.3.1 Das Nyquist-Kriterium in der Ortskurvendarstellung

Der offene Regelkreis wird durch die Übertragungsfunktion

$$G_0(s) = G_S(s)G_R(s) = Z_0(s)/N_0(s)\,, \qquad (6\text{-}7)$$

also durch die beiden teilerfremden Polynome $Z_0(s)$ und $N_0(s)$ beschrieben, für deren Grad gilt:

$$\text{Grad } Z_0(s) = m < n = \text{Grad } N_0(s)\,. \qquad (6\text{-}8)$$

Aus dem Nenner der Übertragungsfunktion des geschlossenen Regelkreises oder aus $1 + G_0(s) = 0$ folgt das charakteristische Polynom des geschlossenen Regelkreises

$$P(s) \equiv N_g(s) = N_0(s) + Z_0(s) = 0\,, \qquad (6\text{-}9)$$

das den Grad n besitzt. Bezeichnet man die Pole des geschlossenen Regelkreises, also die Wurzeln von $P(s)$, mit α_i und diejenigen des offenen Regelkreises mit β_i, so ist folgende Darstellung möglich:

$$G'(s) = 1 + G_0(s) = \frac{N_g(s)}{N_0(s)} = k'_0 \frac{\prod_{i=1}^{n}(s-\alpha_i)}{\prod_{i=1}^{n}(s-\beta_i)}\,. \qquad (6\text{-}10)$$

Es sei nun angenommen, dass von den n Polen α_i des geschlossenen Regelkreises

N in der rechten s-Halbebene,
ν auf der imaginären Achse und
$(n - N - \nu)$ in der linken s-Halbebene liegen.

Entsprechend sollen von den n Polen β_i des offenen Regelkreises

P in der rechten s-Halbebene,
μ auf der imaginären Achse und
$(n - P - \mu)$ in der linken s-Halbebene liegen.

Bildet man aus (6-10) mit $s = \mathrm{j}\omega$ den Frequenzgang $G(\mathrm{j}\omega)$, so gilt für dessen Phasengang

$$\varphi(\omega) = \arg[G'(\mathrm{j}\omega)] = \arg[N_g(\mathrm{j}\omega)] - \arg[N_0(\mathrm{j}\omega)]\,. \qquad (6\text{-}11)$$

Durchläuft ω den Bereich $0 \leqq \omega \leqq \infty$, so setzt sich die Änderung der Phase $\Delta\varphi = \varphi(\infty) - \varphi(0)$ aus den Anteilen der Polynome $N_g(\mathrm{j}\omega)$ und $N_0(\mathrm{j}\omega)$ zusammen:

$$\Delta\varphi = \Delta\varphi_g - \Delta\varphi_0\,. \qquad (6\text{-}12)$$

Zu $\Delta\varphi$ liefert jede Wurzel der Polynome $N_g(s)$ oder $N_0(s)$ einen Beitrag von $+\pi/2$ bzw. $-\pi/2$, wenn sie in der linken s-Halbebene liegt, und jede Wurzel rechts der imaginären Achse liefert einen Beitrag von $-\pi/2$ bzw. $+\pi/2$. Diese Phasenänderungen erfolgen stetig mit ω. Jede Wurzel $\mathrm{j}\delta$ auf der imaginären Achse bewirkt dagegen eine sprungförmige Phasenänderung beim Durchlauf von $\mathrm{j}\omega$ durch $\mathrm{j}\delta$. Dieser unstetige Phasenanteil kann im Weiteren unberücksichtigt bleiben. Für den stetigen Anteil $\Delta\varphi_s$ der Phasenänderung $\Delta\varphi$ erhält man dann aus (6-12)

$$\Delta\varphi_s = [2(P-N) + \mu - \nu]\pi/2\,. \qquad (6\text{-}13)$$

Da der Frequenzgang des offenen Regelkreises $G_0(\mathrm{j}\omega)$ vorgegeben ist, sind die Werte von P und μ meist bekannt. Mit dem Verlauf von $G_0(\mathrm{j}\omega)$ ist aber auch $\Delta\varphi_s$ bekannt. Deshalb kann aus (6-13) ermittelt werden, ob $N > 0$ oder/und $\nu > 0$ ist, d. h., ob und wie viele Pole des geschlossenen Regelkreises in der rechten s-Halbebene und auf der imaginären Achse liegen.

Zur Ermittlung von $\Delta\varphi_s$ wird die Ortskurve von $G'(\mathrm{j}\omega) = 1 + G_0(\mathrm{j}\omega)$ gezeichnet und der Phasenwinkel überprüft. Zweckmäßigerweise verschiebt man jedoch diese Kurve um den Wert 1 nach links und verlegt den Drehpunkt des Zeigers vom Koordinatenursprung nach dem Punkt $(-1, \mathrm{j}0)$ der $G_0(\mathrm{j}\omega)$-Ebene, der nun auch als *kritischer Punkt* bezeichnet wird. Somit braucht man gemäß Bild 6-1 nur die Ortskurve $G_0(\mathrm{j}\omega)$ des offenen Regelkreises zu zeichnen, um die Stabilität des geschlossenen Regelkreises zu überprüfen. Dabei gibt nun $\Delta\varphi_s$ die stetige Winkeländerung des Fahrstrahls vom kritischen Punkt $(-1, \mathrm{j}0)$ zum laufenden Punkt der Ortskurve $G_0(\mathrm{j}\omega)$ für $0 \leqq \omega \leqq \infty$ an. Da der geschlossene Regelkreis genau dann asymptotisch stabil ist, wenn $N = \nu = 0$ ist, und außerdem die Größen N und ν nichtnegativ sind, folgt aus (6-13) die allgemeine Fassung des *Nyquist-Kriteriums*:

Der geschlossene Regelkreis ist dann und nur dann asymptotisch stabil, wenn die stetige Winkeländerung

$$\Delta\varphi_s = P\pi + \mu\pi/2 \qquad (6\text{-}14)$$

ist.

Das Nyquist-Kriterium gilt auch dann, wenn der offene Regelkreis eine *Totzeit* enthält. Es ist das einzige

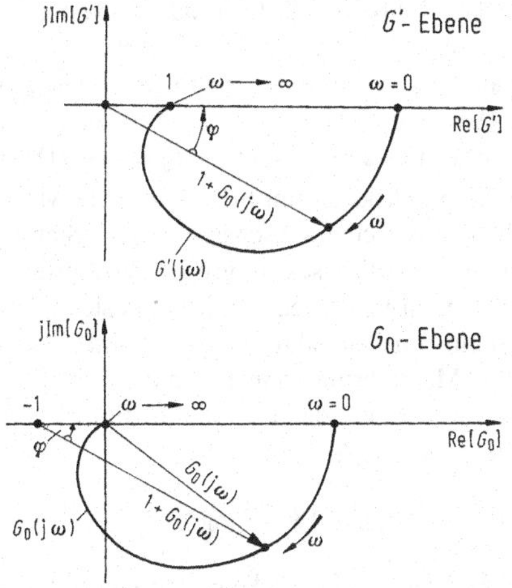

Bild 6-1. Ortskurve von $G'(\mathrm{j}\omega)$ und $G_0(\mathrm{j}\omega)$

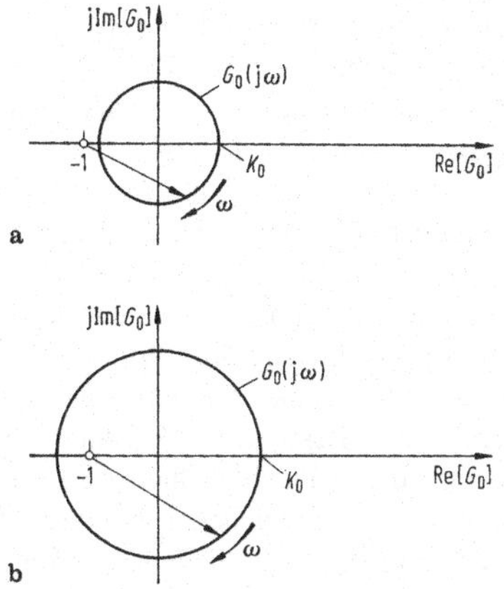

Bild 6-2. Ortskurve des Frequenzganges eines reinen Totzeitgliedes mit der Verstärkung K_0 für **a** stabiles und **b** instabiles Verhalten des geschlossenen Regelkreises

der hier behandelten Stabilitätskriterien, das für diesen Fall anwendbar ist.

Beispiel:

Bei einem Regelkreis, der aus einem P-Regler und einer reinen Totzeitregelstrecke besteht, lautet die charakteristische Gleichung

$$1 + G_0(s) = 1 + K_R K_S \, \mathrm{e}^{-sT_t} = 0 \, .$$

Die Ortskurve von $G_0(\mathrm{j}\omega) = K_0 \mathrm{e}^{-\mathrm{j}\omega T_t}$ (mit $K_0 = K_R K_S$) beschreibt einen Kreis mit dem Radius $|K_0|$, der für $0 \leqq \omega \leqq \infty$ unendlich oft im Uhrzeigersinn durchlaufen wird. Da der offene Regelkreis stabil ist, gilt $P = 0$ und $\mu = 0$. Gemäß Bild 6-2 können zwei Fälle unterschieden werden:

a) $K_0 < 1$: $\Delta\varphi_s = 0$. Der geschlossene Regelkreis ist somit stabil.
b) $K_0 > 1$: $\Delta\varphi_s = -\infty$. Der geschlossene Regelkreis weist instabiles Verhalten auf.

6.3.2 Das Nyquist-Kriterium in der Frequenzkennliniendarstellung

Der zur Ortskurve von $G_0(\mathrm{j}\omega)$ gehörende logarithmische Amplitudengang $A_{0\mathrm{dB}}(\omega)$ ist für die Schnittpunktfrequenzen der Ortskurve mit der reellen Achse im Intervall $(-\infty, -1)$ stets positiv. Andererseits entspricht diesen Schnittpunkten der Ortskurve jeweils der Schnittpunkt des Phasenganges $\varphi_0(\omega)$

mit den Geraden ±180°, ±540° usw., also einem ungeraden Vielfachen von 180°. Im Falle eines „positiven" Schnittpunktes der Ortskurve erfolgt der Übergang des Phasenganges über die entsprechende $\pm(2k + 1)180°$-Linie von unten nach oben und umgekehrt von oben nach unten bei einem „negativen" Schnittpunkt gemäß Bild 6-3. Diese Schnittpunkte sollen im Weiteren als positive (+) und negative (–) Übergänge des Phasenganges $\varphi_0(\omega)$ über die jeweilige $\pm(2k + 1)180°$-Linie definiert werden, wobei $k = 0, 1, 2, \ldots$ gilt. Beginnt die Phasenkennlinie bei $-180°$, so zählt dieser Punkt als halber Übergang mit dem entsprechenden Vorzeichen. Damit lässt sich das Nyquist-Kriterium in der für die Frequenzkennliniendarstellung passenden Form aufstellen:

> Der offene Regelkreis mit der Übertragungsfunktion $G_0(s)$ besitze P Pole in der rechten s-Halbebene und möglicherweise einen einfachen oder doppelten Pol bei $s = 0$. Wenn für die ω-Werte, bei denen $A_{0\mathrm{dB}} > 0$ ist, S^+ die Anzahl der positiven und S^- die Anzahl der negativen Übergänge des Phasenganges $\varphi_0(\omega)$ über $\pm(2k+1)180°$-Linien ist, so ist der geschlossene Regelkreis genau dann asymptotisch stabil, wenn für die Differenz $D = S^+ - S^-$ die Beziehung
>
> $$D = S^+ - S^- = \begin{cases} \dfrac{P}{2} & \text{für } \mu = 0, 1 \\ \dfrac{P+1}{2} & \text{für } \mu = 2 \end{cases} \qquad (6\text{-}15)$$
>
> gilt. Für den speziellen Fall, dass der offene Regelkreis stabil ist ($P = 0, \mu = 0$) muss also die Anzahl der positiven und negativen Schnittpunkte gleich groß sein ($D = 0$).

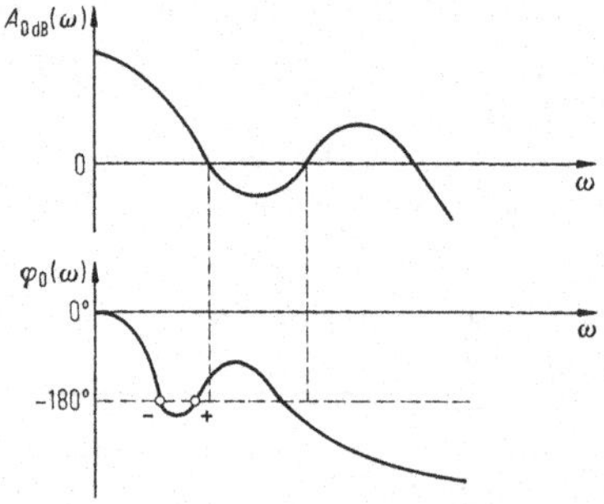

Bild 6-3. Frequenzkennliniendarstellung von $G_0(\mathrm{j}\omega) = A_0(\omega)\,\mathrm{e}^{\mathrm{j}\varphi_0(\omega)}$ und Definition der positiven (+) und negativen (–) Übergänge des Phasenganges $\varphi_0(\omega)$ über die $-180°$-Linie

6.3.3 Vereinfachte Formen des Nyquist-Kriteriums

In vielen Fällen ist der offene Regelkreis stabil, also $P = 0$ und $\mu = 0$. In diesem Fall folgt aus (6-14) für die Winkeländerung $\Delta\varphi_s = 0$. Dann kann das Nyquist-Kriterium wie folgt formuliert werden:

> Ist der offene Regelkreis asymptotisch stabil, so ist der geschlossene Regelkreis genau dann asymptotisch stabil, wenn die Ortskurve des offenen Regelkreises den kritischen Punkt $(-1, \mathrm{j}0)$ weder umkreist noch durchdringt.

Eine andere Fassung des vereinfachten Nyquist-Kriteriums, die auch angewandt werden kann, wenn $G_0(s)$ Pole bei $s = 0$ besitzt, ist die sogenannte *Linke-Hand-Regel*:

> Der offene Regelkreis habe nur Pole in der linken s-Halbebene außer einem 1- oder 2-fachen Pol bei $s = 0$ (P-, I- oder I_2-Verhalten). In diesem Fall ist der geschlossene Regelkreis genau dann asymptotisch stabil, wenn der kritische Punkt $(-1, \mathrm{j}0)$ in Richtung wachsender ω-Werte gesehen *links* der Ortskurve von $G_0(\mathrm{j}\omega)$ liegt.

Die Linke-Hand-Regel lässt sich auch für das Bode-Diagramm formulieren:

> Der offene Regelkreis habe nur Pole in der linken s-Halbebene, außer möglicherweise einen 1- oder 2-fachen Pol bei $s = 0$ (P-, I- oder I_2-Verhalten).
> In diesem Fall ist der geschlossene Regelkreis genau dann asymptotisch stabil, wenn $G_0(\mathrm{j}\omega)$ für die *Durchtrittsfrequenz* ω_D bei $A_{0\mathrm{dB}}(\omega_\mathrm{D}) = 0$ den Phasenwinkel $\varphi_0(\omega_\mathrm{D}) = \arg G_0(\mathrm{j}\omega_\mathrm{D}) > -180°$ hat.

Dieses Stabilitätskriterium bietet auch die Möglichkeit einer praktischen Abschätzung der „Stabilitätsgüte" eines Regelkreises. Je größer der Abstand der Ortskurve vom kritischen Punkt ist, desto weiter ist der geschlossene Regelkreis vom Stabilitätsrand entfernt. Als Maß hierfür benutzt man die Begriffe Phasenrand und Amplitudenrand, die in Bild 6-4 erklärt sind. Der *Phasenrand*

$$\varphi_\mathrm{R} = 180° + \varphi_0(\omega_\mathrm{D}) \qquad (6\text{-}16)$$

ist der Abstand der Phasenkennlinie von der $-180°$-Geraden bei der Durchtrittsfrequenz ω_D, d. h. beim

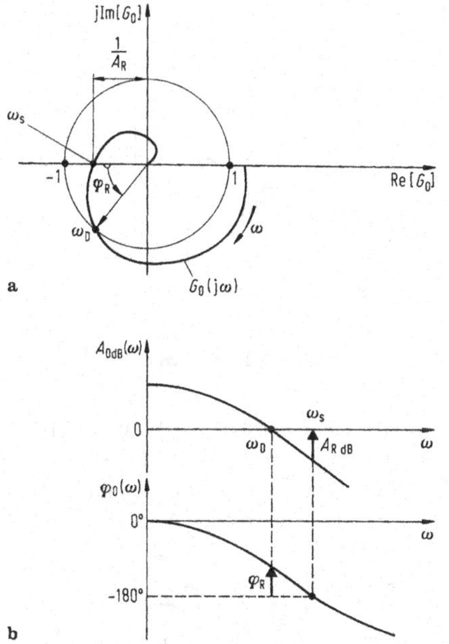

Bild 6-4. Phasen- und Amplitudenrand φ_R bzw. A_R **a** in der Ortskurvendarstellung und **b** im Bode-Diagramm

Durchgang der Amplitudenkennlinie durch die 0-dB-Linie ($|G_0| = 1$). Als *Amplitudenrand*

$$A_{R\,dB} = A_{0\,dB}(\omega_S) \qquad (6\text{-}17)$$

wird der Abstand der Amplitudenkennlinie von der 0-dB-Linie beim Phasenwinkel $\varphi_0 = -180°$ bezeichnet.

Für eine gut gedämpfte Regelung, z. B. im Sinne der weiter unten behandelten betragsoptimalen Einstellung, sollten etwa folgende Werte eingehalten werden:

$$A_{R\,dB} \mathrel{\hat{=}} \begin{cases} -12 \text{ dB bis } -20 \text{ dB bei Führungsverhalten} \\ -3{,}5 \text{ dB bis } -9{,}5 \text{ dB bei Störverhalten} \end{cases}$$

$$\varphi_R = \begin{cases} 40° \text{ bis } 60° \text{ bei Führungsverhalten} \\ 20 \text{ bis } 50° \text{ bei Störverhalten}. \end{cases}$$

Die Durchtrittsfrequenz ω_D stellt ein Maß für die dynamische Güte des Regelkreises dar. Je größer ω_D, desto größer ist die Grenzfrequenz des geschlossenen Regelkreises, und desto schneller die Reaktion auf Sollwertänderungen oder Störungen. Als *Grenzfrequenz* ist dabei jene Frequenz ω_g zu betrachten, bei der der Betrag des Frequenzganges des geschlossenen Regelkreises nahezu den Wert Null erreicht hat.

7 Das Wurzelortskurvenverfahren

7.1 Der Grundgedanke des Verfahrens [1]

Das Wurzelortskurvenverfahren erlaubt, aus der bekannten Pol- und Nullstellenverteilung der Übertragungsfunktion $G_0(s)$ des offenen Regelkreises in der s-Ebene in anschaulicher Weise einen Schluss auf die Wurzeln der charakteristischen Gleichung des geschlossenen Regelkreises zu ziehen. Variiert man beispielsweise einen Parameter des offenen Regelkreises, so verändert sich die Lage der Wurzeln der charakteristischen Gleichung des geschlossenen Regelkreises in der s-Ebene. Die Wurzeln beschreiben somit in der s-Ebene Bahnen, die man als *Wurzelortskurven* (WOK) des geschlossenen Regelkreises definiert. Die Kenntnis der Wurzelortskurve, die meist in Abhängigkeit von einem Parameter dargestellt wird, ermöglicht neben der Aussage über die Stabilität des geschlossenen Kreises auch eine Beurteilung der Stabilitätsgüte, z. B. durch den Abstand der Pole von der imaginären Achse. Die WOK eignet sich daher nicht nur zur Analyse, sondern vorzüglich auch zur Synthese von Regelkreisen. Zur Bestimmung der WOK geht man von der Übertragungsfunktion des offenen Regelkreises

$$G_0(s) = k_0 \frac{\prod\limits_{\mu=1}^{m}(s - s_{N\mu})}{\prod\limits_{\nu=1}^{n}(s - s_{P\nu})} = k_0 G(s) \qquad (7\text{-}1a)$$

aus, wobei $k_0 > 0, m \leqq n$ und $s_{N\mu} \neq s_{P\nu}$ gelte. Gleichung (7-1a) kann auch in der Form

$$G_0(s) = k_0 \frac{\prod\limits_{\mu=1}^{m}|s - s_{N\mu}|}{\prod\limits_{\nu=1}^{n}|s - s_{P\nu}|} e^{j\left(\sum\limits_{\mu=1}^{m}\varphi_{N\mu} - \sum\limits_{\nu=1}^{n}\varphi_{P\nu}\right)} \qquad (7\text{-}1b)$$

dargestellt werden. Die charakteristische Gleichung des geschlossenen Regelkreises ergibt sich mit (7-1a) aus

$$1 + k_0 G(s) = 0\,. \qquad (7\text{-}2)$$

Hieraus folgt

$$G(s) = -1/k_0\,. \tag{7-3}$$

Die Gesamtheit aller komplexen Zahlen $s_i = s_i(k_0)$, die diese Beziehung für $0 \leqq k_0 \leqq \infty$ erfüllen, stellen die gesuchte WOK dar. Durch Aufspalten von (7-1b) in Betrag und Phase erhält man die *Amplitudenbedingung*

$$|G(s)| = \frac{1}{k_0} = \frac{\prod_{\mu=1}^{m} |s - s_{N\mu}|}{\prod_{\nu=1}^{n} |s - s_{P\nu}|} \tag{7-4}$$

und die *Phasenbedingung*

$$\varphi(s) = \arg[G(s)] = \sum_{\mu=1}^{m} \varphi_{N\mu} - \sum_{\nu=1}^{n} \varphi_{P\nu} = \pm 180°(2k+1) \tag{7-5}$$

mit $k = 0, 1, 2, \ldots$. Hierbei kennzeichnen $\varphi_{N\mu}$ und $\varphi_{P\nu}$ die zu den komplexen Zahlen $(s - s_{N\nu})$ bzw. $(s - s_{P\nu})$ gehörenden Winkel. Offensichtlich ist die Phasenbedingung von k_0 unabhängig. Alle Punkte der komplexen s-Ebene, die die Phasenbedingung erfüllen, stellen also den geometrischen Ort aller möglichen Pole des geschlossenen Kreises dar, die durch die Variation des Vorfaktors k_0 entstehen können. Die Kodierung dieser WOK, d. h. die Zuordnung zwischen den Kurvenpunkten und den Werten von k_0, erhält man durch Auswertung der Amplitudenbedingung entsprechend (7-4).

7.2 Regeln zur Konstruktion von Wurzelortskurven

Wie Bild 7-1 zeigt, könnte die Konstruktion von Wurzelortskurven unter Verwendung von (7-5) grafisch durchgeführt werden. Dieses Vorgehen ist jedoch nur zur Überprüfung der Phasenbedingung einzelner Punkte der s-Ebene zweckmäßig. Für die Konstruktion einer WOK werden daher folgende Regeln angewandt:

1. Die WOK ist symmetrisch zur reellen Achse.
2. Die WOK besteht aus n Ästen. $(n-m)$ Äste enden im Unendlichen. Alle Äste beginnen mit $k_0 = 0$ in den Polen der charakteristischen Gleichung des offenen Regelkreises, m Äste enden mit $k_0 \to \infty$ in den Nullstellen des offenen Regelkreises. Die Anzahl der in einem Pol beginnenden bzw. in einer

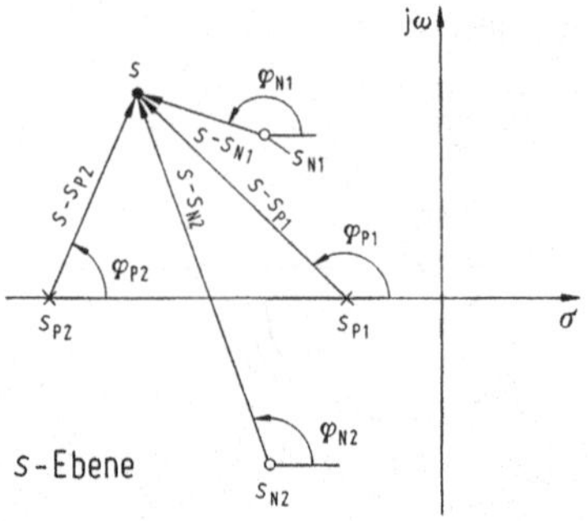

Bild 7-1. Überprüfung der Phasenbedingung

Nullstelle endenden Äste der WOK ist gleich der Vielfachheit der Pol- bzw. Nullstelle.
3. Es gibt $n - m$ Asymptoten mit Schnitt im Wurzelschwerpunkt auf der reellen Achse $(\sigma_a, \mathrm{j}0)$ mit
$$\sigma_a = \frac{1}{n-m}\left\{\sum_{\nu=1}^{n} \mathrm{Re}\, s_{P\nu} - \sum_{\mu=1}^{m} \mathrm{Re}\, s_{N\mu}\right\}. \tag{7-6}$$
4. Ein Punkt auf der reellen Achse gehört dann zur WOK, wenn die Gesamtzahl der rechts von ihm liegenden Pole und Nullstellen ungerade ist.
5. Mindestens ein Verzweigungs- bzw. Vereinigungspunkt existiert dann, wenn ein Ast der WOK auf der reellen Achse zwischen zwei Pol- bzw. Nullstellen verläuft; dieser reelle Punkt genügt der Beziehung
$$\sum_{r=1}^{n} \frac{1}{s - s_{P\nu}} = \sum_{\mu=1}^{m} \frac{1}{s - s_{N\mu}} \tag{7-7}$$
für $s = \sigma_v$ als Verzweigungs- bzw. Vereinigungspunkt. Sind keine Pol- oder Nullstellen vorhanden, so ist der entsprechende Summenterm gleich null zu setzen.
6. Austritts- und Eintrittswinkel aus Pol- bzw. in Nullstellenpaaren der Vielfachheit r_{P_ϱ} bzw. r_{N_ϱ}:
$$\varphi_{P\varrho,A} = \frac{1}{r_{P\varrho}}\left\{-\sum_{\substack{\nu=1\\ \nu\neq\varrho}}^{n} \varphi_{P\nu} + \sum_{\mu=1}^{m} \varphi_{N\mu} \pm 180°(2k+1)\right\} \tag{7-8a}$$
$$\varphi_{N\varrho,E} = \frac{1}{r_{N\varrho}}\left\{-\sum_{\substack{\mu=1\\ \mu\neq\varrho}}^{n} \varphi_{N\mu} + \sum_{\nu=1}^{m} \varphi_{P\nu} \pm 180°(2k+1)\right\}. \tag{7-8b}$$

Tabelle 7-1. Typische Beispiele für Pol- und Nullstellenverteilungen von $G_0(s)$ und zugehörige Wurzelortskurve des geschlossenen Regelkreises

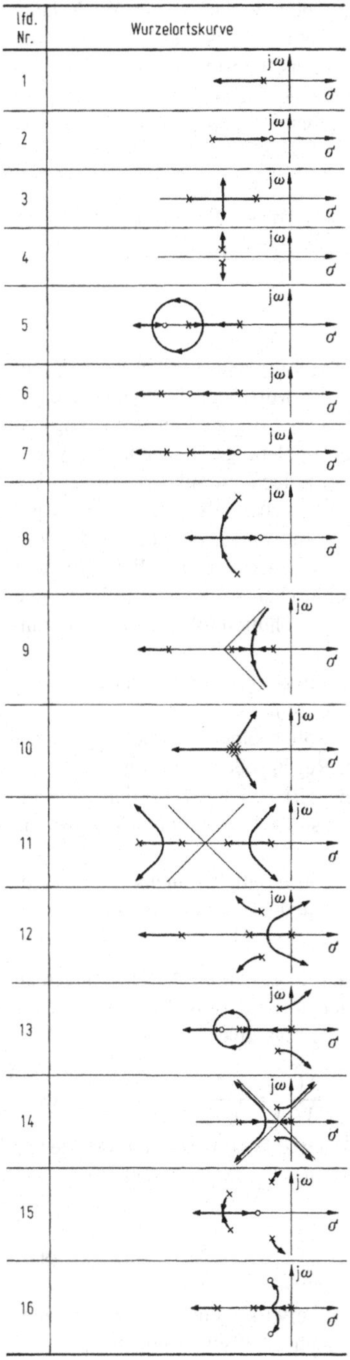

7. Belegung der WOK mit k_0-Werten: Zum Wert s gehört der Wert

$$k_0 = \frac{\prod\limits_{\nu=1}^{n} |s - s_{P\nu}|}{\prod\limits_{\mu=1}^{m} |s - s_{N\mu}|}\,, \tag{7-9}$$

(für $m = 0$ ist der Nenner gleich eins).

8. Asymptotische Stabilität des geschlossenen Regelkreises liegt für alle k_0-Werte vor, die auf der WOK links von der imaginären Achse liegen. Die Schnittpunkte der WOK mit der imaginären Achse liefern die kritischen Werte $k_{0,\,\text{krit}}$.

Ein typisches Beispiel für den Verlauf der WOK für den Fall der Übertragungsfunktion des offenen Systems

$$G_0(s) = \frac{k_0(s+1)}{s(s+2)(s^2+12s+40)}$$

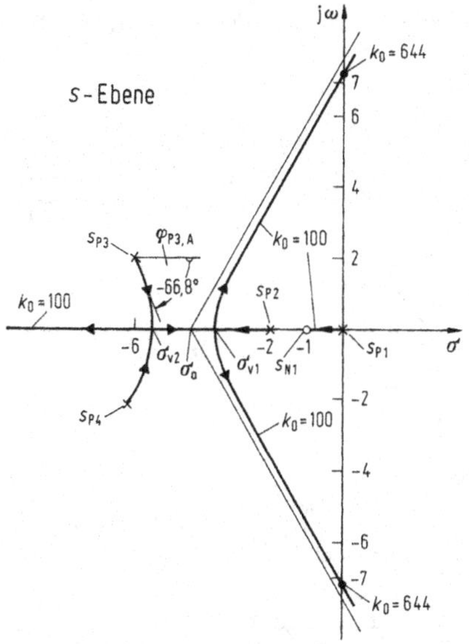

Bild 7-2. Die Wurzelortskurve des Regelkreises mit der Übertragungsfunktion des offenen Systems
$G_0(s) = \dfrac{k_0(s+1)}{s(s+2)(s+6+2j)(s+6-2j)}$.

zeigt Bild 7-2. Aus dem Verlauf dieser WOK kann z. B. entnommen werden, dass für $k_0 > 644$ der geschlossene Regelkreis Pole in der rechten s-Halbebene aufweist und daher instabil wird. Weitere typische Fälle sind in Tabelle 7-1 aufgeführt.

8 Entwurfsverfahren für lineare kontinuierliche Regelsysteme

8.1 Problemstellung

Eine der wichtigsten Aufgaben stellt für den Regelungstechniker der Entwurf oder die Synthese eines Regelkreises dar. Diese Aufgabe, zu der streng genommen auch die komplette gerätetechnische Auslegung gehört, sei im Folgenden auf das Problem beschränkt, für eine vorgegebene Regelstrecke einen geeigneten Regler zu entwerfen, der die an den Regelkreis gestellten Anforderungen möglichst gut oder mit geringstem technischen Aufwand erfüllt. An den Regelkreis werden gewöhnlich folgende Anforderungen gestellt:

1. Als Mindestforderung muss der Regelkreis selbstverständlich stabil sein.
2. Störgrößen $z(t)$ sollen einen möglichst geringen Einfluss auf die Regelgröße $y(t)$ haben.
3. Die Regelgröße $y(t)$ soll einer zeitlich sich ändernden Führungsgröße $w(t)$ möglichst genau und schnell folgen.
4. Der Regelkreis soll möglichst unempfindlich (robust) gegenüber nicht zu großen Parameteränderungen sein.

Um die unter 2. und 3. gestellten Anforderungen zu erfüllen, müsste gemäß Forderung 3 im *Idealfall* für die Führungsübertragungsfunktion

$$G_W(s) = \frac{Y(s)}{W(s)} = \frac{G_0(s)}{1 + G_0(s)} = 1 \tag{8-1}$$

und bei einer Störung z. B. am Ausgang der Regelstrecke für die Störungsübertragungsfunktion gemäß Forderung 2

$$G_Z(s) = \frac{Y(s)}{Z(s)} = \frac{1}{1 + G_0(s)} = 0 \tag{8-2}$$

gelten. Eine strenge Verwirklichung dieser Beziehungen ist jedoch aus physikalischen und technischen Gründen nicht möglich, da hierzu unendlich große Stellgrößen erforderlich wären. Für eine praktische Anwendung muss daher stets überlegt werden, welche Abweichung vom idealen Fall zugelassen werden kann.

8.2 Entwurf im Zeitbereich

8.2.1 Gütemaße im Zeitbereich

Bei der Beurteilung der Güte einer Regelung erweist es sich als zweckmäßig, den zeitlichen Verlauf der Regelgröße $y(t)$ bzw. der Regelabweichung $e(t)$ unter Einwirkung wohldefinierter Testsignale zu betrachten. Als das wohl wichtigste Testsignal wird dazu gewöhnlich eine sprungförmige Erregung der Eingangsgröße des untersuchten Regelkreises verwendet. So kann man beispielsweise für eine sprungförmige Erregung der Führungsgröße den im Bild 8-1a dargestellten Verlauf der Regelgröße $y(t) = h_W(t)$ beobachten.

Zur Beschreibung dieser Führungsübergangsfunktion werden die folgenden Begriffe eingeführt:

– Die *maximale Überschwingweite* e_{max} gibt den Betrag der maximalen Regelabweichung an, die nach erstmaligem Erreichen des Sollwertes (100%) auftritt.

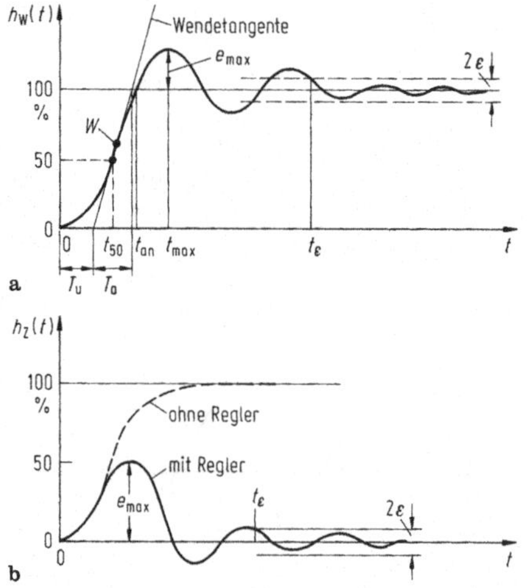

Bild 8-1. Typische Antwort eines Regelkreises bei einer sprungförmigen Änderung **a** der Führungsgröße und **b** der Störgröße

- Die t_{max}-Zeit beschreibt den Zeitpunkt des Auftretens der maximalen Überschwingweite.
- Die *Anstiegszeit* T_a ergibt sich aus dem Schnittpunkt der Tangente im Wendepunkt W von $h_W(t)$ mit der 0%- und 100%-Linie. Häufig wird allerdings die Tangente auch im Zeitpunkt t_{50} verwendet, bei dem $h_W(t)$ gerade 50% des Sollwertes erreicht hat. Zur besseren Unterscheidung soll dann für diesen zweiten Fall die Anstiegszeit mit $T_{a,50}$ bezeichnet werden.
- Die *Verzugszeit* T_u ergibt sich aus dem Schnittpunkt der oben definierten Wendetangente mit der t-Achse.
- Die *Ausregelzeit* t_ε ist der Zeitpunkt, ab dem der Betrag der Regelabweichung kleiner als eine vorgegebene Schranke ε ist (z. B. $\varepsilon = 3\%$, also $\pm 3\%$ Abweichung vom Sollwert).
- Als *Anregelzeit* t_{an} bezeichnet man den Zeitpunkt, bei dem erstmalig der Sollwert (100%) erreicht wird. Es gilt näherungsweise $t_{an} \approx T_u + T_a$.

In ähnlicher Weise lässt sich gemäß Bild 8-1b auch das Störverhalten charakterisieren. Hierbei werden ebenfalls die Begriffe „maximale Überschwingweite" und „Ausregelzeit" definiert.

Von den hier eingeführten Größen kennzeichnen im Wesentlichen e_{max} und t_ε die Dämpfung und t_{an}, T_a und t_{max} die Schnelligkeit, also die Dynamik des Regelverhaltens, während die bleibende Regelabweichung e_∞ das statische Verhalten charakterisiert.

8.2.2 Integralkriterien

Aus Bild 8-1a ist ersichtlich, dass die Fläche zwischen der 100%-Geraden und der Führungsübergangsfunktion $h_W(t)$ sicherlich ein Maß für die Abweichung des Regelkreises vom idealen Führungsverhalten darstellt. Ebenso ist in Bild 8-1b die Fläche zwischen der Störübergangsfunktion $h_Z(t)$ und der t-Achse ein Maß für die Abweichung des Regelkreises vom Fall der idealen Störungsunterdrückung. In beiden Fällen handelt es sich um die Gesamtfläche unterhalb der Regelabweichung $e(t) = w(t) - y(t)$, mit der man die Abweichung vom idealen Regelkreis beschreiben kann. Es liegt nahe, als Maß für die Regelgüte ein Integral der Form

$$I_k = \int_0^\infty f_k[e(t)]\,dt \qquad (8\text{-}3)$$

einzuführen, wobei für $f_k[e(t)]$ gewöhnlich die in Tabelle 8.1 angegebenen verschiedenen Funktionen, wie z. B. $e(t), |e(t)|, e^2(t)$ usw., verwendet werden. In einem derartigen integralen Gütemaß lassen sich zeitliche Ableitungen der Regelabweichung sowie zusätzlich die Stellgröße $u(t)$ berücksichtigen. Die wichtigsten dieser Gütemaße I_k sind in Tabelle 8-1 zusammengestellt.

Mithilfe solcher Gütemaße lassen sich die Integralkriterien folgendermaßen formulieren:

Eine Regelung ist im Sinne des jeweils gewählten Integralkriteriums umso besser, je kleiner I_k ist. Somit erfordert ein Integralkriterium stets die Minimierung von I_k, wobei dies durch geeignete Wahl der noch freien Entwurfsparameter oder Reglereinstellwerte $r_1, r_2, \ldots$ geschehen kann. Damit lautet das Integralkriterium schließlich

$$I_k = \int_0^\infty f_k[e(t)]\,dt = I_k(r_1, r_2, \ldots) \stackrel{!}{=} \text{Min}\,. \qquad (8\text{-}4)$$

Dabei kann das gesuchte Minimum sowohl im Innern als auch auf dem Rand des durch die möglichen Einstellwerte begrenzten Definitionsbereiches liegen. Dies ist zu beachten, da beide Fälle eine unterschiedliche mathematische Behandlung erfordern. Im ersten Fall handelt es sich gewöhnlich um ein *absolutes Optimum*, im zweiten um ein *Randoptimum.*

8.2.3 Quadratische Regelfläche

Aufgrund der verschiedenartigen Anforderungen, die beim Entwurf von Regelkreisen gestellt werden, ist es nicht möglich, für alle Anwendungsfälle ein einziges, gleichermaßen gut geeignetes Gütemaß festzulegen. In sehr vielen Fällen hat sich jedoch das Minimum der quadratischen Regelfläche als Gütekriterium sehr gut bewährt. Es besitzt außerdem den Vorteil, dass es für die wichtigsten Fälle auch leicht berechnet werden kann. Zur Berechnung der quadratischen Regelfläche wird die Parseval'sche Gleichung

$$I_3 = \int_0^\infty e^2(t)\,dt = \frac{1}{2\pi j} \int_{-j\infty}^{+j\infty} E(s)E(-s)\,ds \qquad (8\text{-}5)$$

verwendet. Ist $E(s)$ eine gebrochen rationale Funktion

$$E(s) = \frac{C(s)}{D(s)} = \frac{c_0 + c_1 s + \ldots + c_{n-1}s^{n-1}}{d_0 + d_1 s + \ldots + d_n s^n}\,, \qquad (8\text{-}6)$$

Tabelle 8-1. Die wichtigsten Gütemaße für Integralkriterien

Gütemaß	Eigenschaft
$I_1 = \int_0^\infty e(t)\,\mathrm{d}t$	*Lineare Regelfläche*: Eignet sich zur Beurteilung stark gedämpfter monotoner Regelverläufe; einfache mathematische Behandlung.
$I_2 = \int_0^\infty \lvert e(t)\rvert\,\mathrm{d}t$	*Betragslineare Regelfläche*: Geeignet für nichtmonotonen Schwingungsverlauf. Umständliche Auswertung.
$I_3 = \int_0^\infty e^2(t)\,\mathrm{d}t$	*Quadratische Regelfläche*: Berücksichtigung großer Regelabweichungen; liefert größere Ausregelzeiten als I_2. In vielen Fällen analytische Berechnung möglich.
$I_4 = \int_0^\infty \lvert e(t)\rvert t\,\mathrm{d}t$	*Zeitbeschwerte betragslineare Regelfläche*: Wirkung wie I_2; berücksichtigt aber zusätzlich die Dauer der Regelabweichung.
$I_5 = \int_0^\infty e^2(t) t\,\mathrm{d}t$	*Zeitbeschwerte quadratische Regelfläche*: Wirkung wie I_3; berücksichtigt zusätzlich die Dauer der Regelabweichung.
$I_6 = \int_0^\infty [e^2(t) + \alpha \dot{e}^2(t)]\,\mathrm{d}t$	*Verallgemeinerte quadratische Regelfläche*: Wirkung günstiger als bei I_3, allerdings Wahl des Bewertungsfaktors α subjektiv.
$I_7 = \int_0^\infty [e^2(t) + \beta u^2(t)]\,\mathrm{d}t$	*Quadratische Regelfläche und Stellaufwand*: Etwas größerer Wert von $e_{\max}$, jedoch t_ε wesentlich kürzer; Wahl des Bewertungsfaktors β subjektiv.

Anmerkung: Besitzt der betrachtete Regelkreis eine bleibende Regelabweichung e_∞, dann ist $e(t)$ durch $e(t) - e_\infty$ zu ersetzen, da sonst die Integrale in der obigen Form nicht konvergieren. Entsprechendes gilt auch für die Stellgröße $u(t)$.

deren sämtliche Pole in der linken s-Halbebene liegen, dann lässt sich das Integral in (8-5) durch Residuenrechnung bestimmen. Bis $n = 10$ liegt die Auswertung dieses Integrals in tabellarischer Form vor [1]. Tabelle 8-2 enthält die Integrale bis $n = 4$.

8.2.4 Ermittlung optimaler Einstellwerte eines Reglers nach dem Kriterium der minimalen quadratischen Regelfläche [2]

Bei vorgegebenem Führungs- bzw. Störsignal ist die quadratische Regelfläche

$$I_3 = \int_0^\infty [e(t) - e_\infty]^2\,\mathrm{d}t = I_3(r_1, r_2, \ldots) \qquad (8\text{-}7)$$

nur eine Funktion der zu optimierenden Reglerparameter $r_1, r_2, \ldots$. Die optimalen Reglerparameter sind nun diejenigen, durch die I_3 minimal wird. Zur Lösung dieser einfachen mathematischen Extremwertaufgabe

$$I_3(r_1, r_2, \ldots) \stackrel{!}{=} \mathrm{Min} \qquad (8\text{-}8)$$

gilt unter der Voraussetzung, dass der gesuchte Optimalpunkt $(r_{1\,\mathrm{opt}}, r_{2\,\mathrm{opt}}, \ldots)$ nicht auf dem Rand des möglichen Einstellbereichs liegt, somit für alle partiellen Ableitungen von I_3

$$\left.\frac{\partial I_3}{\partial r_1}\right|_{r_{2\,\mathrm{opt}} r_{3\,\mathrm{opt}},\ldots} = 0\,, \quad \left.\frac{\partial I_3}{\partial r_2}\right|_{r_{1\,\mathrm{opt}} r_{3\,\mathrm{opt}},\ldots} = 0\,, \ldots \qquad (8\text{-}9)$$

Diese Beziehung stellt einen Satz von Bestimmungsgleichungen für die Extrema von (8-7) dar. Im Optimalpunkt muss I_3 ein Minimum werden. Ein derartiger Punkt kann nur im Bereich stabiler Reglereinstellwerte liegen. Beim Auftreten mehrerer Punkte, die (8-8) erfüllen, muss u. U. durch Bildung der zweiten partiellen Ableitungen von I_3 geprüft werden, ob der betreffende Extremwert ein Minimum ist. Treten mehrere Minima auf, dann beschreibt das absolute Minimum den Optimalpunkt der gesuchten Reglereinstellwerte $r_i = r_{i\,\mathrm{opt}}$ $(i = 1, 2, \ldots)$.

Am Beispiel einer Reglerstrecke mit der Übertragungsfunktion

$$G_\mathrm{S}(s) = \frac{1}{(1+s)^3}\,, \qquad (8\text{-}10)$$

die mit einem PI-Regler mit der Übertragungsfunktion

$$G_\mathrm{R}(s) = K_\mathrm{R}\left(1 + \frac{1}{T_\mathrm{I} s}\right)\,, \qquad (8\text{-}11)$$

Tabelle 8-2. Quadratische Regelfläche $I_{3,n}$ für $n = 1$ bis $n = 4$

$I_{3,1} = \dfrac{c_0^2}{2d_0d_1}$
$I_{3,2} = \dfrac{c_1^2d_0 + c_0^2d_2}{2d_0d_1d_2}$
$I_{3,3} = \dfrac{c_2^2d_0d_1 + \left(c_1^2 - 2c_0c_2\right)d_0d_3 + c_0^2d_2d_3}{2d_0d_3(-d_0d_3 + d_1d_2)}$
$I_{3,4} = \dfrac{c_3^2\left(-d_0^2d_3 + d_0d_1d_2\right) + \left(c_2^2 - 2c_1c_3\right)d_0d_1d_4 + \left(c_1^2 - 2c_0c_2\right)d_0d_3d_4 + c_0^2\left(-d_1d_4^2 + d_2d_3d_4\right)}{2d_0d_4\left(-d_0d_3^2 - d_1^2d_4 + d_1d_2d_3\right)}$

zu einem Regelkreis zusammengeschaltet wird, soll die Ermittlung von $K_{R\,opt}$ und $T_{I\,opt}$ nach der minimalen quadratischen Regelfläche I_3 für eine sprungförmige Störung am Eingang der Regelstrecke gezeigt werden.

1. Schritt: Bestimmung des Stabilitätsrandes: Aus der charakteristischen Gleichung dieses Systems 4. Ordnung,

$$T_Is^4 + 3T_Is^3 + 3T_Is^2 + T_I(1 + K_R)s + K_R = 0\,, \quad (8\text{-}12)$$

erhält man nach Anwendung z. B. des Hurwitz-Kriteriums als Grenzkurven des Stabilitätsbereichs

$$K_R = 0 \text{ und } T_{I\,stab} = 9K_R/[(1+K_R)(8-K_R)]\,. \quad (8\text{-}13)$$

Der Bereich stabiler Reglereinstellwerte ist in Bild 8-2 dargestellt.

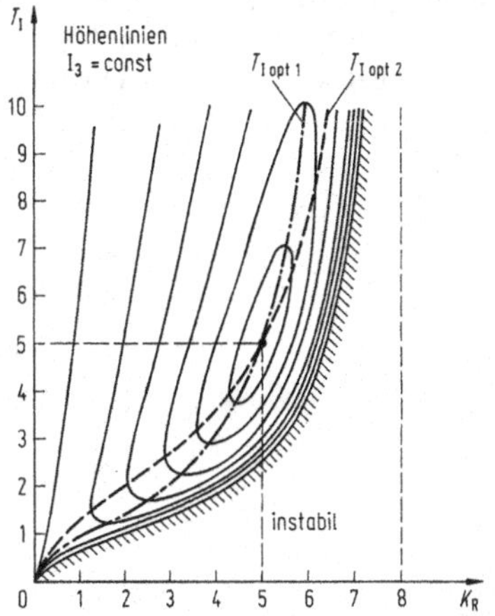

Bild 8-2. Das Regelgütediagramm für das untersuchte Beispiel

2. Schritt: Bestimmung der quadratischen Regelfläche: Die Laplace-Transformierte der Regelabweichung $E(s)$ lautet im vorliegenden Fall

$$E(s) = \frac{-T_I}{K_R + (1 + K_R)T_Is + 3T_Is^2 + 3T_Is^3 + T_Is^4}\,.$$

Wendet man darauf den entsprechenden Ausdruck aus Tabelle 8-2 an, so erhält man die quadratische Regelfläche

$$I_3 = \frac{T_I(8 - K_R)}{2\,K_R\left\{(1 + K_R)(8 - K_R) - \dfrac{9K_R}{T_I}\right\}}\,. \quad (8\text{-}14)$$

3. Schritt: Bestimmung des Optimalpunktes ($K_{R\,opt}$, $T_{I\,opt}$): Da der gesuchte Optimalpunkt im Innern des Stabilitätsbereichs liegt, muss dort notwendigerweise

$$\frac{\partial I_3}{\partial K_R} = 0 \quad \text{und} \quad \frac{\partial I_3}{\partial T_I} = 0 \quad (8\text{-}15a,b)$$

gelten. Jede dieser beiden Bedingungen liefert eine Optimalkurve $T_I(K_R)$ in der (K_R, T_I)-Ebene, deren Schnittpunkt, falls er existiert und im Innern des Stabilitätsbereichs liegt, der gesuchte Optimalpunkt ist. Aus (8-15a,b) erhält man die Optimalkurven

$$T_{I\,opt\,1} = \frac{9K_R(16 - K_R)}{(8 - K_R)^2(1 + 2K_R)}$$

$$\text{und} \quad T_{I\,opt\,2} = \frac{18K_R}{(1 + K_R)(8 - K_R)}\,. \quad (8\text{-}16a,b)$$

Beide Optimalkurven gehen durch den Ursprung (Maximum von I_3 auf dem Stabilitätsrand) und haben, wie die Kurve für den Stabilitätsrand nach (8-13), bei $K_R = 8$ einen Pol. Durch Gleichsetzen der beiden rechten Seiten von (16a) und (16b) erhält man den gesuchten Optimalpunkt mit den Koordinaten

$$K_{\mathrm{R\,opt}} = 5 \quad \text{und} \quad T_{\mathrm{I\,opt}} = 5\,.$$

Der Optimalpunkt liegt im Bereich stabiler Reglereinstellwerte.

4. Schritt: *Zeichnen des Regelgütediagramms*: Vielfach will man den Verlauf von $I_3(K_R, T_I)$ in der Nähe des gewählten Optimalpunktes kennen, um das Verhalten des Regelkreises bei Veränderung der Reglerparameter abschätzen zu können. Ein Optimalpunkt, in dessen Umgebung $I_3(K_R, T_I)$ stark ansteigt, kann nur dann gewählt werden, wenn die einmal eingestellten Werte möglichst genau eingehalten werden.

Nun ermittelt man Kurven $T_{\mathrm{Ih}}(K_R)$, auf denen die quadratische Regelfläche konstante Werte annimmt (Höhenlinien), und zeichnet einige in das Stabilitätsdiagramm ein. Gleichung (8-14), nach T_I aufgelöst, liefert als Bestimmungsgleichung für die gesuchten Höhenlinien

$$T_{\mathrm{Ih}_{1,2}} = K_R \left[I_3(K_R+1) \pm \sqrt{I_3^2(K_R+1)^2 - \frac{18 I_3}{8-K_R}} \right]. \qquad (8\text{-}17)$$

Die Höhenlinien I_3 = const stellen geschlossene Kurven in der (K_R, T_I)-Ebene dar. Zusammen mit der Grenzkurve des Stabilitätsrandes bilden sie das *Regelgütediagramm* nach Bild 8-2. Die optimalen Reglereinstellwerte hängen von der Art und dem Eingriffsort der Störgröße ab. Auch sind diese Werte für Führungsverhalten anders als für Störverhalten.

Die Berechnung optimaler Reglereinstellwerte nach dem quadratischen Gütekriterium ist im Einzelfall recht aufwändig. Daher wurden für die Kombinationen der wichtigsten Regelstrecken mit Standardreglertypen (PID-, PI-, PD- und P-Regler) die optimalen Einstellwerte in allgemein anwendbarer Form berechnet und für Regelstrecken bis 4. Ordnung tabellarisch dargestellt [2].

8.2.5 Empirisches Vorgehen

Viele industrielle Prozesse weisen Übergangsfunktionen mit rein aperiodischem Verhalten gemäß Bild 8-3 auf, d. h., ihr Verhalten kann durch PT_n-Glieder sehr gut beschrieben werden. Häufig können diese Prozesse durch das vereinfachte mathematische Modell

$$G_S(s) = \frac{K_S}{1+Ts} \mathrm{e}^{-T_t s}\,, \qquad (8\text{-}18)$$

das ein Verzögerungsglied 1. Ordnung und ein Totzeitglied enthält, hinreichend gut approximiert werden. Bild 8-3 zeigt die Approximation eines PT_n-Gliedes durch ein derartiges $\mathrm{PT_1T_t}$-Glied. Dabei wird durch die Konstruktion der Wendetangente die Übergangsfunktion $h_S(t)$ mit folgenden drei Größen charakterisiert: K_S (Übertragungsbeiwert oder Verstärkungsfaktor der Regelstrecke), T_a (Anstiegszeit) und T_u (Verzugszeit). Bei einer groben Approximation nach (8-18) wird dann meist $T_t = T_u$ und $T = T_a$ gesetzt.

Für Regelstrecken der hier beschriebenen Art wurden zahlreiche Einstellregeln für Standardregler in der Literatur [3] angegeben, die teils empirisch, teils

Tabelle 8-3. Reglereinstellwerte nach Ziegler und Nichols

	Reglertypen	Reglereinstellwerte		
		K_R	T_I	T_D
Methode I	P	$0{,}5\,K_{\mathrm{R\,krit}}$	–	–
	PI	$0{,}45\,K_{\mathrm{R\,krit}}$	$0{,}85\,T_{\mathrm{krit}}$	–
	PID	$0{,}6\,K_{\mathrm{R\,krit}}$	$0{,}5\,T_{\mathrm{krit}}$	$0{,}12\,T_{\mathrm{krit}}$
Methode II	P	$\frac{1}{K_S}\cdot\frac{T_a}{T_u}$	–	–
	PI	$\frac{0{,}9}{K_S}\cdot\frac{T_a}{T_u}$	$3{,}33\,T_u$	–
	PID	$\frac{1{,}2}{K_S}\cdot\frac{T_a}{T_u}$	$2\,T_u$	$0{,}5\,T_u$

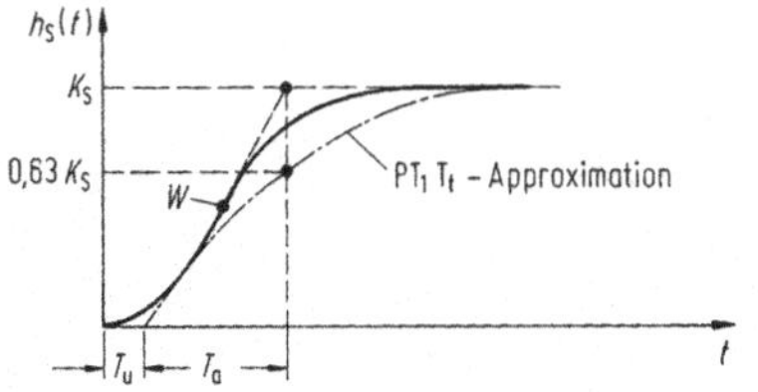

Bild 8-3. Beschreibung der Übergangsfunktion $h_S(t)$ durch K_S, T_a und T_u

durch Simulation an entsprechenden Modellen gefunden wurden. Die wohl am weitesten verbreiteten empirischen Einstellregeln sind die von *Ziegler* und *Nichols* [4]. Diese Einstellregeln wurden empirisch abgeleitet, wobei die Übergangsfunktion des geschlossenen Regelkreises je Schwingungsperiode eine Amplitudenabnahme von ca. 25% aufwies. Bei der Anwendung dieser Einstellregeln kann zwischen folgenden zwei Fassungen (Tabelle 8-3) gewählt werden:

a) *Methode des Stabilitätsrandes (I)*: Hierbei geht man in folgenden Schritten vor:
   1. Der jeweils im Regelkreis vorhandene Standardregler wird zunächst als reiner P Regler geschaltet.
   2. Die Verstärkung K_R dieses P-Reglers wird so lange vergrößert, bis der geschlossene Regelkreis Dauerschwingungen ausführt. Der dabei eingestellte K_R-Wert wird als kritische Reglerverstärkung $K_{R\,krit}$ bezeichnet.
   3. Die Periodendauer T_{krit} (kritische Periodendauer) der Dauerschwingung wird gemessen.
   4. Man bestimmt nun anhand von $K_{R\,krit}$ und T_{krit} mithilfe der in Tabelle 8-3 angegebenen Formeln die Reglereinstellwerte K_R, T_I und T_D.

b) *Methode der Übergangsfunktion (II)*: Häufig wird es bei einer industriellen Anlage nicht möglich sein, den Regelkreis zur Ermittlung von $K_{R\,krit}$ und T_{krit} im grenzstabilen Fall zu betreiben. Im Allgemeinen bereitet jedoch die Messung der Übergangsfunktion $h_S(t)$ der Regelstrecke keine Schwierigkeiten. Daher erscheint in vielen Fällen die zweite Form der Ziegler-Nichols-Einstellregeln, die direkt von der Steigung der Wendetangente K_S/T_a und der Verzugszeit T_u der Übergangsfunktion ausgeht, als zweckmäßiger. Dabei ist zu beachten, dass die Messung der Übergangsfunktion $h_S(t)$ nur bis zum Wendepunkt W erforderlich ist, da die Steigung der Wendetangente bereits das Verhältnis K_S/T_a beschreibt. Anhand der Messwerte T_u und K_S/T_a sowie mithilfe der in Tabelle 8-3 angegebenen Formeln lassen sich dann die Reglereinstellwerte einfach berechnen.

8.3 Entwurf im Frequenzbereich [5]

8.3.1 Kenndaten des geschlossenen Regelkreises im Frequenzbereich und deren Zusammenhang mit den Gütemaßen im Zeitbereich

Ein Regelkreis, dessen Übergangsfunktion $h_W(t)$ einen Verlauf entsprechend Bild 8-1a aufweist, besitzt gewöhnlich einen Frequenzgang $G_W(\mathrm{j}\omega)$ mit einer Amplitudenüberhöhung, der sich qualitativ im Bode-Diagramm nach Bild 8-4 darstellen lässt. Zur Beschreibung dieses Verhaltens eignen sich folgende teilweise bereits eingeführten Kenndaten: (a) Resonanzfrequenz ω_r, (b) Amplitudenüberhöhung $A_{W\,max\,dB}$, (c) Bandbreite ω_b und (d) Phasenwinkel $\varphi_b = \varphi(\omega_b)$. Für die weiteren Überlegungen wird die Annahme gemacht, dass der geschlossene Regelkreis näherungsweise durch ein PT_2S-Glied mit der Übertragungsfunktion

$$G_W(s) = \frac{G_0(s)}{1 + G_0(s)} = \frac{\omega_0^2}{s^2 + 2D\omega_0 s + \omega_0^2} \qquad (8\text{-}19)$$

beschrieben werden kann, wobei die Kenndaten der *Eigenfrequenz* ω_0 und des *Dämpfungsgrades* D das Regelverhalten vollständig charakterisieren. Dies ist sicherlich dann mit guter Näherung möglich, wenn die reale Führungsübertragungsfunktion ein *dominierendes Polpaar* besitzt, das in der s-Ebene der $\mathrm{j}\omega$-Achse am nächsten liegt, somit die langsamste Eigenbewegung beschreibt und damit das dynamische Eigenverhalten des Systems am stärksten beeinflusst, sofern die übrigen Pole hinreichend weit links davon liegen. Aus der zu (8-19) gehörenden Übergangsfunktion $h_W(t)$ können folgende dämpfungsabhängige Größen berechnet werden:

a) *Maximale Überschwingweite*:

$$e_{max} = h_W(t_{max}) - 1 = \mathrm{e}^{-\left(\frac{D}{\sqrt{1-D^2}}\right)\pi} = f_1(D)\,. \qquad (8\text{-}20)$$

b) *Anstiegszeit* $T_{a,50}$:
Die Anstiegszeit wird nachfolgend nicht über die Wendetangente, sondern über die Tangente im Zeitpunkt $t = t_{50}$ (vgl. Bild 8-1a) bestimmt, bei dem $h_W(t)$ gerade 50% des stationären Wertes $h_{W_\infty} = 1$ erreicht hat. Die Berechnung liefert

$$\omega_0 T_{a,50} = \frac{\sqrt{1-D^2}}{e^{-Df_2^*(D)}\sin\left(\sqrt{1-D^2}f_2^*(D)\right)} = f_2(D)\,, \qquad (8\text{-}21)$$

wobei $f_2^*(D) = \omega_0 t_{50}$ numerisch bestimmt werden muss [8].

c) *Ausregelzeit* t_ε:
Wählt man $\varepsilon = 3\%$, dann erhält man über die Einhüllende des Schwingungsverlaufs

$$\omega_0 t_{3\%} \approx \frac{1}{D}[3{,}5 - 0{,}5\ln(1-D^2)] = f_3(D)\,. \qquad (8\text{-}22)$$

d) *Bandbreite* ω_b *und Phasenwinkel* φ_b:
Aus der in Bild 8-4 dargestellten Definition der Bandbreite folgt

$$\frac{\omega_b}{\omega_0} = \sqrt{(1-2D^2) + \sqrt{(1-2D^2)^2+1}} = f_4(D) \qquad (8\text{-}23)$$

und

$$\varphi_b = \arctan\frac{2D\sqrt{(1-2D^2)+\sqrt{(1-2D^2)^2+1}}}{2D^2 - \sqrt{(1-2D^2)^2+1}} = f_5(D)\,. \qquad (8\text{-}24)$$

Weiterhin erhält man mit (8-21) aus (8-23)

$$\omega_b T_{a,50} = f_2(D) f_4(D) = f_6(D). \qquad (8\text{-}25)$$

Der Verlauf der Funktionen $f_1(D)$ bis $f_6(D)$ ist im Bild 8-5 dargestellt. Durch Approximation von $f_4(D), f_5(D)$ und $f_6(D)$ lassen sich dann folgende Faustformeln ableiten:

1. $\dfrac{\omega_b}{\omega_0} \approx 1{,}8 - 1{,}1D$ für $0{,}3 < D < 0{,}8$, (8-26)
2. $|\varphi_b| \approx \pi - 2{,}23D$ für $0 \leqq D \leqq 1{,}0$, (8-27)
(φ_b im Bogenmaß)
3. $\omega_b T_{a,50} \approx 2{,}3$ für $0{,}3 < D < 0{,}8$. (8-28)

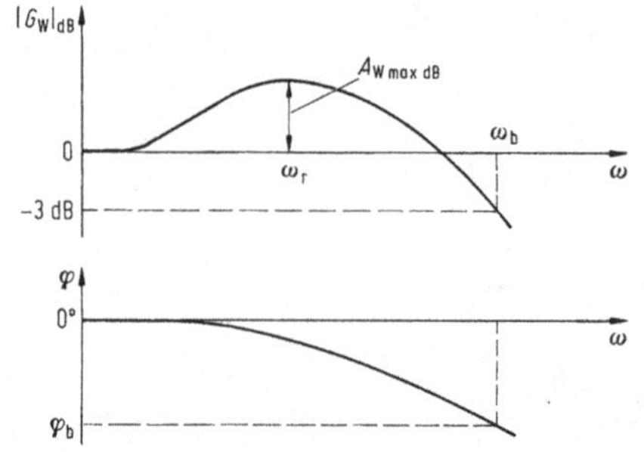

Bild 8-4. Bode-Diagramm des geschlossenen Regelkreises bei Führungsverhalten

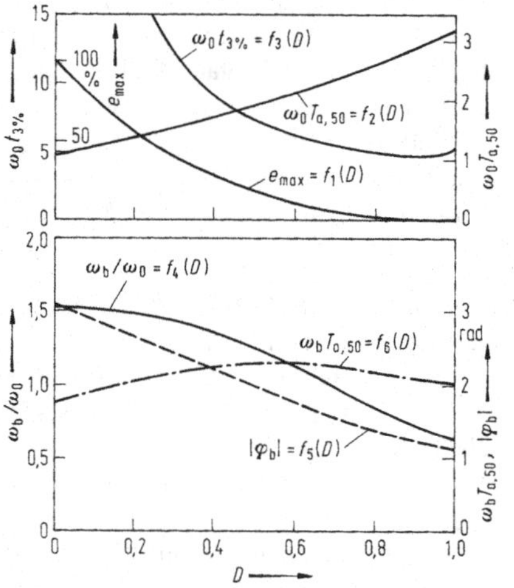

Bild 8-5. Abhängigkeit der Kenngrößen $f_1(D)$ bis $f_6(D)$ von der Dämpfung D des geschlossenen Regelkreises mit PT_2S-Verhalten

8.3.2 Kenndaten des offenen Regelkreises und deren Zusammenhang mit den Gütemaßen des geschlossenen Regelkreises im Zeitbereich

Im Folgenden wird davon ausgegangen, dass der offene Regelkreis Verzögerungsverhalten besitzt und somit ein Bode-Diagramm gemäß Bild 8-6 aufweist. Zur Beschreibung dieses Frequenzganges $G_0(j\omega)$ werden folgende Kenndaten verwendet: (a) Durchtrittsfrequenz ω_D, (b) Phasenrand φ_R und (c) Amplitudenrand $A_{R\,dB}$. Es sei wiederum angenommen, dass das dynamische Verhalten des geschlossenen Regelkreises angenähert durch ein dominierendes konjugiert komplexes Polpaar charakterisiert werden kann und somit durch (8-19) beschrieben wird. In diesem Fall folgt aus (8-19) als Übertragungsfunktion des offenen Regelkreises

$$G_0(s) = \frac{G_W(s)}{1 - G_W(s)} = \frac{\omega_0^2}{s(s + 2D\omega_0)} \,. \qquad (8\text{-}29)$$

Das zu (8-29) gehörende Bode-Diagramm weicht von dem in Bild 8-6 dargestellten wesentlich ab, da dieses offensichtlich keinen I-Anteil besitzt und von höherer als 2. Ordnung ist. In der Nähe der Durchtrittsfrequenz ω_D weisen allerdings beide Bode-Diagramme einen ähnlichen Verlauf auf und somit lässt sich $G_0(\mathrm{j}\omega)$ gemäß Bild 8-6 in der Nähe der Durchtrittsfrequenz ω_D durch (8-29) approximieren. Damit erhält die zugehörige Führungsübertragungsfunktion $G_W(s)$ ein dominierendes konjugiert komplexes Polpaar. Um die für ein System 2. Ordnung hergeleiteten Gütespezifikationen auch auf Regelsysteme höherer Ordnung übertragen zu können, sollte man daher beim Entwurf anstreben, dass deren Betragskennlinien $|G_0(\mathrm{j}\omega)|$ in der Nähe von ω_D mit etwa 20dB/Dekade abfallen. Für (8-29) ist dies nur erfüllt, wenn $\omega_D < \omega_0$ ist. Aus (8-29) erhält man mit der Bedingung $|G_0(\mathrm{j}\omega_D)| = 1$ die Kenngröße

$$\frac{\omega_D}{\omega_0} = \sqrt{\sqrt{4D^4 + 1} - 2D^2} = f_7(D) \,, \qquad (8\text{-}30)$$

aus der für $\omega_D < \omega_0$ schließlich die Bedingung $D > 0{,}42$ folgt. Wählt man also als Dämpfungsgrad einen Wert $D > 0{,}42$, dann ist gewährleistet, dass die Beitragskennlinie $|G_0|_{dB}$ des offenen Regelkreises in der Umgebung der Durchtrittsfrequenz ω_D mit 20 dB/Dekade abfällt. Außerdem zeigt Bild 8-7, dass für den geschlossenen Regelkreis gerade das Intervall $0{,}5 < D < 0{,}7$ einen Bereich günstiger Dämpfungswerte darstellt, da hierbei sowohl die Anstiegszeit als auch die maximale Überschwingweite vom Standpunkt der Regelgüte aus akzeptable Werte annehmen. Dies bedeutet aber andererseits, dass dann auch Phasen- und Amplitudenrand φ_R und $A_{R\,dB}$ günstige Werte besitzen. Die Durchtrittsfrequenz ω_D stellt ein wichtiges Gütemaß für das dynamische Verhalten des geschlossenen Regelkreises dar. Je größer ω_D, desto größer ist gewöhnlich die Bandbreite ω_b von $G_W(\mathrm{j}\omega)$ und desto schneller ist auch die Reaktion auf Sollwertänderungen.

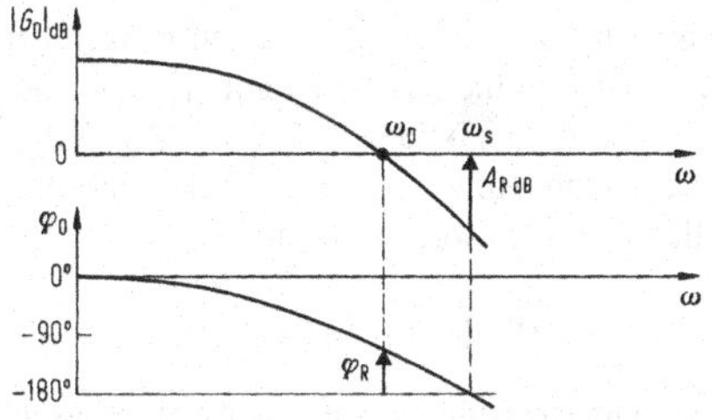

Bild 8-6. Bode-Diagramm des offenen Regelkreises

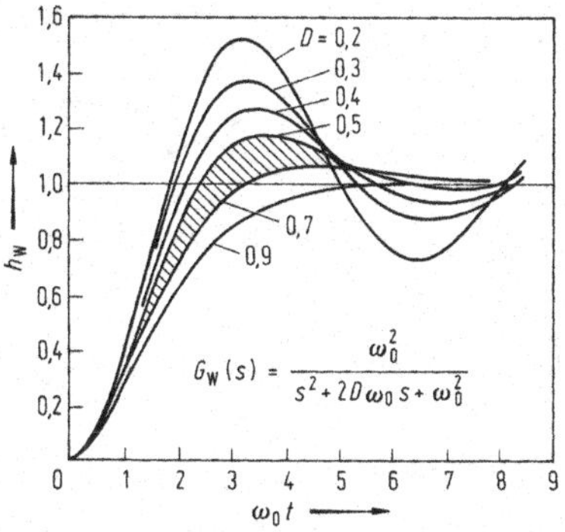

Bild 8-7. Übergangsfunktion $h_W(t)$ des geschlossenen Regelkreises mit PT_2S-Verhalten

Neben (8-30) lassen sich weitere wichtige Zusammenhänge zwischen den Kenndaten für das Zeitverhalten des geschlossenen Regelkreises und den Kenndaten für das Frequenzverhalten des offenen und damit teilweise auch des geschlossenen Regelkreises angeben. So folgt aus (8-30) unter Verwendung von (8-21) direkt

$$\omega_D T_{a,50} = f_2(D) f_7(D) = f_8(D) \,. \qquad (8\text{-}31)$$

Der Verlauf von $f_8(D)$ ist im Bild 8-8 dargestellt. Es lässt sich leicht nachprüfen, dass dieser Kurvenverlauf in guter Näherung im Bereich $0 < D < 1$ durch die Näherungsformel

$$\omega_D T_{a,50} \approx 1{,}5 - \frac{e_{max}[\text{in } \%]}{250} \qquad (8\text{-}32a)$$

oder

$$\omega_D T_{a,50} \approx 1{,}5 \quad \text{für} \quad e_{max} \leqq 20\% \quad \text{oder } D > 0{,}5 \qquad (8\text{-}32b)$$

beschrieben werden kann. Ein weiterer Zusammenhang ergibt sich aus der Durchtrittsfrequenz ω_D für

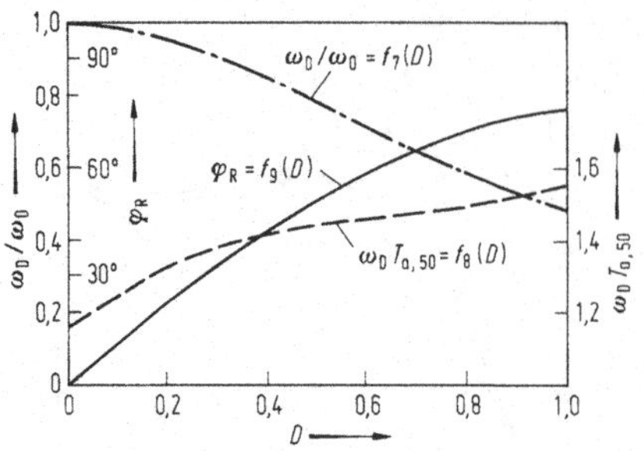

Bild 8-8. Abhängigkeit der Kenndaten $f_7(D)$ bis $f_9(D)$ von der Dämpfung D des geschlossenen Regelkreises mit PT_2S-Verhalten

den Phasenrand

$$\varphi_R = \arctan\left(2D\frac{\omega_0}{\omega_D}\right) = \arctan\left[2D\frac{1}{f_7(D)}\right] = f_9(D) \tag{8-33}$$

Bild 8-8 enthält den grafischen Verlauf dieser Funktion. Man kann hier durch Überlagerung von $f_9(D)$ mit $f_1(D)$ zeigen, dass im Bereich $0{,}3 \leqq D \leqq 0{,}8$, also für die hauptsächlich interessierenden Werte der Dämpfung, die Näherungsformel

$$\varphi_R\,[\text{in}\,^\circ] + e_{max}\,[\text{in}\,\%] \approx 70 \tag{8-34}$$

gilt.

8.3.3 Reglerentwurf nach dem Frequenzkennlinien-Verfahren

Ausgangspunkt dieses Verfahrens ist die Darstellung des Frequenzganges $G_0(j\omega)$ des offenen Regelkreises im Bode-Diagramm. Die zu erfüllenden Spezifikationen des geschlossenen Regelkreises werden zunächst als Kenndaten des offenen Regelkreises formuliert. Die eigentliche Syntheseaufgabe besteht dann darin, durch Wahl einer geeigneten Reglerübertragungsfunktion $G_R(s)$ den Frequenzgang des offenen Regelkreises so zu verändern, dass er die geforderten Kenndaten erfüllt. Das Verfahren läuft im Wesentlichen in folgenden Schritten ab:

1. Schritt: Gewöhnlich sind bei einer Syntheseaufgabe die Kenndaten für das Zeitverhalten des geschlossenen Regelkreises, also $e_{max}, T_{a,50}$ und e_∞ vorgegeben. Aufgrund dieser Werte werden mithilfe von Tabelle 5-1 der Verstärkungsfaktor K_0, aus der Faustformel für $\omega_D T_{a,50} \approx 1{,}5$ gemäß (8-32b) die Durchtrittsfrequenz ω_D und über (8-34) $\varphi_R\,[\text{in}\,^\circ] \approx 70 - e_{max}\,[\text{in}\,\%]$ der Phasenrand φ_R berechnet, sowie zweckmäßigerweise aus $f_1(D)$ der Dämpfungsgrad D bestimmt.

2. Schritt: Zunächst wird als Regler ein reines P-Glied gewählt, sodass der im 1. Schritt ermittelte Wert von K_0 eingehalten wird. Durch Einfügen weiterer geeigneter Reglerübertragungsglieder (oft auch als *Kompensations- oder Korrekturglieder* bezeichnet) verändert man G_0 so, dass man die übrigen im 1. Schritt ermittelten Werte ω_D und φ_R erhält, und dabei in der näheren Umgebung der Durchtrittsfrequenz ω_D der Amplitudenverlauf $|G_0(j\omega)|_{dB}$ mit etwa 20 dB/Dekade abfällt. Diese zusätzlichen Übertragungsglieder des Reglers werden meist in *Reihenschaltung* mit den übrigen Regelkreisgliedern angeordnet.

3. Schritt: Es muss nun geprüft werden, ob das ermittelte Ergebnis tatsächlich den geforderten Spezifikationen entspricht. Dies kann entweder durch Simulation an einem Rechner direkt durch Ermittlung der Größen von $e_{max}, T_{a,50}$ und e_∞ erfolgen oder indirekt unter Verwendung der Formeln zur Berechnung der Amplitudenüberhöhung $A_{W\,max} = 1/(2D\sqrt{1-D^2})$ und der Bandbreite $\omega_b \approx 2{,}3/T_{a,50}$. Diese Werte werden eventuell noch überprüft, indem man anhand der Frequenzkennlinien des offenen Regelkreises die Frequenzkennlinien des geschlossenen Regelkreises berechnet. Hieraus ist ersichtlich, dass dieses Verfahren nicht zwangsläufig im ersten Durchgang bereits den geeigneten Regler liefert. Es handelt sich hierbei vielmehr um ein systematisches Probierverfahren, das gewöhnlich erst bei mehrmaligem Wiederholen zu einem befriedigenden Ergebnis führt. Zum Entwurf des Reglers reichen bei diesem Verfahren die im Kapitel 5 vorgestellten Standardreglertypen gewöhnlich nicht mehr aus. Der Regler muss – wie oben bei Schritt 2 gezeigt wurde – aus verschiedenen Einzelübertragungsgliedern synthetisiert werden. Dabei sind die in 8.3.4 behandelten beiden Übertragungsglieder, die eine Phasenanhebung bzw. eine Phasenabsenkung ermöglichen, von besonderem Interesse.

8.3.4 Korrekturglieder für Phase und Amplitude

Derartige Übertragungsglieder, meist als Phasenkorrekturglieder bezeichnet, werden verwendet, um in gewissen Frequenzbereichen die Phase oder Amplitude anzuheben oder abzusenken. Die Übertragungsfunktion dieser Glieder ist

$$G_R(s) = \frac{1+Ts}{1+\alpha Ts} = \frac{1+\dfrac{s}{1/T}}{1+\dfrac{s}{1/(\alpha T)}} . \qquad (8\text{-}35)$$

Daraus ergibt sich für $s = j\omega$ der Frequenzgang

$$G_R(j\omega) = \frac{1+j\dfrac{\omega}{\omega_Z}}{1+j\dfrac{\omega}{\omega_N}} \qquad (8\text{-}36)$$

mit den beiden Eckfrequenzen

$$\omega_Z = \frac{1}{T} \quad \text{und} \quad \omega_N = \frac{1}{\alpha T} . \qquad (8\text{-}37a,b)$$

Hierbei gilt für das *phasenanhebende Glied* (Lead-Glied)

$$0 < \alpha < 1 \quad \text{und} \quad m_h = \frac{1}{\alpha} = \omega_N/\omega_Z > 1 .$$

und für das *phasenabsenkende Glied* (Lag-Glied)

$$\alpha > 1 \quad \text{und} \quad m_s = \alpha = \omega_Z/\omega_N > 1 .$$

Bild 8-9 zeigt für beide Übertragungsglieder das zugehörige Bode-Diagramm. Man erkennt leicht die Symmetrieeigenschaften beider Korrekturglieder, die eine gleichartige Darstellung mit den entsprechenden Kenngrößen gemäß Tabelle 8-4 und dem Phasendiagramm nach Bild 8-10 ermöglichen. Für beide Glieder wird die untere Eckfrequenz mit ω_u, die obere Eckfrequenz mit ω_o bezeichnet.

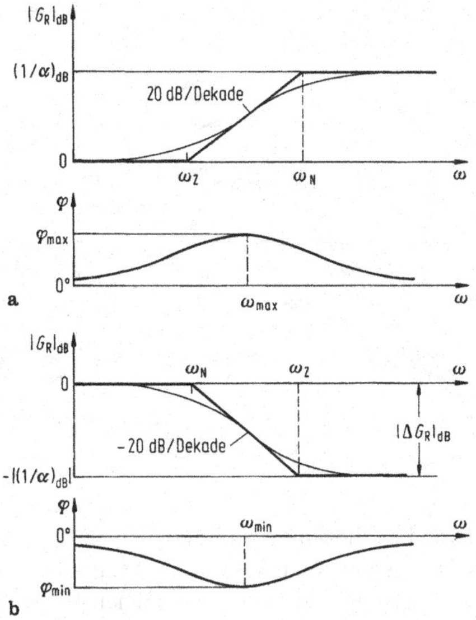

Bild 8-9. Bode-Diagramm **a** des phasenanhebenden und **b** des phasenabsenkenden Übertragungsgliedes

8.3.5 Reglerentwurf mit dem Wurzelortskurvenverfahren

Der Reglerentwurf mithilfe des Wurzelortskurvenverfahrens schließt unmittelbar an die Überlegungen in 8.3.1 an. Dort wurden die Forderungen an die Überschwingweite, die Anstiegszeit und die Ausregelzeit für den geschlossenen Regelkreis mit einem dominierenden Polpaar in Bedingungen für den Dämpfungsgrad D und die Eigenfrequenz ω_0 der zugehörigen Übertragungsfunktion $G_W(s)$ umgesetzt.

Tabelle 8-4. Gemeinsame Darstellung des phasenanhebenden und phasenabsenkenden Gliedes

Gemeinsame Kenngröße	phasenanhebendes Glied ($0 < \alpha < 1$)	phasenabsenkendes Glied ($\alpha > 1$)
m	$m_h = \dfrac{1}{\alpha}$	$m_s = \alpha$
ω_u	ω_Z	ω_N
ω_o	$m_h\omega_Z$	$m_s\omega_N$
φ	$\varphi > 0°$	$\varphi < 0°$
Extremwert des Phasenwinkels bei	$\omega_{max} = \omega_Z\sqrt{m_h}$	$\omega_{min} = \omega_N\sqrt{m_s}$
Extremwert der Amplitude	$\lvert\Delta G_R\rvert_{dB} = 20\lg m_h$	$\lvert\Delta G_R\rvert_{dB} = -20\lg m_s$

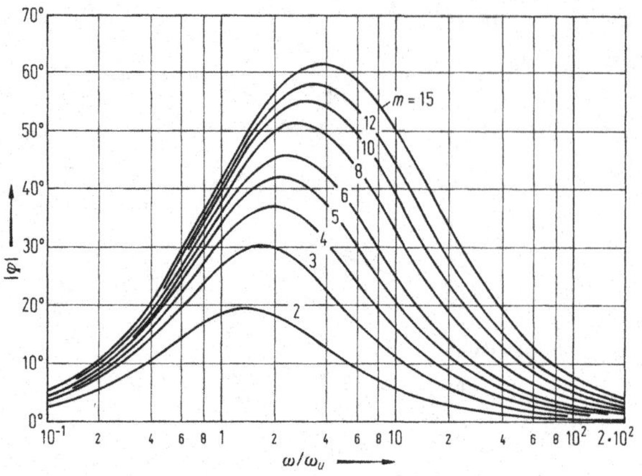

Bild 8-10. Phasendiagramm für Phasenkorrekturglieder

Mit D und ω_0 liegen aber unmittelbar die Pole der Übertragungsfunktion $G_W(s)$ fest. Es muss nun eine Übertragungsfunktion $G_0(s)$ des offenen Regelkreises so bestimmt werden, dass der geschlossene Regelkreis ein dominierendes Polpaar an der gewünschten Stelle erhält, die durch die Werte ω_0 und D vorgegeben ist. Einen solchen Ansatz bezeichnet man auch als *Polvorgabe.* Mit dem Wurzelortskurvenverfahren besitzt man ein grafisches Verfahren, mit dem eine Aussage über die Lage der Pole des geschlossenen Regelkreises gemacht werden kann. Es bietet sich an, das gewünschte dominierende Polpaar zusammen mit der Wurzelortskurve (WOK) des fest vorgegebenen Teils des Regelkreises in die komplexe s-Ebene einzuzeichnen und durch Hinzufügen von Pol- und Nullstellen des Reglers im offenen Regelkreis die WOK so zu verformen, dass zwei ihrer Äste bei einer bestimmten Verstärkung K_0 das gewünschte dominierende, konjugiert komplexe Polpaar schneiden. Bild 8-11 zeigt, wie man prinzipiell durch Hinzufügen eines Pols die WOK nach rechts und durch Hinzufügen einer Nullstelle die WOK nach links verformen kann.

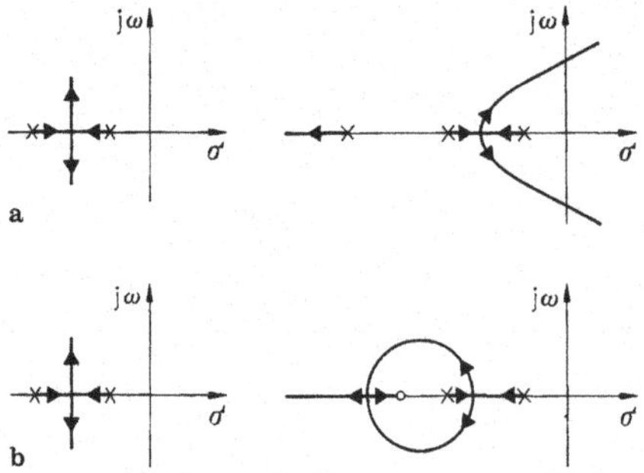

Bild 8-11. Verbiegen der Wurzelortskurve **a** nach rechts durch Hinzufügen eines zusätzlichen Pols, **b** nach links durch eine zusätzliche Nullstelle im offenen Regelkreis

8.4 Analytische Entwurfsverfahren

8.4.1 Vorgabe des Verhaltens des geschlossenen Regelkreises

Die gewünschte Führungsübertragungsfunktion $G_W(s) \overset{!}{=} K_W(s)$ des Regelkreises wird im einfachsten Falle durch

$$K_W(s) = \frac{\beta_0}{\beta_0 + \beta_1 s + \ldots + \beta_u s^u} \qquad (8\text{-}38)$$

festgelegt. Für einen derartigen Regelkreis existieren verschiedene Möglichkeiten, sogenannte *Standardformen*, um die Übergangsfunktion $h_W(t)$ sowie die Polverteilung von $K_W(s)$ bzw. die Koeffizienten des Nennerpolynoms $\beta(s)$ aus tabellarischen Darstellungen zu entnehmen [5]. Eine dieser Standardformen ist z. B. gegeben durch

$$K_W(s) = \frac{5^k(1+\varkappa^2)\omega_0^{k+2}}{(s+\omega_0+\mathrm{j}\varkappa\omega_0)(s+\omega_0-\mathrm{j}\varkappa\omega_0)(s+5\omega_0)^k}, \qquad (8\text{-}39)$$

also durch einen reellen k-fachen Pol ($k = u - 2$) und ein komplexes Polpaar. Tabelle 8-5 enthält für ver-

Tabelle 8-5. Übertragungsverhalten bei Vorgabe eines komplexen Polpaares und eines reellen k-fachen Pols für (8-39)

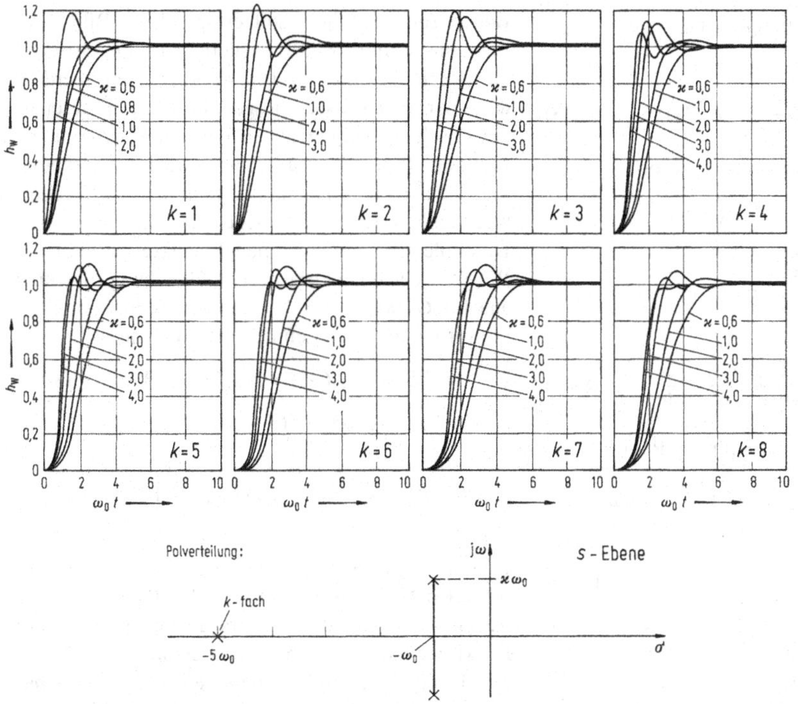

schiedene Werte von k und $\varkappa$ die zeitnormierten Übergangsfunktionen $h_W(\omega_0 t)$. Durch geeignete Wahl von k, $\varkappa$ und ω_0 lässt sich für zahlreiche Anwendungsfälle meist eine Führungsübertragungsfunktion finden, die die gewünschten Gütemaße im Zeitbereich erfüllt.

8.4.2 Das Verfahren nach Truxal-Guillemin [6]

Bei dem im Bild 8-12 dargestellten Regelkreis sei das Verhalten der Regelstrecke durch die gebrochen rationale Übertragungsfunktion

$$G_S(s) = \frac{d_0 + d_1 s + d_2 s^2 + \ldots + d_m s^m}{c_0 + c_1 s + c_2 s^2 + \ldots + c_n s^n} = \frac{D(s)}{C(s)} \qquad (8\text{-}40)$$

gegeben. Dabei sollen das Zähler- und Nennerpolynom $D(s)$ und $C(s)$ keine gemeinsamen Wurzeln besitzen; weiterhin sei $G_S(s)$ auf $c_n = 1$ normiert, und es gelte $m < n$. Zunächst wird angenommen, dass $G_S(s)$ stabil sei und minimales Phasenverhalten besitze. Für den zu entwerfenden Regler wird die Übertragungsfunktion

$$G_R(s) = \frac{b_0 + b_1 s + b_2 s^2 + \ldots + b_w s^w}{a_0 + a_1 s + a_2 a^2 + \ldots + a_z s^z} = \frac{B(s)}{A(s)} \qquad (8\text{-}41)$$

angesetzt und ebenfalls normiert mit $a_z = 1$. Aus Gründen der Realisierbarkeit des Reglers muss $w \leqq z$ gelten. Der Regler soll nun so entworfen werden, dass sich der geschlossene Regelkreis entsprechend einer gewünschten, vorgegebenen Führungsübertragungsfunktion

$$K_W(s) = \frac{\alpha_0 + \alpha_1 s + \ldots + \alpha_v s^v}{\beta_0 + \beta_1 s + \ldots + \beta_u s^u} = \frac{\alpha(s)}{\beta(s)} \quad u > v \qquad (8\text{-}42)$$

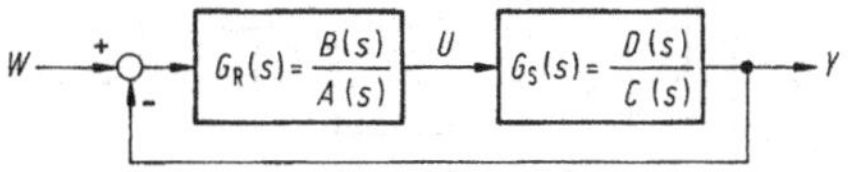

Bild 8-12. Blockschaltbild des zu entwerfenden Regelkreises

verhält, wobei $K_W(s)$ unter der Bedingung der Realisierbarkeit des Reglers frei wählbar sein soll. Aus der Führungsübertragungsfunktion des geschlossenen Regelkreises,

$$G_W(s) = \frac{G_R(s)G_S(s)}{1 + G_R(s)G_S(s)} \stackrel{!}{=} K_W(s)\,, \tag{8-43}$$

erhält man die Reglerübertragungsfunktion

$$G_R(s) = \frac{1}{G_S(s)} \cdot \frac{K_W(s)}{1 - K_W(s)} \tag{8-44}$$

oder mit den oben angegebenen Zähler- und Nennerpolynomen

$$G_R(s) = \frac{B(s)}{A(s)} = \frac{C(s)\alpha(s)}{D(s)[\beta(s) - \alpha(s)]}\,. \tag{8-45}$$

Die *Realisierbarkeitsbedingung* für den Regler

$$\operatorname{Grad} B(s) = w = n + v \leqq \operatorname{Grad} A(s) = z = u + m$$

liefert somit

$$u - v \geqq n - m\,. \tag{8-46}$$

Der Polüberschuss $(u - v)$ der gewünschten Übertragungsfunktion $K_W(s)$ für das Führungsverhalten des geschlossenen Regelkreises muss also größer oder gleich dem Polüberschuss $(n - m)$ der Regelstrecke sein. Im Rahmen dieser Forderung ist die Ordnung von $K_W(s)$ zunächst frei wählbar. Nach (8-44) enthält der Regler die reziproke Übertragungsfunktion $1/G_S(s)$ der Regelstrecke; es liegt hier also eine vollständige Kompensation der Regelstrecke vor. Dies lässt sich auch in einem Blockschaltbild veranschaulichen, wenn man in (8-44) $K_W(s)$ explizit als „Modell" einführt (Bild 8-13). Bei der physikalischen Realisierung des Reglers $G_R(s)$ ist natürlich von (8-45) auszugehen, da eine direkte Realisierung von $1/G_S(s)$ nicht möglich ist. Dieses Verfahren ist in erweiterter Form auch für minimalphasige und instabile Regelstrecken anwendbar [5].

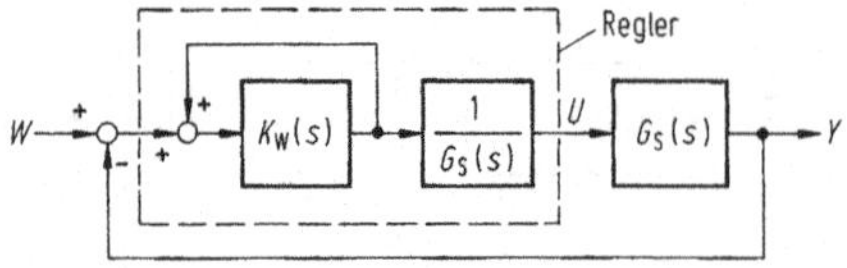

Bild 8-13. Kompensation der Regelstrecke

8.4.3 Algebraisches Entwurfsverfahren

Bei diesem Verfahren soll entsprechend Bild 8-12 für eine durch (8-40) beschriebene Regelstrecke ein Regler gemäß (8-41) so entworfen werden, dass der geschlossene Regelkreis sich nach einer gewünschten, vorgegebenen Führungsübertragungsfunktion, (8-42), verhält. Dabei wird die Ordnung von Zähler- und Nennerpolynom der Reglerübertragungsfunktion gleich groß gewählt $(w = z)$. Die Pole des geschlossenen Regelkreises sind die Wurzeln der charakteristischen Gleichung, die man aus $1 + G_R(s)G_S(s) = 0$ unter Berücksichtigung der in (8-40) und (8-41) definierten Polynome zu

$$\beta(s) = A(s)C(s) + B(s)D(s) = 0 \tag{8-47}$$

erhält. Daraus folgt mit (8-42)

$$\beta(s) = \beta_0 + \beta_1 s + \ldots + \beta_u s^u = \beta_u \prod_{i=1}^{u} (s - s_i) = 0\,. \tag{8-48}$$

Dieses Polynom besitzt die Ordnung $u = z + n$; seine Koeffizienten hängen von den Parametern der Regelstrecke und des Reglers ab und sind lineare Funktionen der gesuchten Reglerparameter. Andererseits ergeben sich die Koeffizienten β_i unmittelbar aus den vorgegebenen Polen s_i des geschlossenen Regelkreises. Der Koeffizientenvergleich von (8-47) und (8-48) liefert die eigentlichen *Synthesegleichungen*, nämlich ein lineares Gleichungssystem für die $2z + 1$ unbekannten Reglerkoeffizienten $a_0, a_1, \ldots, a_{z-1}, b_0, b_1, \ldots, b_z$:

$$\begin{aligned}\beta_i &= b_0 d_i + b_1 d_{i-1} + \ldots + b_w d_{i-w}\\ &\quad + a_0 c_i + a_1 c_{i-1} + \ldots + a_z c_{i-z}\,,\end{aligned} \tag{8-49}$$

wobei $d_k = 0$ für $k < 0$ und $k > m, c_k = 0$ für $k < 0$ und $k > n$ sowie $w = z$ nach Voraussetzung gilt. Die Zahl der Gleichungen ist $u = z + n$. Daraus ergibt sich als Bedingung für die eindeutige Auflösbarkeit die Ordnung des Reglers zu $z = n - 1$.

Für Regelstrecken mit integralem Verhalten genügt die Reglerordnung $z = n - 1$; bei Regelstrecken mit proportionalem Verhalten, oder wenn Störgrößen am Eingang integraler Regelstrecken berücksichtigt werden müssen, sollte die Verstärkung des Reglers beeinflussbar sein. Dies geschieht dadurch, dass man die Reglerordnung um 1 erhöht, d. h. $z = n$ setzt, sodass das Gleichungssystem unterbestimmt wird. Der so erzielte zusätzliche Freiheitsgrad erlaubt nun eine freie Wahl der Reglerverstärkung K_R, die zweckmäßig als reziproker Verstärkungsfaktor eingeführt wird:

$$1/K_R = c_R = a_0/b_0 \,. \tag{8-50}$$

Allerdings erhöht sich damit auch die Ordnung des geschlossenen Regelkreises; sie ist jetzt doppelt so groß wie die Ordnung der Regelstrecke.

a) Berücksichtigung der Nullstellen des geschlossenen Regelkreises

Bei dem oben beschriebenen Vorgehen ergeben sich die Nullstellen der Führungsübertragungsfunktion

$$K_W(s) \stackrel{!}{=} G_W(s) = \frac{B(s)D(s)}{A(s)C(s) + B(s)D(s)} \tag{8-51}$$

von selbst. Zwar können die Nullstellen der Regelstrecke, also die Wurzeln von $D(s)$, bei der Wahl der Polverteilung berücksichtigt und eventuell kompensiert werden, das Polynom $B(s)$ entsteht aber erst beim Reglerentwurf und muss nachträglich beachtet werden. Dies geschieht am einfachsten dadurch, dass man vor den geschlossenen Regelkreis, also in die Wirkungslinie der Führungsgröße, entsprechend Bild 8-14a ein Korrekturglied (Vorfilter) mit der Übertragungsfunktion

$$G_K(s) = c_K/B_K(s) \tag{8-52}$$

schaltet, mit dem sich die Nullstellen des Reglers und der Regelstrecke kompensieren lassen. Dies lässt sich

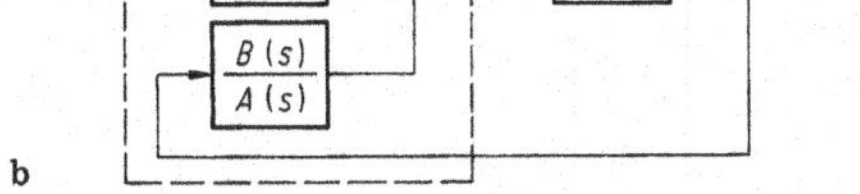

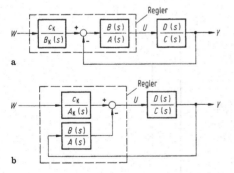

Bild 8-14. Kompensation der Reglernullstellen **a** mit Regler im Vorwärtszweig und **b** mit Regler im Rückkopplungszweig

aus Stabilitätsgründen allerdings nur für Nullstellen durchführen, deren Realteil negativ ist. Bezeichnet man die Teilpolynome von $B(s)$ und $D(s)$, deren Wurzeln in der linken s-Halbebene liegen als $B^+(s)$ und $D^+(s)$ sowie die Teilpolynome, deren Wurzeln in der rechten s-Halbebene bzw. auf der imaginären Achse liegen entsprechend als $B^-(s)$ und $D^-(s)$, so lassen sich die Zählerpolynome $B(s)$ und $D(s)$ wie folgt aufspalten:

$$B(s) = B^-(s)B^+(s) \quad \text{und} \quad D(s) = D^-(s)D^+(s) \,.$$

Für den Fall, dass $B(s)$ und $C(s)$ sowie $A(s)$ und $D(s)$ teilerfremd sind, also im geschlossenen Regelkreis der Regler weder Pol- noch Nullstellen der Regelstrecke kompensiert, lässt sich das Nennerpolynom der Übertragungsfunktion des Korrekturgliedes wie folgt bestimmen:

$$B_K(s) = B^+(s)D^+(s) \,. \tag{8-53}$$

Damit erhält man als Führungsübertragungsfunktion

$$G_W(s) = \frac{c_K B^-(s)D^-(s)}{A(s)C(s) + B(s)D(s)} \,. \tag{8-54}$$

Wenn sowohl der Regler als auch die Regelstrecke minimalphasiges Verhalten und deren Übertragungsfunktionen keine Nullstellen auf der imaginären Achse aufweisen, lassen sich sämtliche Nullstellen des geschlossenen Regelkreises kompensieren, sodass man anstelle von (8-54) die Beziehung

$$G_W(s) = \frac{c_K}{A(s)C(s) + B(s)D(s)} \tag{8-55}$$

erhält. Soll der geschlossene Regelkreis auch vorgegebene Nullstellen enthalten, so ist in der Übertragungsfunktion $G_K(s)$ des Korrekturgliedes ein entsprechendes Zählerpolynom vorzusehen. Der Zählerkoeffizient c_K des Korrekturgliedes dient dazu, den Verstärkungsfaktor K_W der Führungsübertragungsfunktion $G_W(s)$ gleich 1 zu machen. Dies erreicht man mit

$$c_K = \beta_0/(b_0^- d_0^-) \,. \tag{8-56}$$

Im Falle eines Reglers mit I-Anteil wird $a_0 = 0$ und $c_R = 0$. Dann folgt direkt

$$c_K = b_0^+ d_0^+ \,. \tag{8-57}$$

Wird der Regler gemäß Bild 8-14b in den *Rückkopplungszweig* des Regelkreises geschaltet, so ändert das am Eigenverhalten des so entstandenen Systems gegenüber dem der Konfiguration nach Bild 8-14a nichts. Allerdings erscheinen nun nicht mehr die Nullstellen der Übertragungsfunktion des Reglers, sondern deren Polstellen als Nullstellen in der Übertragungsfunktion des geschlossenen Regelkreises. Es gelten jetzt analoge Überlegungen bei der Bestimmung des Nennerpolynoms in der Übertragungsfunktion des Korrekturgliedes

$$A_{\mathrm{K}}(s) = A^{+}(s)D^{+}(s)\,. \tag{8-58}$$

Als Führungsübertragungsfunktion erhält man

$$G_{\mathrm{W}}(s) = \frac{c_{\mathrm{K}}A^{-}(s)D^{-}(s)}{A(s)C(s) + B(s)D(s)}\,, \tag{8-59}$$

wobei für einen proportional wirkenden Regler

$$c_{\mathrm{K}}(s) = \beta_0 / \left(a_0^{-} d_0^{-}\right) \tag{8-60}$$

gilt. Es sei darauf hingewiesen, dass für einen integrierenden Regler im Rückkopplungszweig keine Führungsregelung realisierbar ist.

b) Lösung der Synthesegleichungen

Das durch (8-49) beschriebene Gleichungssystem kann leicht in Matrixschreibweise dargestellt werden. Dabei werden die gesuchten Reglerparameter in einem Parametervektor zusammengefasst. Für *integrale Regelstrecken* ($c_0 = 0$) mit der Reglerordnung $z = n - 1$ und Normierung $c_n = 1$ lautet damit das Synthese-Gleichungssystem:

$$\left[\begin{array}{cccccc|cccccc}
d_0 & & & & & & 0 & & & & & \\
d_1 & d_0 & & \mathbf{0} & & & c_1 & 0 & & & \mathbf{0} & \\
d_2 & d_1 & d_0 & & & & c_2 & c_1 & 0 & & & \\
\vdots & \vdots & \ddots & \ddots & & & \vdots & \vdots & & \ddots & \ddots & \\
 & & & & & & c_{n-2} & c_{n-3} & \dots & c_1 & 0 & \\
d_{n-1} & d_{n-2} & & & d_1 & d_0 & c_{n-1} & c_{n-2} & \dots & c_2 & c_1 & \\
\hline
0 & d_{n-1} & d_{n-2} & \dots & d_1 & & 1 & c_{n-1} & c_{n-2} & \dots & c_2 & \\
 & & d_{n-1} & \dots & d_2 & & & 1 & c_{n-1} & \dots & c_3 & \\
 & & & & & & & & \ddots & & \ddots\ \vdots & \\
 & \mathbf{0} & & \ddots & \vdots & & & \mathbf{0} & & & c_{n-1} & \\
 & & & & d_{n-1} & & & & & & 1 &
\end{array}\right]
\left[\begin{array}{c}
b_0 \\ b_1 \\ b_2 \\ \vdots \\ b_{n-2} \\ b_{n-1} \\ \hline a_0 \\ a_1 \\ \vdots \\ a_{n-3} \\ a_{n-2}
\end{array}\right]
=
\left[\begin{array}{c}
\beta_0 \\ \beta_1 \\ \beta_2 \\ \vdots \\ \beta_{n-2} \\ \beta_{n-1} \\ \hline \beta_n \\ \beta_{n+1} \\ \vdots \\ \beta_{2n-3} \\ \beta_{2n-2}
\end{array}\right]
-
\left[\begin{array}{c}
0 \\ 0 \\ 0 \\ \vdots \\ 0 \\ 0 \\ \hline c_1 \\ c_2 \\ \vdots \\ c_{n-2} \\ c_{n-1}
\end{array}\right]
\tag{8-61a}$$

und

$$a_{n-1} = \beta_u\,. \tag{8-61b}$$

Für *Regelstrecken mit proportionalem Verhalten* oder bei Störungen am Eingang integraler Regelstrecken, bei der man die Reglerordnung auf $z = n$ erhöht, erhält man mit den Beziehungen

$$a_0 = c_{\mathrm{R}} b_0 \quad \text{und} \quad b_0 = \beta_0 / (d_0 + c_{\mathrm{R}} c_0)$$

das Synthese-Gleichungssystem

$$\left[\begin{array}{ccccc|ccccc}
d_0 & & & & & c_0 & & & & \\
d_1 & d_0 & & \mathbf{0} & & c_1 & c_0 & & \mathbf{0} & \\
d_2 & d_1 & d_0 & & & c_2 & c_1 & c_0 & & \\
\vdots & \ddots & \ddots & & & \vdots & & & \ddots & \\
 & & & & & & & & & c_0 \\
d_{n-1} & d_{n-2} & \ldots & d_1 & d_0 & c_{n-1} & c_{n-2} & & \ldots & c_1 \\
\hline
0 & d_{n-1} & d_{n-2} & \ldots & d_1 & 1 & c_{n-1} & & \ldots & c_2 \\
 & & & & & & 1 & & & \\
 & & \ddots & & \vdots & & & \ddots & \ddots & \vdots \\
 & \mathbf{0} & & & & & \mathbf{0} & & & c_{n-1} \\
 & & & & d_{n-1} & & & & & 1
\end{array}\right]
\left[\begin{array}{c} b_1 \\ b_2 \\ b_3 \\ \vdots \\ \\ b_n \\ \hline a_1 \\ a_2 \\ \vdots \\ \\ a_{n-1} \end{array}\right]
=
\left[\begin{array}{c} \beta_1 \\ \beta_2 \\ \beta_3 \\ \vdots \\ \\ \beta_n \\ \hline \beta_{n+1} \\ \\ \vdots \\ \\ \beta_{2n-1} \end{array}\right]
- b_0
\left[\begin{array}{c} d_1 + c_R c_1 \\ d_2 + c_R c_2 \\ \\ \vdots \\ d_{n-1} + c_R c_{n-1} \\ c_R \\ \hline 0 \\ \\ \vdots \\ \\ 0 \end{array}\right]
-
\left[\begin{array}{c} 0 \\ 0 \\ \\ \vdots \\ 0 \\ c_0 \\ \hline c_1 \\ \\ \vdots \\ \\ c_{n-1} \end{array}\right]
\qquad (8\text{-}62\text{a})$$

und

$$a_n = \beta_u \,. \qquad (8\text{-}62\text{b})$$

Die Matrizen jeweils der linken Seiten von (8-61a) und (8-62a) sind regulär. Damit sind die Synthesegleichungen eindeutig lösbar. Die Lösung kann bei Systemen niedriger Ordnung noch von Hand durchgeführt werden, zweckmäßigerweise wird aber die numerische Progammiersprache MATLAB hierzu verwendet.

9 Nichtlineare Regelsysteme

9.1 Allgemeine Eigenschaften nichtlinearer Regelsysteme

Die *Einteilung* nichtlinearer Übertragungssysteme erfolgt entweder nach mathematischen Gesichtspunkten (Form der das Regelsystem beschreibenden Differenzialgleichung) oder nach den wichtigsten nichtlinearen Eigenschaften, die insbesondere bei technischen Systemen auftreten. Hierzu zählen die stetigen und nichtstetigen nichtlinearen *Systemkennlinien*, die in Tabelle 9-1 zusammengestellt sind. Dabei unterscheidet man zwischen eindeutigen Kennlinien (z. B. die Fälle 1 bis 4) und doppeldeutigen Kennlinien (z. B. die Fälle 5 bis 7). Die Kennlinien können symmetrisch oder unsymmetrisch zur x_e-Achse sein. Oftmals empfiehlt sich auch eine Unterteilung in *ungewollte* und *gewollte Nichtlinearitäten.* Zur Behandlung nichtlinearer Regelkreise, insbesondere zur Stabilitätsanalyse eignen sich – in Anbetracht des Fehlens einer allgemeinen Theorie – folgende spezielle Methoden:

a) Methode der harmonischen Linearisierung,
b) Methode der Phasenebene,
c) Zweite Methode von Ljapunow sowie das
d) Stabilitätskriterium von Popov.

Im Übrigen wird man oft bei der Analyse und Synthese nichtlinearer Systeme direkt von der Darstellung im Zeitbereich ausgehen, d. h., man muss versuchen, die Differenzialgleichungen zu lösen. Hierbei ist die *Simulation*, z. B. mittels *Simulink* einer blockorientiertnen grafischen Erweiterung der numerischen Programmiersprache MATLAB ein wichtiges Hilfsmittel.

9.2 Regelkreis mit Zwei- und Dreipunktreglern

Während bei einem stetig arbeitenden Regler die Reglerausgangsgröße im zulässigen Bereich jeden beliebigen Wert annehmen kann, stellt sich bei Zwei- oder Dreipunktreglern gemäß Bild 9-1 die Reglerausgangsgröße jeweils nur auf zwei oder drei bestimmte Werte (Schaltzustände) ein. Bei einem Zweipunktregler können dies z. B. die beiden Stellungen „Ein“ und „Aus“ eines Schalters sein, bei einem Dreipunktregler z. B. die drei Schaltzustände „Vorwärts“, „Rückwärts“ und „Ruhestellung“ zur Ansteuerung eines Stellgliedes in Form eines Motors.

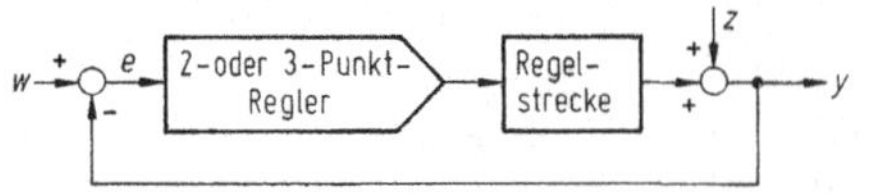

Bild 9-1. Regelkreis mit Zwei- oder Dreipunktregler

Somit werden diese Regler durch einfache Schaltglieder realisiert, deren Kennlinien in Tabelle 9-1 enthalten sind. Zweipunktregler werden häufig bei einfachen Temperatur- oder Druckregelungen (z. B. Bügeleisen, Pressluftkompressoren u. a.) verwendet. Dreipunktregler eignen sich hingegen zur Ansteuerung von Motoren, die als Stellantriebe in zahlreichen Regelkreisen eingesetzt werden. Ein typisches Kennzeichen der Arbeitsweise dieser Regler, insbesondere der Zweipunktregler, ist, dass sie bei Erreichen des Sollwertes kleine periodische Schwingungen (auch Arbeitsbewegung genannt) um diesen herum ausführen. Damit diese stabile Arbeitsbewegung zustande kommt und keine zu hohe Schalthäufigkeit auftritt, dürfen reine Zweipunktregler entweder nur mit totzeitbehafteten Regelstrecken zusammengeschaltet werden, oder aber das Zweipunktverhalten muss durch eine möglichst einstellbare Hysteresekennlinie erweitert werden.

Regelkreise mit einem Zwei- oder Dreipunktregler werden auch als *Relaissysteme* bezeichnet. Gemäß Bild 9-2 können diese Reglertypen zusätzlich auch durch eine innere Rückführung mit einem einstellbaren Zeitverhalten versehen werden. Das Rückführnetzwerk ist dabei linear. Die so entstehenden Regler weisen annähernd das Verhalten linearer Regler mit PI-, PD- und PID-Verhalten auf. Daher werden sie oft als *quasistetige Regler* bezeichnet. Diese Reglertypen besitzen näherungsweise folgende Übertragungsfunktionen [1]:

a) Zweipunktregler mit verzögerter Rückführung (PD-Verhalten): Nach Bild 9-2a gilt

$$G_R(s) \approx \frac{1}{K_R}(1 + T_r s)\,. \tag{9-1}$$

b) Zweipunktregler mit verzögert-nachgebender Rückführung (PID-Verhalten): Nach Bild 9-2b gilt

$$G_R(s) \approx \frac{T_{r1} + T_{r2}}{K_R T_{r1}} \cdot \left[1 + \frac{1}{(T_{r1} + T_{r2})s} + \frac{T_{r1}T_{r2}}{T_{r1} + T_{r2}}s\right]. \tag{9-2}$$

Tabelle 9-1. Zusammenstellung der wichtigsten nichtlinearen Regelkreisglieder

1	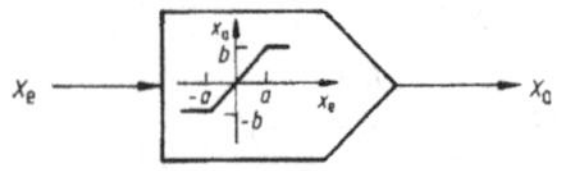 Begrenzung
2	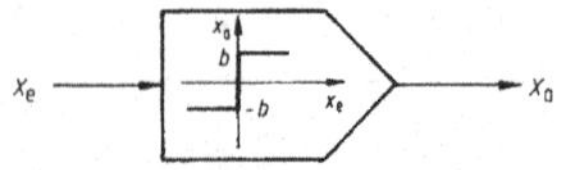 Zweipunktverhalten
3	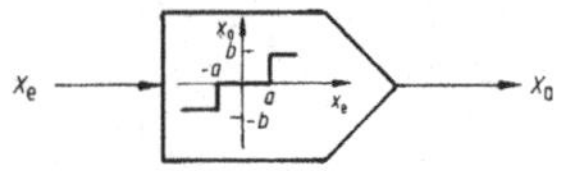 Dreipunktverhalten
4	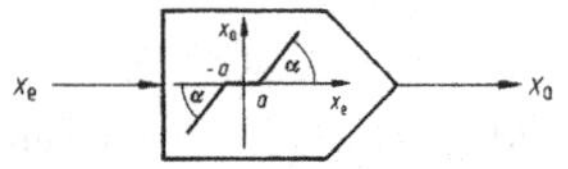 Tote Zone
5	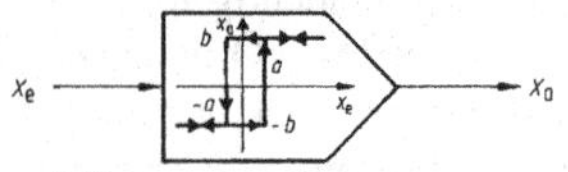 Hystereseverhalten
6	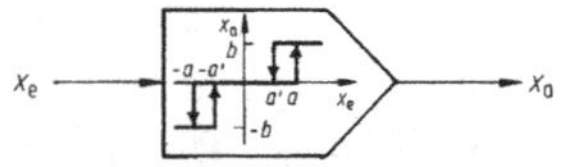 Dreipunktverhalten mit Hysterese
7	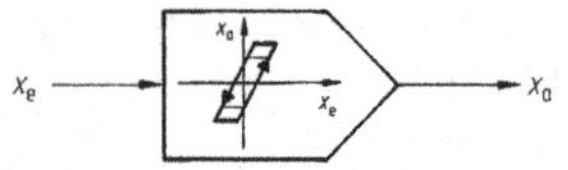 Getriebelose
8	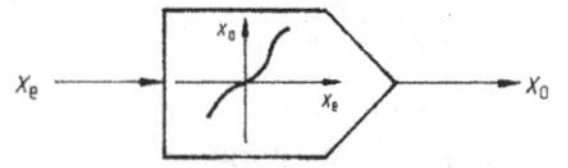 Beliebige nichtlineare Kennlinie
9	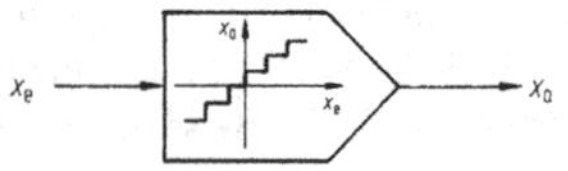 Quantisierung
10	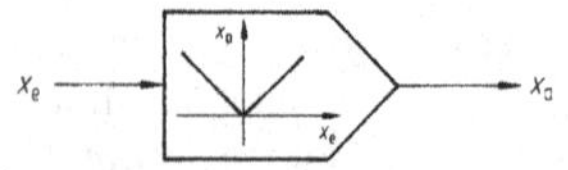 Betragsbildung

Tabelle 9-1. (Fortsetzung)

11	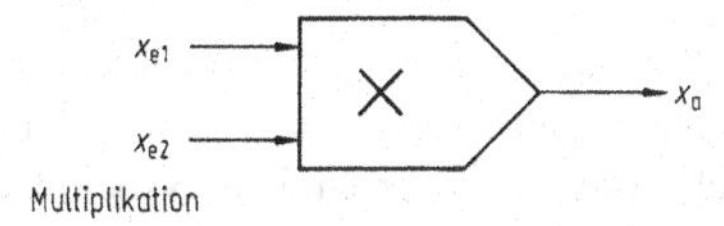
12	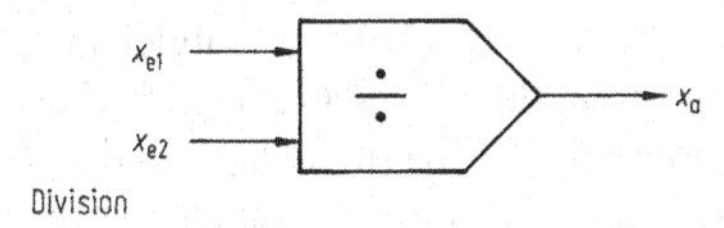

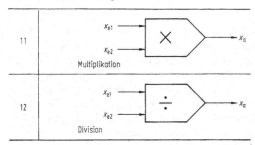

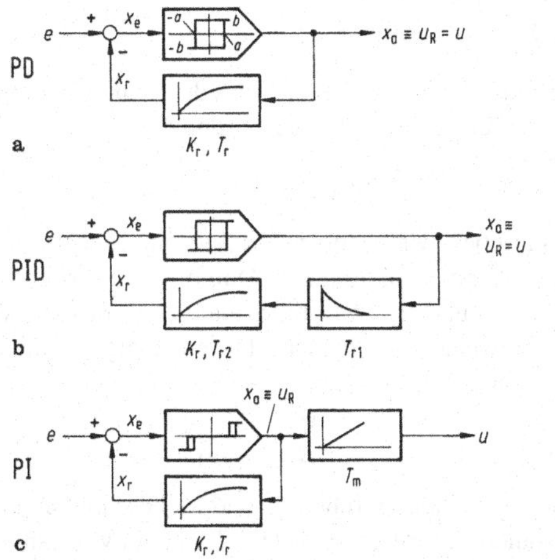

Bild 9-2. Die wichtigsten Zwei- und Dreipunktregler mit interner Rückführung

c) Dreipunktregler mit verzögerter Rückführung und nachgeschaltetem integralem Stellglied (PI-Verhalten): Nach Bild 9-2c gilt

$$G_R(s) \approx \frac{1}{G_r(s)} G_m(s) = \frac{T_r}{K_r T_m}\left(1 + \frac{1}{T_r s}\right) . \quad (9\text{-}3)$$

9.3 Analyse nichtlinearer Regelsysteme mithilfe der Beschreibungsfunktion

9.3.1 Definition der Beschreibungsfunktion

Nichtlineare Systeme sind unter anderem wesentlich dadurch gekennzeichnet, dass ihr Stabilitätsverhalten – im Gegensatz zu dem linearer Systeme – von den Anfangsbedingungen bzw. von der Erregung abhängig ist. Es gibt gewöhnlich stabile und instabile Zustände eines nichtlinearen Systems. Dazwischen existieren bestimmte stationäre Dauerschwingungen oder Eigenschwingungen, die man als *Grenzschwingungen* bezeichnet, weil unmittelbar benachbarte Einschwingvorgänge für $t \to \infty$ von denselben entweder weglaufen oder auf sie zustreben. Diese Grenzschwingungen können stabil, instabil oder semistabil sein. Zum Beispiel stellt die „Arbeitsbewegung" von Zwei- und Dreipunktreglern eine stabile Grenzschwingung dar. Das Verfahren der harmonischen Linearisierung, oft auch als Verfahren der harmonischen Balance bezeichnet, dient nun dazu, bei nichtlinearen Regelkreisen zu klären, ob solche Grenzschwingungen auftreten können, welche Frequenz und Amplitude sie haben und ob sie stabil oder instabil sind. Es handelt sich – dies sei ausdrücklich betont – um ein Näherungsverfahren zur Untersuchung des Eigenverhaltens nichtlinearer Regelkreise.

Bei diesem Verfahren wird für das nichtlineare Regelkreiselement die *Beschreibungsfunktion* als eine Art „Ersatzfrequenzgang" eingeführt. Erregt man ein nichtlineares Übertragungsglied mit ursprungssymmetrischer Kennlinie am Eingang sinusförmig, so ist das Ausgangssignal eine periodische Funktion mit derselben Frequenz, jedoch keine Sinusschwingung. Bezieht man die Grundschwingung des Ausgangssignals $x_a(t)$ – wie bei der Bildung des Frequenzganges – auf das sinusförmige Eingangssignal $x_e(t) = \hat{x}_e \sin \omega t$, so erhält man die Beschreibungsfunktion $N(\hat{x}_e, \omega)$. In der komplexen Ebene ist die Beschreibungsfunktion als eine Schar von Ortskurven mit $\hat{x}_e$ und ω als Parameter darstellbar. Betrachtet man jedoch nur statische Nichtlinearitäten, so ist deren Beschreibungsfunktion frequenzunabhängig und durch *eine* Ortskurve $N(\hat{x}_e)$ darstellbar. Die Beschreibungsfunktionen sind für zahlreiche einfache Kennlinien tabelliert [2].

9.3.2 Stabilitätsuntersuchung mittels der Beschreibungsfunktion

Die Methode der harmonischen Linearisierung stellt ein Näherungsverfahren zur Untersuchung von Frequenz und Amplitude der Dauerschwingungen in nichtlinearen Regelkreisen dar, die *ein* nichtlineares Übertragungsglied enthalten bzw. auf eine solche

Struktur zurückgeführt werden können. Geht man davon aus, dass die linearen Übertragungsglieder – bedingt durch die meist vorhandene Tiefpasseigenschaft – die durch das nichtlineare Glied bedingten Oberwellen der Stellgröße u unterdrücken, dann kann – ähnlich wie für lineare Regelkreise – eine „charakteristische Gleichung“

$$N(\hat{x}_e)G(j\omega) + 1 = 0\,, \qquad (9\text{-}4)$$

auch Gleichung der harmonischen Balance genannt, aufgestellt werden. Diese Gleichung beschreibt die Bedingung für Dauerschwingungen oder Eigenschwingungen. Jedes Wertepaar $\hat{x}_e = x_G$ und $\omega = \omega_G$ das (9-4) erfüllt, beschreibt eine Grenzschwingung des geschlossenen Kreises mit der Frequenz ω_G und der Amplitude x_G. Die Bestimmung solcher Wertepaare (x_G, ω_G) aus dieser Gleichung kann analytisch oder grafisch erfolgen. Bei der grafischen Lösung benutzt man das *Zweiortskurvenverfahren*, wobei (9-4) auf die Form

$$N(\hat{x}_e) = -\frac{1}{G(j\omega)} \qquad (9\text{-}5)$$

gebracht wird. In der komplexen Ebene stellt man nun die beiden Ortskurven $N(\hat{x}_e)$ und $-1/G(j\omega)$ dar. Durch deren Schnittpunkt ist die Grenzschwingung gegeben. Die Frequenz ω_G der Grenzschwingung wird an der Ortskurve des linearen Systemteils, die Amplitude x_G an der Ortskurve der Beschreibungsfunktion abgelesen. Besitzen beide Ortskurven keinen gemeinsamen Schnittpunkt, so gibt es keine Lösung von (9-4) und es existiert keine Grenzschwingung des Systems. Allerdings gibt es aufgrund methodischer Fehler des hier betrachteten Näherungsverfahrens Fälle, in denen das Nichtvorhandensein von Schnittpunkten beider Ortskurven sogar zu qualitativ falschen Resultaten führt [2].

Ein Schnittpunkt der beiden Ortskurven stellt gewöhnlich eine *stabile Grenzschwingung* dar, wenn mit wachsendem $\hat{x}_e$ der Betrag der Beschreibungsfunktion abnimmt. Eine *instabile Grenzschwingung* ergibt sich, wenn $|N(\hat{x}_e)|$ mit $\hat{x}_e$ zunimmt. Diese Regel gilt nicht generell, ist jedoch in den meisten praktischen Fällen anwendbar. Sie gilt insbesondere bei mehreren Schnittpunkten (mit verschiedenen ω-Werten) nur für denjenigen mit dem kleinsten ω-Wert.

9.4 Analyse nichtlinearer Regelsysteme in der Phasenebene

Die Analyse nichtlinearer Regelsysteme im Frequenzbereich ist, wie oben gezeigt wurde, nur mit mehr oder weniger groben Näherungen möglich. Um exakt zu arbeiten, muss man im Zeitbereich bleiben, also die Differenzialgleichungen des Systems unmittelbar benutzen. Hierbei eignet sich besonders die Beschreibung in der *Phasen-* oder *Zustandsebene* als zweidimensionalem Sonderfall des Zustandsraumes [3].

9.4.1 Zustandskurven

Es sei ein System betrachtet, das durch die gewöhnliche Differenzialgleichung 2. Ordnung

$$\ddot{y} - f(y, \dot{y}, u) = 0 \qquad (9\text{-}6)$$

beschrieben wird, wobei $f(y, \dot{y}, u)$ eine lineare oder nichtlineare Funktion sei. Durch die Substitution $x_1 \equiv y$ und $x_2 \equiv \dot{y}$ führt man (9-6) in ein System zweier simultaner Differenzialgleichungen 1. Ordnung

$$\left.\begin{aligned} \dot{x}_1 &= x_2 \\ \dot{x}_2 &= f(x_1, x_2, u) \end{aligned}\right\} \qquad (9\text{-}7)$$

über. Die beiden Größen x_1 und x_2 beschreiben den Zustand des Systems in jedem Zeitpunkt vollständig. Trägt man in einem rechtwinkligen Koordinatensystem x_2 als Ordinate über x_1 als Abszisse auf, so stellt jede Lösung $y(t)$ der Systemgleichung (9-6) eine Kurve in dieser Zustands- oder Phasenebene dar, die der Zustandspunkt (x_1, x_2) mit einer bestimmten Geschwindigkeit durchläuft (Bild 9-3a). Man

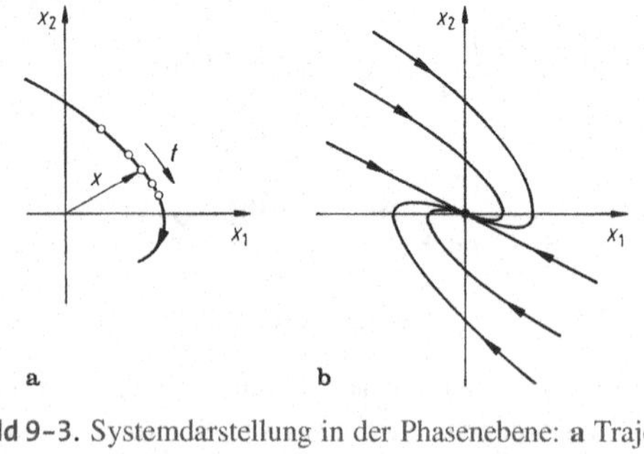

Bild 9-3. Systemdarstellung in der Phasenebene: **a** Trajektorie mit Zeitkodierung, **b** Phasenporträt

bezeichnet diese Kurve als *Zustandskurve, Phasenbahn* oder auch als *Trajektorie.* Wichtig ist, dass zu jedem Punkt der Zustandsebene bei gegebenem $u(t)$ eine eindeutige Trajektorie gehört. Insbesondere für $u(t) = 0$ beschreiben die Trajektorien das Eigenverhalten des Systems. Zeichnet man von verschiedenen Anfangsbedingungen (x_{10}, x_{20}) aus die Phasenbahnen, so erhält man eine Kurvenschar, das *Phasenporträt* (Bild 9-3b). Damit ist zwar der entsprechende Zeitverlauf von $y(t)$ nicht explizit bekannt, er lässt sich jedoch leicht aus (9-7) berechnen. Allgemein besitzen Zustandskurven folgende Eigenschaften [2]:

1. Jede Trajektorie verläuft in der *oberen* Hälfte der Phasenebene ($x_2 > 0$) *von links nach rechts* und in der *unteren* Hälfte der Phasenebene ($x_2 < 0$) *von rechts nach links.*
2. Trajektorien schneiden die x_1-Achse gewöhnlich senkrecht. Erfolgt der Schnitt der Trajektorien mit der x_1-Achse nicht senkrecht, dann liegt ein *singulärer Punkt* vor.
3. Die *Gleichgewichtslagen* eines dynamischen Systems werden stets durch *singuläre Punkte* gebildet. Diese müssen auf der x_1-Achse liegen, da sonst keine Ruhelage möglich ist. Dabei unterscheidet man verschiedene singuläre Punkte: Wirbelpunkte, Strudelpunkte, Knotenpunkte und Sattelpunkte.
4. Im Phasenporträt stellen die in sich geschlossenen Zustandskurven Dauerschwingungen dar. Die früher erwähnten stationären Grenzschwingungen bezeichnet man in der Phasenebene als *Grenzzyklen.* Diese Grenzzyklen sind wiederum dadurch gekennzeichnet, dass zu ihnen oder von ihnen alle benachbarten Trajektorien konvergieren bzw. divergieren. Entsprechend dem Verlauf der Trajektorien in der Nähe eines Grenzzyklus unterscheidet man *stabile, instabile* und *semistabile* Grenzzyklen [2].

9.4.2 Anwendung der Methode der Phasenebene zur Untersuchung von Relaissystemen

Je nach Regelstrecke und Reglertyp erfolgt die Umschaltung der Stellgröße auf einer speziellen *Schaltkurve.* Zwei derartige Beispiele sind in den Bildern 9-4 und 9-5 für eine I_2-Regelstrecke dargestellt. Bei dem im Bild 9-5 dargestellten Fall wird

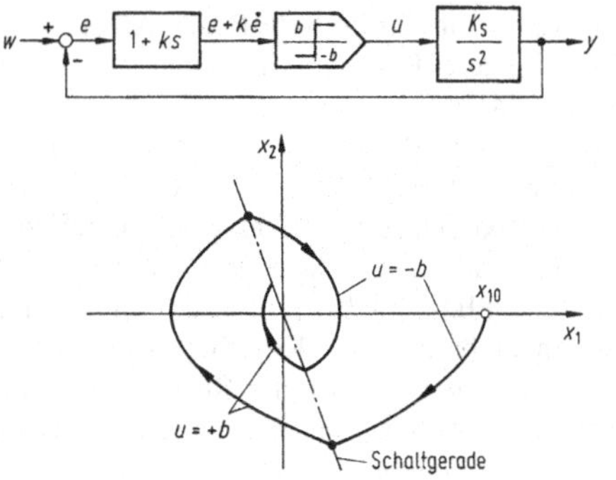

Bild 9-4. Blockschaltbild und Phasendiagramm einer Relaisregelung mit geneigter Schaltgerade

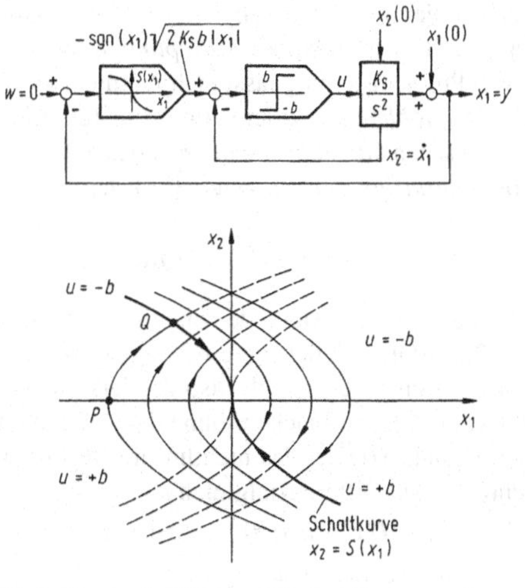

Bild 9-5. Blockschaltbild und Phasendiagramm einer zeitoptimalen Regelung für $x_1(0) \neq 0$ und $x_2(0) = 0$

die Regelstrecke in möglichst kurzer Zeit von einem beliebigen Anfangszustand $x_1(0)$ in die gewünschte Ruhelage ($x_1 = 0$ und $x_2 = 0$) gebracht. Dieses Problem tritt bei technischen Systemen recht häufig auf, besonders bei der Steuerung bewegter Objekte (Luft- und Raumfahrt, Förderanlagen, Walzantriebe, Fahrzeuge). Wegen der Begrenzung der Stellamplitude kann diese Zeit nicht beliebig klein gemacht werden. Bei diesem Beispiel befindet sich während des zeitoptimalen Vorgangs die Stellgröße immer an einer der beiden Begrenzungen; für das System 2. Ordnung ist *eine* Umschaltung erforderlich. Dieses

Verhalten ist für zeitoptimale Regelsysteme charakteristisch. Diese Tatsache wird durch den Satz von Feldbaum [4] bewiesen.
Im vorliegenden Beispiel vom Bild 9-5 ergibt sich das optimale Regelgesetz nach Struktur und Parametern von selbst [3]. Entgegen den bisherigen Gewohnheiten, einen bestimmten Regler vorzugeben (z. B. mit PID-Verhalten) und dessen Parameter nach einem bestimmten Kriterium zu optimieren, wird in diesem Fall über die Reglerstruktur keine Annahme getroffen. Sie ergibt sich vollständig aus dem *Optimierungskriterium* (minimale Zeit) zusammen mit den *Nebenbedingungen* (Begrenzung, Randwerte, Systemgleichung). Man bezeichnet diese Art der Optimierung, im Gegensatz zu der Parameteroptimierung vorgegebener Reglerstrukturen, gelegentlich auch als *Strukturoptimierung*. Diese Art von Problemstellung lässt sich mathematisch als *Variationsproblem* formulieren und zum Teil mithilfe der klassischen *Variationsrechnung* oder mithilfe des *Maximumprinzips von Pontrjagin* [5] lösen.

9.5 Stabilitätstheorie nach Ljapunow

Mithilfe der direkten Methode von Ljapunow [6] (siehe A 32.2) ist es möglich, eine Aussage über die Stabilität der Ruhelage ($\boldsymbol{x} = \boldsymbol{0}$) also des Ursprungs des Zustandsraumes, zu machen, ohne dass man die explizite Lösung $\boldsymbol{x}(t)$ der das nichtlineare Regelsystem beschreibenden Differenzialgleichung

$$\dot{\boldsymbol{x}} = \boldsymbol{f}[\boldsymbol{x}(t), \boldsymbol{u}(t), t], \quad \boldsymbol{x}(t_0) = \boldsymbol{x}_0 \tag{9-8}$$

kennt. Man bezeichnet dann alle Lösungen $\boldsymbol{x}(t)$ als *einfach stabil*, deren Trajektorien in der Nähe einer stabilen Ruhelage beginnen und für alle Zeiten in der Nähe der Ruhelage bleiben. Sie müssen nicht gegen diese konvergieren. Die Ruhelage $\boldsymbol{x}(t) = \boldsymbol{0}$ des Systems gemäß (9-8) heißt *asymptotisch stabil*, wenn sie stabil ist und wenn für alle Trajektorien $\boldsymbol{x}(t)$, die hinreichend nahe bei der Ruhelage beginnen,

$$\lim_{t\to\infty} \|\boldsymbol{x}(t)\| = \boldsymbol{0}$$

gilt.

9.5.1 Der Grundgedanke der direkten Methode von Ljapunow

Eine Funktion $V(\boldsymbol{x})$ heißt *positiv definit* in einer Umgebung Ω des Ursprungs $\boldsymbol{x} = \boldsymbol{0}$, falls

$$V(\boldsymbol{x}) > 0 \quad \text{für alle} \quad \boldsymbol{x} \in \Omega, \boldsymbol{x} \neq \boldsymbol{0} \quad \text{und}$$
$$V(\boldsymbol{x}) = 0 \quad \text{für} \quad \boldsymbol{x} = \boldsymbol{0}$$

gilt. $V(\boldsymbol{x})$ heißt *positiv semidefinit* in Ω, wenn sie auch für $\boldsymbol{x} \neq \boldsymbol{0}$ den Wert null annehmen kann, d. h., wenn

$$V(\boldsymbol{x}) \geqq 0 \quad \text{für alle} \quad \boldsymbol{x} \in \Omega \quad \text{und}$$
$$V(\boldsymbol{x}) = 0 \quad \text{für} \quad \boldsymbol{x} = \boldsymbol{0}$$

wird.
Eine wichtige Klasse von Funktionen $V(\boldsymbol{x})$ hat die *quadratische Form*

$$V(\boldsymbol{x}) = \boldsymbol{x}^{\mathrm{T}} \boldsymbol{P} \boldsymbol{x} \,, \tag{9-9}$$

wobei $\boldsymbol{P}$ eine symmetrische Matrix ist. Die quadratische Form ist positiv definit, falls alle Hauptdeterminanten von $\boldsymbol{P}$ positiv sind.

9.5.2 Stabilitätssätze von Ljapunow

Satz 1: *Stabilität im Kleinen.*
Das System $\dot{\boldsymbol{x}} = \boldsymbol{f}(\boldsymbol{x})$ besitze die Ruhelage $\boldsymbol{x} = \boldsymbol{0}$. Existiert eine Funktion $V(\boldsymbol{x})$, die in einer Umgebung Ω der Ruhelage folgende Eigenschaften besitzt:

1. $V(\boldsymbol{x})$ und der dazugehörige Gradient $\nabla V(\boldsymbol{x})$ sind stetig,
2. $V(\boldsymbol{x})$ ist positiv definit,
3. $\dot{V}(\boldsymbol{x}) = [\nabla V(\boldsymbol{x})]^{\mathrm{T}} \boldsymbol{f}(\boldsymbol{x})$ ist negativ semidefinit,

dann ist die Ruhelage stabil. Eine solche Funktion $V(\boldsymbol{x})$ wird als *Ljapunow-Funktion* bezeichnet.

Satz 2: *Asymptotische Stabilität im Kleinen.*
Ist $\dot{V}(\boldsymbol{x})$ in Ω negativ definit, so ist die Ruhelage asymptotisch stabil.

Der Zusatz „im Kleinen" soll andeuten, dass eine Ruhelage auch dann stabil ist, wenn die Umgebung Ω, in der die Bedingungen erfüllt sind, beliebig klein ist. Man benutzt bei einer solchen asymptotisch stabilen Ruhelage mit sehr kleinem Einzugsbereich, außerhalb dessen nur instabile Trajektorien verlaufen, den Begriff der „*praktischen Instabilität*".

Satz 3: *Asymptotische Stabilität im Großen.*
Das System $\dot{\boldsymbol{x}} = \boldsymbol{f}(\boldsymbol{x})$ habe die Ruhelage $\boldsymbol{x} = \boldsymbol{0}$. Es sei $V(\boldsymbol{x})$ eine skalare Funktion und Ω_k ein Gebiet des Zustandsraums, definiert durch $V(\boldsymbol{x}) < k$, $k > 0$. Ist nun

1. Ω_k beschränkt,
2. $V(\boldsymbol{x})$ und $\nabla V(\boldsymbol{x})$ stetig in Ω_k,
3. $V(\boldsymbol{x})$ positiv definit in Ω_k,
4. $\dot{V}(\boldsymbol{x}) = [\nabla V(\boldsymbol{x})]^{\mathrm{T}} \boldsymbol{f}(\boldsymbol{x})$ negativ definit in Ω_k,

dann ist die Ruhelage asymptotisch stabil und Ω_k gehört zu ihrem Einzugsbereich.

Wesentlich hierbei ist, dass der Bereich Ω_k, in dem $V(\boldsymbol{x}) < k$ ist, beschränkt ist. In der Regel ist der gesamte Einzugsbereich nicht identisch mit Ω_k, d. h., er ist größer als Ω_k.

Satz 4: *Globale asymptotische Stabilität.*
Das System $\dot{\boldsymbol{x}} = \boldsymbol{f}(\boldsymbol{x})$ habe die Ruhelage $\boldsymbol{x} = \boldsymbol{0}$. Existiert eine Funktion $V(\boldsymbol{x})$, die im gesamten Zustandsraum folgende Eigenschaften besitzt:

1. $V(\boldsymbol{x})$ und $\nabla V(\boldsymbol{x})$ sind stetig,
2. $V(\boldsymbol{x})$ ist positiv definit,
3. $\dot{V}(\boldsymbol{x}) = [\nabla V(\boldsymbol{x})]^{\mathrm{T}} \boldsymbol{f}(\boldsymbol{x})$ ist negativ definit, und ist außerdem
4. $\lim\limits_{\|x\| \to \infty} V(\boldsymbol{x}) = \infty$,

so ist die Ruhelage global asymptotisch stabil.

Mit diesen Kriterien lassen sich nun die wichtigsten Fälle des Stabilitätsverhaltens eines Regelsystems behandeln, sofern es gelingt, eine entsprechende Ljapunow-Funktion zu finden. Gelingt es nicht, so ist keine Aussage möglich.

9.5.3 Ermittlung geeigneter Ljapunow-Funktionen

Hat man beispielsweise eine Ljapunow-Funktion gefunden, die zwar nur den Bedingungen von Satz 1 genügt, so ist damit noch keineswegs ausgeschlossen, dass die Ruhelage global asymptotisch stabil ist, denn das Verfahren nach Ljapunow liefert nur eine hinreichende Stabilitätsbedingung. Ein systematisches Verfahren, das mit einiger Sicherheit zu einem gegebenen nichtlinearen System die beste Ljapunow-Funktion liefert, gibt es nicht. Für lineare Systeme mit der Zustandsraumdarstellung

$$\dot{\boldsymbol{x}} = \boldsymbol{A}\boldsymbol{x} \tag{9-10}$$

kann man allerdings zeigen, dass der Ansatz einer quadratischen Form entsprechend (9-9) mit einer positiv definiten symmetrischen Matrix $\boldsymbol{P}$ immer eine Ljapunow-Funktion liefert. Die zeitliche Ableitung von $V(\boldsymbol{x})$ liefert mit (9-10)

$$\dot{V}(\boldsymbol{x}) = \boldsymbol{x}^{\mathrm{T}}[\boldsymbol{A}^{\mathrm{T}}\boldsymbol{P} + \boldsymbol{P}\boldsymbol{A}]\boldsymbol{x}\,. \tag{9-11}$$

Diese Funktion besitzt wiederum eine quadratische Form, die bei asymptotischer Stabilität negativ definit sein muss. Mit einer positiv definiten Matrix $\boldsymbol{Q}$ gilt also

$$\boldsymbol{A}^{\mathrm{T}}\boldsymbol{P} + \boldsymbol{P}\boldsymbol{A} = -\boldsymbol{Q}\,. \tag{9-12}$$

Man bezeichnet diese Beziehung auch als *Ljapunow-Gleichung*. Gemäß Satz 4 gilt folgende Aussage: Ist die Ruhelage $\boldsymbol{x} = \boldsymbol{0}$ des Systems nach (9-10) global asymptotisch stabil, so existiert zu jeder positiv definiten Matrix $\boldsymbol{Q}$ eine positiv definite Matrix $\boldsymbol{P}$, die (9-12) erfüllt. Man kann also ein beliebiges positiv definites $\boldsymbol{Q}$ vorgeben, die Ljapunow-Gleichung nach $\boldsymbol{P}$ auflösen und anhand der Definitheit von $\boldsymbol{P}$ die Stabilität überprüfen.
Für nichtlineare Systeme ist ein solches Vorgehen nicht unmittelbar möglich. Es gibt jedoch verschiedene Ansätze, die in vielen Fällen zu einem befriedigenden Ergebnis führen. Hierzu gehören die Verfahren von Aiserman [7] und Schultz-Gibson [8].

9.6 Das Stabilitätskriterium von Popov

Es ist naheliegend, bei einem nichtlinearen Regelkreis den linearen Systemteil mit der Übertragungsfunktion $G(s)$ vom nichtlinearen abzuspalten. Dabei ist der Fall eines Regelkreises mit einer statischen Nichtlinearität entsprechend Bild 9-6 von besonderer Bedeutung. Für diesen Fall wurde von V. Popov [9] ein Stabilitätskriterium angegeben, das anhand des Frequenzgangs $G(\mathrm{j}\omega)$ des linearen Systemteils ohne Verwendung von Näherungen eine hinreichende Bedingung für die Stabilität liefert.

9.6.1 Absolute Stabilität

Die nichtlineare Kennlinie des im Bild 9-6 dargestellten Standardregelkreises darf in einem Bereich ver-

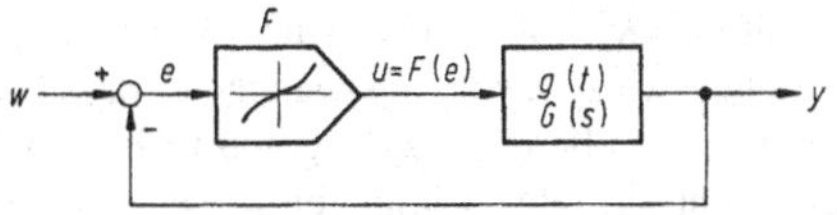

Bild 9-6. Standardregelkreis mit einer statischen Nichtlinearität

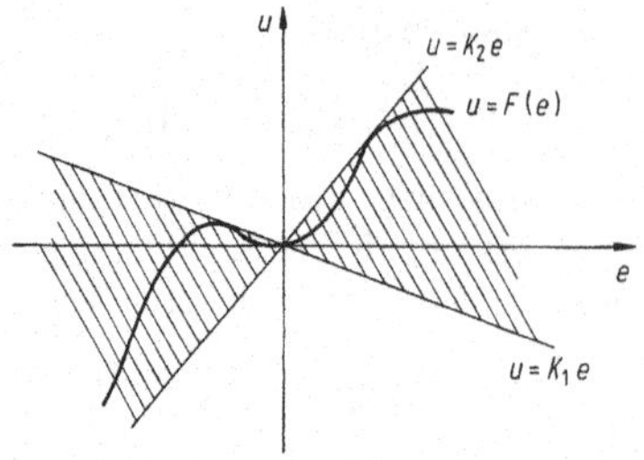

Bild 9-7. Zur Definition der absoluten Stabilität

laufen, der durch zwei Geraden begrenzt wird, deren Steigung K_1 und $K_2 > K_1$ sei (Bild 9-7). Man bezeichnet ihn als *Sektor* $[K_1, K_2]$. Es gilt also für eine Kennlinie, die in diesem Sektor liegt

$$K_1 \leqq \frac{F(e)}{e} \leqq K_2 \,, \quad e \neq 0 \,.$$

Diese Kennlinie geht außerdem durch den Ursprung ($F(0) = 0$) und sei im Übrigen eindeutig und stückweise stetig. Unter diesen Bedingungen ist folgende Definition der Stabilität des betrachteten nichtlinearen Regelkreises zweckmäßig:

Definition: *Absolute Stabilität.*
Der nichtlineare Regelkreis in Bild 9-6 heißt *absolut stabil* im Sektor $[K_1, K_2]$, wenn es für jede Kennlinie $F(e)$, die vollständig innerhalb dieses Sektors verläuft, eine global asymptotisch stabile Ruhelage des geschlossenen Regelkreises gibt.

Zur Vereinfachung ist es zweckmäßig, den Sektor $[K_1, K_2]$ auf einen Sektor $[0, K]$ zu transformieren. Dies geschieht, ohne dass sich das Verhalten des Regelkreises ändert, dadurch, dass anstelle von $F(e)$ und $G(s)$ die Beziehungen

$$F'(e) = F(e) - K_1 e \quad \text{und}$$
$$G'(s) = G(s)/[1 + K_1 G(s)]$$

eingeführt werden. $F'(e)$ verläuft nun im Sektor $[0, K]$ mit $K = K_2 - K_1$. Für die weiteren Betrachtungen wird davon ausgegangen, dass diese Transformation bereits durchgeführt ist, wobei jedoch nicht die Bezeichnungen $F'(e)$ und $G'(s)$ verwendet werden sollen, sondern der Einfachheit halber $F(e)$ und $G(s)$ beibehalten werden.

9.6.2 Formulierung des Popov-Kriteriums

Für das lineare Teilsystem in Bild 9-6 gelte

$$G(s) = \frac{b_0 + b_1 s + \ldots + b_m s^m}{a_0 + a_1 s + \ldots + s^n} \quad m < n \,. \tag{9-13}$$

Hier darf $G(s)$ keine Pole mit positivem Realteil enthalten, und es sollen zunächst auch Pole mit verschwindendem Realteil ausgeschlossen werden. Dann gilt das *Popov-Kriterium*:

Der Regelkreis nach Bild 9-6 ist absolut stabil im Sektor $[0, K]$, falls eine beliebige reelle Zahl q existiert, sodass für alle $\omega \geqq 0$ die *Popov-Ungleichung*

$$\mathrm{Re}[(1 + \mathrm{j}\omega q)G(\mathrm{j}\omega)] + \frac{1}{K} > 0 \tag{9-14}$$

erfüllt ist.

Da der Sektor $[0, K]$ auch die Möglichkeit zulässt, dass $F(e) = 0$ und somit $u = 0$ sein darf, entspricht dies der Untersuchung des Stabilitätsverhaltens des linearen Teilsystems. Absolute Stabilität im Sektor $[0, K]$ setzt jedoch voraus, dass dann im vorliegenden Fall das lineare Teilsystem asymptotisch stabil ist. Dies ist aber beim Vorhandensein von Polen auf der imaginären Achse nicht mehr der Fall. Deshalb muss der Fall $F(e) = 0$ ausgeschlossen werden, indem man als untere Sektorgrenze eine Gerade mit beliebig kleiner positiver Steigung γ benutzt, also den Sektor $[\gamma, K]$ betrachtet. Damit gilt das Popov-Kriterium auch für solche Systeme, wobei jedoch zusätzlich gefordert werden muss, dass der geschlossene Regelkreis mit der Verstärkung γ (linearer Fall) asymptotisch stabil ist. Dies ist immer erfüllt, wenn das lineare Teilsystem einen einfachen Pol bei $s = 0$ besitzt.

9.6.3 Geometrische Auswertung der Popov-Ungleichung

Schreibt man die Popov-Ungleichung (9-14) in der Form

$$\mathrm{Re}[G(\mathrm{j}\omega)] - q\omega\,\mathrm{Im}[G(\mathrm{j}\omega)] + \frac{1}{K} > 0 \,, \tag{9-15}$$

so lässt sich Re $[G(\mathrm{j}\omega)]$ als Realteil und ω Im $[G(\mathrm{j}\omega)]$ als Imaginärteil einer modifizierten Ortskurve, der sogenannten *Popov-Ortskurve*, definieren, die demnach beschrieben wird durch

$$G^*(\mathrm{j}\omega) = \mathrm{Re}[G(\mathrm{j}\omega)] + \mathrm{j}\omega\,\mathrm{Im}[G(\mathrm{j}\omega)] = X + \mathrm{j}Y \,. \tag{9-16}$$

Indem man nun allgemeine Koordinaten X und Y für den Real- und Imaginärteil von $G^*(j\omega)$ ansetzt, erhält man aus der Ungleichung (9-15) die Beziehung

$$X - qY + 1/K > 0 \,. \qquad (9\text{-}17)$$

Diese Ungleichung wird durch alle Punkte der X, Y-Ebene erfüllt, die rechts von einer Grenzlinie mit der Gleichung

$$X - qY + 1/K = 0 \qquad (9\text{-}18)$$

liegen. Diese Grenzlinie ist eine Gerade, deren Steigung $1/q$ beträgt und deren Schnittpunkt mit der X-Achse bei $-1/K$ liegt. Man nennt diese Gerade die *Popov-Gerade*. Ein Vergleich von (9-15) mit (9-18) zeigt, dass das Popov-Kriterium genau dann erfüllt ist, wenn die Popov-Ortskurve vollständig rechts der Popov-Geraden verläuft. Diese Zusammenhänge sind in Bild 9-8 dargestellt. Daraus ergibt sich folgendes Vorgehen bei der Anwendung des Popov-Kriteriums:

1. Man zeichnet gemäß (9-16) die Popov-Ortskurve $G^*(j\omega)$ in der X, jY-Ebene.

2a. Ist K gegeben, so versucht man, eine Gerade durch den Punkt $-1/K$ auf der X-Achse zu legen, mit einer solchen Steigung $1/q$, dass die Popov-Gerade vollständig links der Popov-Ortskurve liegt. Gelingt dies, so ist der Regelkreis absolut stabil. Gelingt es nicht, so ist keine Aussage möglich.

Hier zeigt sich die Verwandtschaft zum Nyquist-Kriterium, bei dem zumindest der kritische Punkt $-1/K$ der reellen Achse ebenfalls links der Ortskurve liegen muss. Oft stellt sich auch die Aufgabe, den größten Sektor $[0, K_{\text{krit}}]$ der absoluten Stabilität zu ermitteln. Dann wird der zweite Schritt entsprechend modifiziert:

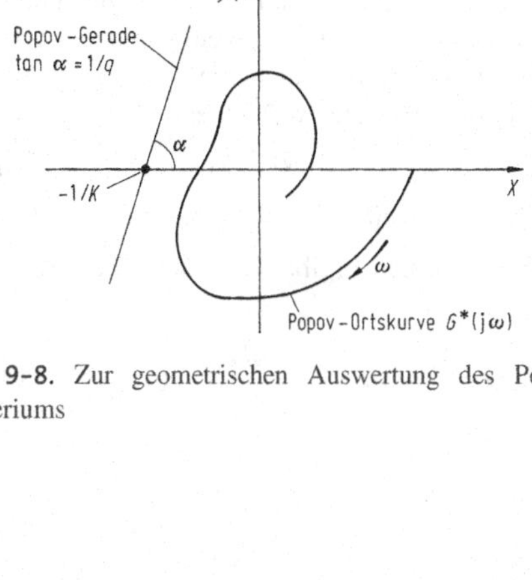

Bild 9-8. Zur geometrischen Auswertung des Popov-Kriteriums

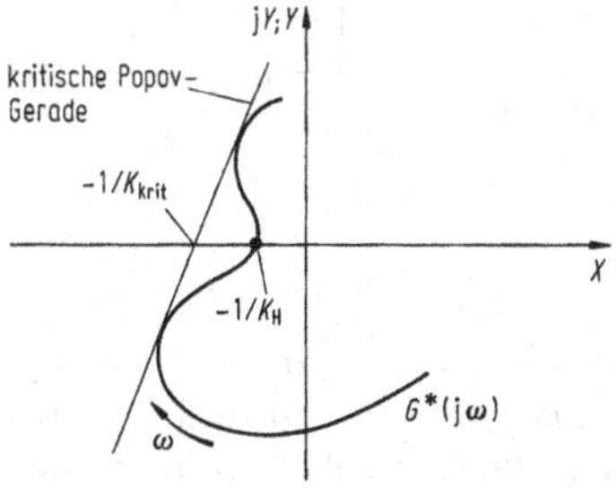

Bild 9-9. Ermittlung des maximalen Wertes K_{krit}

2b. Man legt eine Tangente von links so an die Popov-Ortskurve, dass der Schnittpunkt mit der X-Achse möglichst weit rechts liegt. Dies ergibt die maximale obere Grenze K_{krit}. Man nennt diese Tangente auch die *kritische Popov-Gerade* (Bild 9-9).

Der maximale Sektor $[0, K_{\text{krit}}]$ wird als *Popov-Sektor* bezeichnet. Da das Popov-Kriterium nur eine hinreichende Stabilitätsbedingung liefert, ist es durchaus möglich, dass der maximale Sektor der absoluten Stabilität größer als der Popov-Sektor ist. Er kann jedoch nicht größer sein als der *Hurwitz-Sektor* $[0, K_{\text{H}}]$, der durch die maximale Verstärkung K_{H} des entsprechenden linearen Regelkreises begrenzt wird und der sich aus dem Schnittpunkt der Ortskurve mit der X-Achse ergibt.

10 Lineare zeitdiskrete Systeme: Digitale Regelung

10.1 Arbeitsweise digitaler Regelsysteme

Beim Einsatz digitaler Regelsysteme erfolgt die Abtastung eines gewöhnlich kontinuierlichen Prozesssignals $f(t)$ meist zu äquidistanten Zeitpunkten, also mit einer konstanten *Abtastperiodendauer* oder auch *Abtastzeit* T bzw. Abtastfrequenz $\omega_{\text{p}} = 2\pi/T$. Ein solches Abtastsignal oder zeitdiskretes Signal wird somit beschrieben durch die Zahlenfolge

$$f(kT) = \{f(0), f(T), f(2T), \ldots\} \qquad (10\text{-}1)$$

mit $k \geqq 0$ und $f(kT) = 0$ für $k < 0$, die meist auch abgekürzt als $f(k)$ bezeichnet wird. Den prinzipiellen

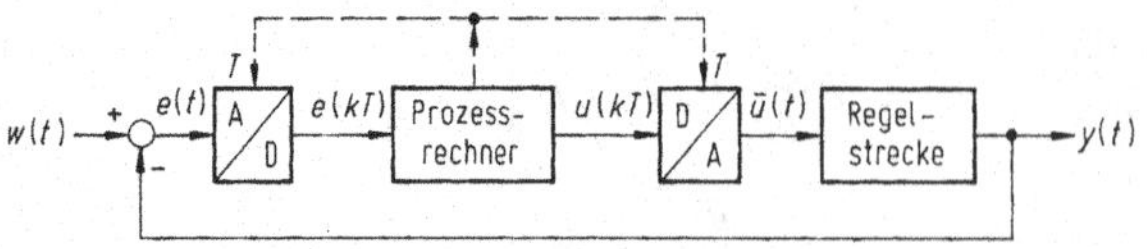

Bild 10-1. Prinzipieller Aufbau eines Abtastregelkreises

Aufbau eines Abtastsystems, bei dem ein Prozessrechner als Regler eingesetzt ist, zeigt Bild 10-1. Bei dieser *digitalen Regelung*, oft auch DDC-Betrieb genannt (DDC, *d*irect *d*igital *c*ontrol), wird der analoge Wert der Regelabweichung $e(t)$ in einen digitalen Wert $e(kT)$ umgewandelt. Dieser Vorgang entspricht einer Signalabtastung und erfolgt periodisch mit der Abtastzeit T. Infolge der beschränkten Wortlänge des hierfür erforderlichen Analog-Digital-Umsetzers (ADU) entsteht eine *Amplitudenquantisierung*. Diese Quantisierung oder auch Diskretisierung der Amplitude, die ähnlich auch beim Digital-Analog-Umsetzer (DAU) auftritt, ist im Gegensatz zur Diskretisierung der Zeit ein nichtlinearer Effekt. Allerdings können die Quantisierungsstufen im Allgemeinen so klein gemacht werden, dass der Quantisierungseffekt vernachlässigbar ist. Die Amplitudenquantisierung wird deshalb in den folgenden Ausführungen nicht berücksichtigt.

Der digitale Regler (Prozessrechner) berechnet nach einer zweckmäßig gewählten Rechenvorschrift (*Regelalgorithmus*) die Folge der Stellsignalwerte $u(kT)$ aus den Werten der Folge $e(kT)$. Da nur diskrete Signale auftreten, kann der digitale Regler als *diskretes Übertragungssystem* betrachtet werden.

Die berechnete diskrete Stellgröße $u(kT)$ wird vom Digital-Analog-Umsetzer in ein analoges Signal $\overline{u}(t)$ umgewandelt und jeweils über eine Abtastperiode $kT \leqq t < (k+1)T$ konstant gehalten. Dieses Element hat die Funktion eines *Haltegliedes*, und $\overline{u}(t)$ stellt – sofern das Halteglied nullter Ordnung ist – ein treppenförmiges Signal dar.

Eine wesentliche Eigenschaft solcher Abtastsysteme besteht darin, dass das Auftreten eines Abtastsignals in einem linearen kontinuierlichen System an der *Linearität* nichts ändert. Damit ist die theoretische Behandlung linearer diskreter Systeme in weitgehender Analogie zu der Behandlung linearer kontinuierlicher Systeme möglich. Dies wird dadurch erreicht, dass auch die kontinuierlichen Signale nur zu den Abtastzeitpunkten kT, also als Abtastsignale betrachtet werden. Damit ergibt sich für den gesamten Regelkreis eine *diskrete Systemdarstellung*, bei der alle Signale Zahlenfolgen sind.

10.2 Darstellung im Zeitbereich

Werden bei einem kontinuierlichen System Eingangs- und Ausgangssignal mit der Abtastzeit T synchron abgetastet, so erhebt sich die Frage, welcher Zusammenhang zwischen den beiden Folgen $u(kT)$ und $y(kT)$ besteht. Geht man von der das kontinuierliche System beschreibenden Differenzialgleichung aus, so besteht die Aufgabe in der *numerischen Lösung* derselben. Beim einfachsten hierfür in Frage kommenden Verfahren, dem Euler-Verfahren, werden die Differenzialquotienten durch Rückwärts-Differenzenquotienten mit genügend kleiner Schrittweite T approximiert:

$$\left.\frac{\mathrm{d}f}{\mathrm{d}t}\right|_{t=kT} \approx \frac{f(kT) - f[(k-1)T]}{T} \tag{10-2a}$$

$$\left.\frac{\mathrm{d}^2 f}{\mathrm{d}t^2}\right|_{t=kT} \approx \frac{f(kT) - 2f[(k-1)T] + f[(k-2)T]}{T^2} \,. \tag{10-2b}$$

Dadurch geht die Differenzialgleichung in eine *Differenzengleichung* über. Mithilfe einer solchen Differenzengleichung kann die Ausgangsfolge $y(k)$ rekursiv aus der Eingangsfolge $u(k)$ für $k = 0, 1, 2, \ldots$ berechnet werden. Allerdings handelt es sich dabei um eine Näherungslösung, die nur für kleine Schrittweiten T genügend genau ist.

Die allgemeine Form der Differenzengleichung zur Beschreibung eines linearen zeitinvarianten Eingrößensystems n-ter Ordnung mit der Eingangsfolge $u(k)$ und der Ausgangsfolge $y(k)$ lautet:

$$\begin{aligned} &y(k) + \alpha_1 y(k-1) + \alpha_2 y(k-2) + \ldots + \alpha_n y(k-n) \\ &= \beta_0 u(k) + \beta_1 u(k-1) + \ldots + \beta_n u(k-n) \,. \end{aligned} \tag{10-3a}$$

Durch Umformen ergibt sich eine rekursive Gleichung für $y(k)$,

$$y(k) = \sum_{\nu=0}^{n} \beta_\nu u(k-\nu) - \sum_{\nu=1}^{n} \alpha_\nu y(k-\nu) \,, \tag{10-3b}$$

die gewöhnlich zur numerischen Berechnung der Ausgangsfolge $y(k)$ verwendet wird. Die Größen $y(k-\nu)$ und $u(k-\nu), \nu = 1,2,\ldots,n$, sind die zeitlich zurückliegenden Werte der Ausgangs- bzw. Eingangsgröße, die im Rechner gespeichert werden. Wie bei einer Differenzialgleichung werden auch bei einer Differenzengleichung Anfangswerte für $k = 0$ berücksichtigt.
Ähnlich wie bei linearen kontinuierlichen Systemen die Gewichtsfunktion $g(t)$ zur Beschreibung des dynamischen Verhaltens verwendet wurde, kann für diskrete Systeme als Antwort auf den diskreten Impuls

$$u(k) = \delta_d(k) = \begin{cases} 1 & \text{für } k = 0 \\ 0 & \text{für } k \neq 0 \end{cases} \tag{10-4}$$

die *Gewichtsfolge* $g(k)$ eingeführt werden. Zwischen einer beliebigen Eingangsfolge $u(k)$, der zugehörigen Ausgangsfolge $y(k)$ und der Gewichtsfolge $g(k)$ besteht für lineare diskrete Systeme analog zu (3-13) der Zusammenhang über die *Faltungssumme*

$$y(k) = \sum_{\nu=0}^{\infty} u(\nu)g(k-\nu)\,, \tag{10-5}$$

wobei anstelle der oberen Summengrenze auch die Variable k gesetzt werden darf.

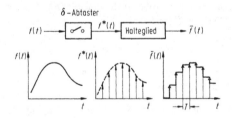

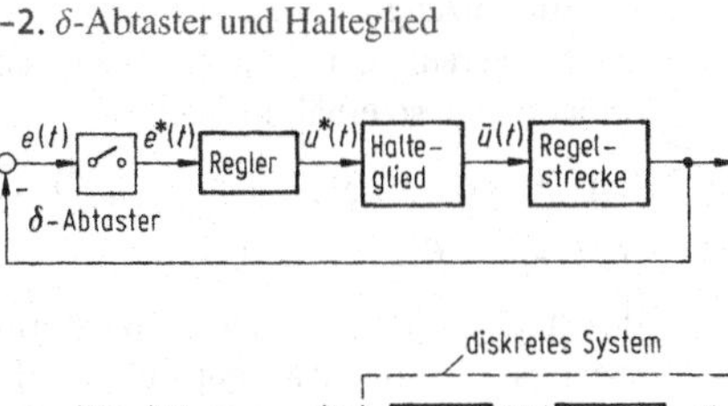

Bild 10-2. δ-Abtaster und Halteglied

Der Übergang zwischen kontinuierlichen und zeitdiskreten Signalen wird bei dem im Bild 10-1 dargestellten Abtastsystem durch den Analog-Digital-Umsetzer realisiert. Für eine mathematische Beschreibung eines solchen Systems ist jedoch eine einheitliche Darstellung der Signale erforderlich. Dazu wird eine Modellvorstellung entsprechend Bild 10-2 benutzt. Es wird also ein *δ-Abtaster* eingeführt, der eine Folge von gewichteten δ-Impulsen erzeugt. Diese Folge wird beschrieben durch die Pseudofunktion

$$f^*(t) = f(t)\sum_{k=0}^{\infty}\delta(t-kT) = \sum_{k=0}^{\infty} f(kT)\delta(t-kT)\,, \tag{10-6}$$

bei der die δ-Impulse durch Pfeile repräsentiert werden, deren Höhe jeweils dem Gewicht, also der „Fläche" des zugehörigen δ-Impulses, entspricht. Die Pfeilhöhe ist somit gleich dem Wert von $f(t)$ zu den Abtastzeitpunkten $t = kT$, also gleich $f(kT)$. Diese Pseudofunktion $f^*(t)$ stellt neben der Zahlenfolge entsprechend (10-1) eine weitere Möglichkeit zur mathematischen Beschreibung eines *Abtastsignals* dar. Die Bildung des im Bild 10-2 dargestellten treppenförmigen Signals $\overline{f}(t)$ aus dem Signal $f^*(t)$ erfolgt durch ein *Halteglied nullter Ordnung* mit der Übertragungsfunktion

$$H_0(s) = (1 - e^{-Ts})/s\,. \tag{10-7}$$

Mit diesem Halteglied lässt sich der Abtastregelkreis durch eine der im Bild 10-3 dargestellten Blockstrukturen beschreiben. Fasst man jetzt Halteglied, Regelstrecke und δ-Abtaster zu einem Block zusammen (Bild 10-3b), so treten im Regelkreis nur noch Abtastsignale auf. Man erhält damit eine vollständige diskrete Darstellung des Regelkreises.

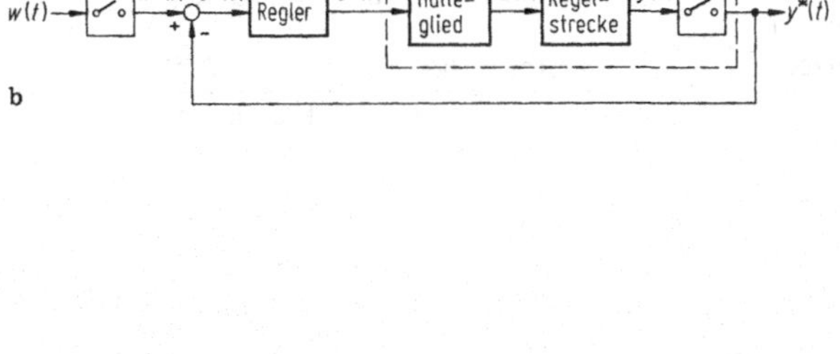

Bild 10-3. Äquivalente Blockschaltbilder eines Abtastregelkreises

10.3 Die z-Transformation

10.3.1 Definition der z-Transformation

Für die Darstellung der Abtastung eines kontinuierlichen Signals wurden oben bereits zwei äquivalente Möglichkeiten beschrieben: entweder die Zahlenfolge $f(k)$ gemäß (10-1) oder die Impulsfolge $f^*(t)$ als Zeitfunktion gemäß (10-6). Durch Laplace-Transformation von (10-6) erhält man die komplexe Funktion

$$F^*(s) = \sum_{k=0}^{\infty} f(kT)\mathrm{e}^{-kTs} . \qquad (10\text{-}8)$$

Da in dieser Beziehung die Variable s immer nur in Verbindung mit e^{Ts} auftritt, wird deshalb anstelle von e^{Ts} die komplexe Variable z eingeführt, indem man

$$\mathrm{e}^{Ts} = z , \quad \text{bzw.} \quad s = \frac{1}{T} \ln z \qquad (10\text{-}9)$$

setzt. Damit geht $F^*(s)$ in die Funktion

$$F_z(z) = \sum_{k=0}^{\infty} f(kT)z^{-k} \qquad (10\text{-}10)$$

über, wobei wegen der Substitution entsprechend (10-9) die Beziehungen

$$F^*(s) = F_z(\mathrm{e}^{Ts}) \quad \text{und} \quad F_z(z) = F^*\left(\frac{1}{T} \ln z\right) \qquad (10\text{-}11)$$

gelten. Man bezeichnet die Funktion $F_z(z)$ als *z-Transformierte* der Folge $f(kT)$, siehe A 23.3. Da für die weiteren Überlegungen anstelle von $f(kT)$ meist die abgekürzte Schreibweise $f(k)$ benutzt wird, erfolgt die Definition der z-Transformation für diese Form durch

$$\mathscr{Z}\{f(k)\} = F_z(z) = \sum_{k=0}^{\infty} f(kT)z^{-k} , \qquad (10\text{-}12)$$

wobei das Symbol $\mathscr{Z}$ als Operator der z-Transformation zu verstehen ist. Der Index z dient zur Unterscheidung dieser Transformierten gegenüber der Laplace-Transformierten $F(s)$ von $f(t)$.
Für die wichtigsten Zeitfunktionen $f(t)$ sind in Tabelle A 23.3 die z-Transformierten zusammengestellt. Die Haupteigenschaften und Rechenregeln der z-Transformation sind denen der Laplace-Transformation analog, siehe A 23.2.

Da $F_z(z)$ die z-Transformierte der Zahlenfolge $f(k)$ für $k = 0, 1, 2, \ldots$ darstellt, liefert die *inverse z-Transformation* von $F_z(z)$,

$$\mathscr{Z}^{-1}\{F_z(z)\} = f(k) , \qquad (10\text{-}13)$$

wieder die Zahlenwerte $f(k)$ dieser Folge, also die diskreten Werte der zugehörigen Zeitfunktion $f(t)|_{t=kT}$ für die Zeitpunkte $t = kT$. Da, die z-Transformation umkehrbar eindeutig ist, kommen für die inverse z-Transformation zunächst natürlich die sehr ausführlichen Tabellenwerke [4-1, 4-2] in Betracht, aus denen unmittelbar korrespondierende Transformationen entnommen werden können. Für kompliziertere Fälle, die nicht in den Tabellen enthalten sind oder auf solche in den Tabellen zurückgeführt werden können, kann die Berechnung auf verschiedene Arten durchgeführt werden. Hierzu gehören die Potenzreihenentwicklung von (10-12), die Partialbruchzerlegung von $F_z(z)$ in Standardfunktionen und die Auswertung des komplexen Kurvenintegrals

$$f(k) = \frac{1}{2\pi \mathrm{j}} \oint F_z(z)z^{k-1}\,\mathrm{d}z , \quad k = 1, 2, \ldots \qquad (10\text{-}14)$$

mithilfe der Residuenberechnung [3]

$$f(k) = \sum_i \mathrm{Res}\,\{F_z(z)z^{k-1}\}_{z=a_i} . \qquad (10\text{-}15)$$

Hierbei sind die Größen a_i die Pole von $F_z(z)z^{k-1}$, also die Pole von $F_z(z)$.

10.4 Darstellung im Frequenzbereich

10.4.1 Die Übertragungsfunktion diskreter Systeme

Ein lineares diskretes System n-ter Ordnung wird durch die Differenzengleichung (10-3) beschrieben. Wendet man hierauf den Verschiebungssatz der z-Transformation an, so erhält man

$$Y_z(z)(1 + \alpha_1 z^{-1} + \alpha_2 z^{-2} + \ldots + \alpha_n z^{-n}) = U_z(z)(\beta_0 + \beta_1 z^{-1} + \ldots + \beta_n z^{-n}) \qquad (10\text{-}16)$$

woraus direkt als Verhältnis der z-Transformierten von Eingangs- und Ausgangsfolge die *z-Übertragungsfunktion* des diskreten Systems

$$G_z(z) = \frac{Y_z(z)}{U_z(z)} = \frac{\beta_0 + \beta_1 z^{-1} + \ldots + \beta_n z^{-n}}{1 + \alpha_1 z^{-1} + \ldots + \alpha_n z^{-n}} \qquad (10\text{-}17)$$

definiert werden kann. Dabei sind die Anfangswerte der Differenzengleichung als null vorausgesetzt. In Analogie zu den kontinuierlichen Systemen ist die z-Übertragungsfunktion $G_z(z)$ auch als z-Transformierte der Gewichtsfolge $g(k)$ definiert:

$$G_z(z) = \mathscr{Z}\{g(k)\} . \qquad (10\text{-}18)$$

Dies folgt unmittelbar aus der z-Transformation der Faltungssumme gemäß (10-5) und dem Vergleich mit (10-17).

Mit der Definition der z-Übertragungsfunktion hat man die Möglichkeit, diskrete Systeme formal ebenso zu behandeln wie kontinuierliche Systeme. Beispielsweise lassen sich zwei Systeme mit den z-Übertragungsfunktionen $G_{1z}(z)$ und $G_{2z}(z)$ hintereinander schalten, und man erhält dann als Gesamtübertragungsfunktion

$$G_z(z) = G_{1z}(z)G_{2z}(z) . \qquad (10\text{-}19)$$

Entsprechend ergibt sich für eine Parallelschaltung

$$G_z(z) = G_{1z}(z) + G_{2z}(z) . \qquad (10\text{-}20)$$

Wie im kontinuierlichen Fall kann bei Systemen mit P-Verhalten (Systemen mit Ausgleich) auch der *Verstärkungsfaktor K* bestimmt werden, der sich bei sprungförmiger Eingangsfolge $u(k) = 1$ für $k \geqq 0$ als stationärer Endwert der Ausgangsfolge $y(\infty)$ über den Endwertsatz der z-Transformation zu

$$K = G_z(1) = \left(\sum_{\nu=0}^{n} \beta_\nu\right) \Bigg/ \left(1 + \sum_{\nu=1}^{n} \alpha_\nu\right) \qquad (10\text{-}21)$$

ergibt.

10.4.2 Die z-Übertragungsfunktion kontinuierlicher Systeme

Zur theoretischen Behandlung von digitalen Regelkreisen wird auch für die kontinuierlichen Teilsysteme eine diskrete Systemdarstellung benötigt, also eine z-Übertragungsfunktion. Dazu betrachtet man den gestrichelt dargestellten Teil des Abtastregelkreises von Bild 10-3b. Gesucht ist nun das Übertragungsverhalten zwischen den Abtastsignalen $u^*(t)$ und $y^*(t)$. Betrachtet man zunächst die Gewichtsfunktion $g_{HG}(t)$ des kontinuierlichen Systems einschließlich Halteglied, also

$$g_{HG}(t) = \mathscr{L}^{-1}\{H(s)G(s)\} ,$$

so erhält man hierzu durch Abtasten die Gewichtsfolge

$$g_{HG}(kT) = \mathscr{L}^{-1}\{H(s)G(s)\}|_{t=kT} . \qquad (10\text{-}22)$$

Damit ergibt sich die z-Transformierte

$$HG_z(z) = \mathscr{Z}\{\mathscr{L}^{-1}\{H(s)G(s)\}|_{t=kT}\} \qquad (10\text{-}23)$$

für die Bestimmung von $HG_z(z)$ aus $G(s)$, die häufig auch als

$$HG_z(z) = Z\{H(s)G(s)\} \qquad (10\text{-}24)$$

geschrieben wird, wobei das Symbol Z die in (10-23) enthaltene doppelte Operation $\mathscr{Z}\{\mathscr{L}^{-1}\{\ldots\}|_{t=kT}\}$ kennzeichnet. Es wäre somit falsch, $HG_z(z)$ als z-Transformierte der Übertragungsfunktion $H(s)G(s)$ zu betrachten; richtig ist vielmehr, dass $HG_z(z)$ die z-Transformierte der Gewichtsfolge $g_{HG}(kT)$ ist. Außerdem ist zu beachten, dass die durch (10-24) beschriebene Operation nicht umkehrbar eindeutig ist.

Verwendet man in (10-24) ein Halteglied nullter Ordnung gemäß (10-7), so folgt mit $H(s) = H_0(s)$ anstelle von (10-24) speziell

$$H_0G_z(z) = (1 - z^{-1})Z\left\{\frac{G(s)}{s}\right\} = \frac{z-1}{z} Z\left\{\frac{G(s)}{s}\right\} . \qquad (10\text{-}25)$$

Generell stellt $HG_z(z)$ die diskrete Beschreibung des kontinuierlichen Systems mit der Übertragungsfunktion $G(s)$ dar. Besitzt $G(s)$ noch eine Totzeit

$$G(s) = G'(s)\,\mathrm{e}^{-T_t s} , \qquad (10\text{-}26)$$

so ergibt sich – sofern $T_t = dT$ gewählt wird (d ganzzahlig) – für die zugehörige diskrete Übertragungsfunktion

$$HG_z(z) = HG'_z(z)\,z^{-d} . \qquad (10\text{-}27)$$

Hieraus ist ersichtlich, dass die Totzeit nur eine Multiplikation von $HG_z(z)$ mit z^{-d} bewirkt, d. h., die z-Übertragungsfunktion bleibt eine rationale Funktion. Dies vereinfacht natürlich die Behandlung von Totzeit-Systemen im diskreten Bereich außerordentlich.

Die mithilfe des Euler-Verfahrens ermittelte Differenzengleichung lässt sich leicht in eine z-Übertragungsfunktion umwandeln. Zur Verallgemeinerung wird (10-2a) auf ein I-Glied angewandt, das durch die Beziehung

$$\dot{y}(t) = u(t) \quad \text{bzw.} \quad Y(s) = \frac{1}{s}U(s) \qquad (10\text{-}28)$$

beschrieben wird. Daraus folgt als Differenzengleichung

$$y(k) = y(k-1) + Tu(k)\,,$$

die bekannte Beziehung für die Rechteck-Integration. Die Anwendung der z-Transformation auf diese Beziehung liefert

$$Y_z(z)(1 - z^{-1}) = TU_z(z)\,,$$

und hieraus folgt

$$Y_z(z) = \frac{Tz}{z-1} U_z(z)\,.$$

Durch Vergleich mit (10-28) ergibt sich für die entsprechenden Übertragungsfunktionen somit die Korrespondenz

$$\frac{1}{s} \rightarrow \frac{Tz}{z-1}\,. \qquad (10\text{-}29)$$

Bei Systemen höherer Ordnung geht man nun bei der Anwendung der *approximierten z-Transformation* so vor, dass man aus der Korrespondenz von (10-29) die Substitutionsbeziehung

$$s \approx \frac{z-1}{Tz} \qquad (10\text{-}30)$$

bildet und in $G(s)$ einsetzt, woraus sich die *approximierte z-Übertragungsfunktion* $G_z(z)$ ergibt. Allerdings ist nun $G_z(z)$ nicht mehr mit der Funktion vergleichbar, die durch die exakte Transformation mit Halteglied entsteht.

Eine etwas genauere Approximationsbeziehung erhält man aus (10-9),

$$s = \frac{1}{T} \ln z\,,$$

durch die Reihenentwicklung der ln-Funktion:

$$s = \frac{1}{T} \cdot 2 \left[\frac{z-1}{z+1} + \frac{1}{3} \left\{ \frac{z-1}{z+1} \right\}^3 + \frac{1}{5} \left\{ \frac{z-1}{z+1} \right\}^5 + \ldots \right]. \qquad (10\text{-}31)$$

Durch Abbruch nach dem ersten Glied entsteht die *Tustin-Formel*

$$s \approx \frac{2}{T} \cdot \frac{z-1}{z+1}\,, \qquad (10\text{-}32)$$

mit der wiederum durch Substitution $G_z(z)$ aus $G(s)$ näherungsweise für kleine Werte von T berechnet werden kann [4].

10.5 Stabilität diskreter Regelsysteme

10.5.1 Stabilitätsbedingungen

Ein diskretes Regelsystem, beschrieben durch (10-3b) oder (10-5) oder auch in der Form

$$G_z(z) = \frac{\beta_0 z^n + \beta_1 z^{n-1} + \ldots + \beta_n}{z^n + \alpha_1 z^{n-1} + \ldots + \alpha_n}\,, \qquad (10\text{-}33)$$

ist stabil, wenn zu jeder beschränkten Eingangsfolge $u(k)$ auch die Ausgangsfolge $y(k)$ beschränkt ist. Unter Benutzung dieser Stabilitätsdefinition kann man nun mithilfe der Faltungssumme (10-5) folgende notwendige und hinreichende Stabilitätsbedingung formulieren: Ist $g(k)$ die Gewichtsfolge eines diskreten Systems, so ist dieses System genau dann stabil, wenn

$$\sum_{k=0}^{\infty} |g(k)| < \infty \qquad (10\text{-}34)$$

ist.

Diese Stabilitätsbedingung im Zeitbereich ist allerdings recht unhandlich. Durch Übergang in den komplexen Bereich der z-Transformierten $G_z(z)$ von $g(k)$ erhält man folgende *notwendige und hinreichende Stabilitätsbedingung in der z-Ebene*:

Das durch die rationale Funktion $G_z(z)$ gemäß (10-33) bestimmte Abtastsystem ist genau dann stabil, wenn alle Pole z_i von $G_z(z)$ innerhalb des Einheitskreises der z-Ebene liegen, d. h., wenn gilt

$$|z_i| < 1 \quad \text{für} \quad i = 1, 2, \ldots, n\,. \qquad (10\text{-}35)$$

Diese Stabilitätsbedingung folgt unmittelbar aus der Analogie zwischen der s-Ebene für kontinuierliche und der z-Ebene für diskrete Systeme. Die linke s-Halbebene wird mithilfe der Substitution (10-9),

$$z = \mathrm{e}^{Ts} \quad \text{mit} \quad s = \sigma + \mathrm{j}\omega\,,$$

in das Innere des Einheitskreises der z-Ebene abgebildet, wobei

$$|z| = \mathrm{e}^{T\sigma} \qquad (10\text{-}36a)$$

und

$$\varphi = \arg z = \omega T \qquad (10\text{-}36b)$$

gilt. Da im kontinuierlichen Fall für asymptotische Stabilität alle Pole s_i der Übertragungsfunktion $G(s)$ in der linken s-Halbebene ($\mathrm{Re}(s_i) < 0$) liegen müssen, folgt aus den Abbildungsgesetzen der

z-Transformation, dass entsprechend bei einem diskreten System alle Pole z_i der z-Übertragungsfunktion $G_z(z)$ im Innern des Einheitskreises liegen müssen, wie oben bereits festgestellt wurde. Anhand von (10-36a,b) lässt sich leicht zeigen, dass die gesamte linke s-Halbebene ($\sigma < 0$) in das Innere des Einheitskreises $0 \leqq |z| < 1$ und die rechte s-Halbebene ($\sigma > 0$) in das Äußere des Einheitskreises $|z| > 1$ abgebildet wird. Der $\mathrm{j}\omega$-Achse der s-Ebene entspricht der Einheitskreis der z-Ebene ($|z| = 1$), der bei deren Abbildung unendlich oft durchlaufen wird. Anhand dieser Überlegungen ist leicht ersichtlich, dass Linien konstanter Dämpfung (σ = const) in der s-Ebene bei dieser Abbildung in Kreise um den Ursprung der z-Ebene übergehen. Linien konstanter Frequenz (ω = const) in der s-Ebene werden in der z-Ebene als Strahlen abgebildet, die im Ursprung der z-Ebene mit konstantem Winkel $\varphi = \omega T$ beginnen. Je größer die Frequenz, desto größer wird also auch der Winkel φ dieser Geraden (Bild 10-4).

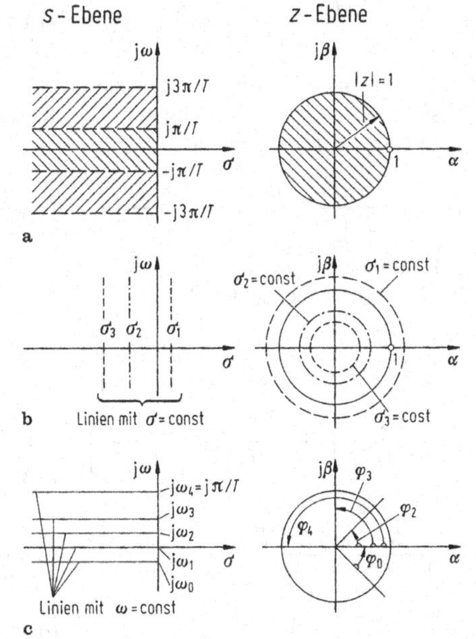

Bild 10-4. Abbildung der s-Ebene in die z-Ebene. **a** Abbildung der linken s-Halbebene in das Innere des Einheitskreises der z-Ebene, **b** Abbildung der Linien σ = const in Kreise der z-Ebene, **c** Abbildung der Linien ω = const in Strahlen aus dem Ursprung der z-Ebene

10.5.2 Stabilitätskriterien

Zur Überprüfung der oben definierten Stabilitätsbedingungen, dass alle Pole z_i von $G_z(z)$ innerhalb des Einheitskreises der z-Ebene liegen müssen, stehen auch bei diskreten Systemen Kriterien zur Verfügung, die ähnlich wie bei linearen kontinuierlichen Systemen von der *charakteristischen Gleichung*

$$f(z) = \gamma_0 + \gamma_1 z + \ldots + \gamma_n z^n = 0 \,. \qquad (10\text{-}37)$$

ausgehen. Diese Beziehung folgt aus (10-33) durch Nullsetzen und triviale Umbenennung des Nennerpolynoms.

Eine einfache Möglichkeit, die Stabilität eines diskreten Systems zu überprüfen, besteht in der Verwendung der *w-Transformation*

$$w = \frac{z-1}{z+1} \quad \text{oder} \quad z = \frac{1+w}{1-w} \,. \qquad (10\text{-}38)$$

Diese Transformation bildet das Innere des Einheitskreises der z-Ebene in die linke w-Ebene ab. Damit werden bei einem stabilen System alle Wurzeln z_i der charakteristischen Gleichung in der linken w-Halbebene abgebildet. Mit (10-38) erhält man als charakteristische Gleichung in der w-Ebene

$$\gamma_0 + \gamma_1 \left[\frac{1+w}{1-w}\right] + \ldots + \gamma_n \left[\frac{1+w}{1-w}\right]^n = 0 \,. \qquad (10\text{-}39)$$

Hierauf kann das Routh- oder Hurwitz-Kriterium (siehe 6.2) angewandt werden. Dieser Weg ist jedoch nicht erforderlich, wenn speziell für diskrete Systeme

Tabelle 10-1. Koeffizienten zum Jury-Stabilitätskriterium

Reihe	z^0	z^1	z^2	…	z^{n-2}	z^{n-1}	z^n
1	γ_0	γ_1	γ_2	…	γ_{n-2}	γ_{n-1}	γ_n
2	γ_n	γ_{n-1}	γ_{n-2}	…	γ_2	γ_1	γ_0
3	b_0	b_1	b_2	…	b_{n-2}	b_{n-1}	
4	b_{n-1}	b_{n-2}	b_{n-3}	…	b_1	b_0	
5	c_0	c_1	c_2	…	c_{n-2}		
6	c_{n-2}	c_{n-3}	c_{n-4}	…	c_0		
⋮				⋮			
$2n-5$	r_0	r_1	r_2	r_3			
$2n-4$	r_3	r_2	r_1	r_0			
$2n-3$	s_0	s_1	s_2				

entwickelte Stabilitätskriterien verwendet werden, wie beispielsweise das Kriterium von Jury [5] oder das Schur-Cohn-Kriterium [6]. Im Folgenden sei kurz das Vorgehen beim *Jury-Stabilitätskriterium* gezeigt.

Zunächst wird in (10-37) das Vorzeichen so gewählt, dass

$$y_n > 0 \tag{10-40}$$

wird. Dann berechnet man das in Tabelle 10-1 dargestellte Koeffizientenschema. Zu diesem Zweck schreibt man die Koeffizienten γ_i in den ersten beiden Reihen vor- und rückwärts – wie dargestellt – an. Jeder nachfolgende Satz zweier zusammengehöriger Reihen wird berechnet aus folgenden Determinanten:

$$b_k = \begin{vmatrix} \gamma_0 & \gamma_{n-k} \\ \gamma_n & \gamma_k \end{vmatrix}, \quad c_k = \begin{vmatrix} b_0 & b_{n-1-k} \\ b_{n-1} & b_k \end{vmatrix}$$

$$d_k = \begin{vmatrix} c_0 & c_{n-2-k} \\ c_{n-2} & c_k \end{vmatrix}, \ldots$$

$$s_0 = \begin{vmatrix} r_0 & r_3 \\ r_3 & r_0 \end{vmatrix}, \quad s_1 = \begin{vmatrix} r_0 & r_2 \\ r_3 & r_1 \end{vmatrix}, \quad s_2 = \begin{vmatrix} r_0 & r_1 \\ r_3 & r_2 \end{vmatrix}.$$

Die Berechnung erfolgt solange, bis die letzte Reihe mit den drei Zahlen s_0, s_1 und s_2 erreicht ist. Das Jury-Stabilitätskriterium besagt nun, dass für asymptotisch stabiles Verhalten folgende notwendigen und hinreichenden Bedingungen erfüllt sein müssen:

a) $f(1) > 0$ und $(-1)^n f(-1) > 0$ (10-41)

b) außerdem folgende $(n-1)$ Bedingungen:

$$\begin{aligned} &|\gamma_0| < \gamma_n > 0 \quad |d_0| > |d_{n-3}| \\ &|b_0| > |b_{n-1}| \quad \vdots \\ &|c_0| > |c_{n-2}| \quad |s_0| > |s_2|\,. \end{aligned} \tag{10-42}$$

Ist eine dieser Bedingungen nicht erfüllt, dann ist das System instabil. Bevor das Koeffizientenschema aufgestellt wird, muss zuerst $f(z=1)$ und $f(z=-1)$ berechnet werden. Erfüllt eine dieser Beziehungen die zugehörige obige Ungleichung nicht, dann liegt bereits instabiles Verhalten vor.

10.6 Regelalgorithmen für die digitale Regelung

10.6.1 PID-Algorithmus

Eine der einfachsten Möglichkeiten, einen Regelalgorithmus für die digitale Regelung zu realisieren, besteht darin, die Funktion des konventionellen analogen PID-Reglers einem Prozessrechner zu übertragen. Dazu muss der PID-Regler mit verzögertem D-Verhalten und der Übertragungsfunktion

$$G_{\mathrm{PID}}(s) = K_{\mathrm{R}}\left[1 + \frac{1}{T_{\mathrm{I}}s} + \frac{T_{\mathrm{D}}s}{1 + T_{\mathrm{v}}s}\right] \tag{10-43}$$

in einen diskreten Algorithmus umgewandelt werden. Da hierbei der Zeitverlauf des Eingangssignals, nämlich die Regelabweichung $e(t)$ beliebig sein kann, ist die Bestimmung der z-Übertragungsfunktion des diskreten PID-Reglers nur näherungsweise möglich.

Für die Berechnung des I-Anteils wird die Tustin-Formel (10-32) benutzt, wodurch eine Integration nach der Trapezregel beschrieben wird. Zur Diskretisierung des D-Anteils erweist sich eine Substitution nach (10-30) als günstiger, sodass man insgesamt für den PID-Algorithmus die z-Übertragungsfunktion

$$\begin{aligned} D_{\mathrm{PID}}(z) = K_{\mathrm{R}}\Bigg[&1 + \frac{T}{2T_{\mathrm{I}}}\cdot\frac{z+1}{z-1} \\ &+ \frac{T_{\mathrm{D}}}{T}\cdot\frac{z-1}{z(1+T_{\mathrm{v}}/T) - T_{\mathrm{v}}/T}\Bigg] \end{aligned} \tag{10-44}$$

erhält. Fasst man die einzelnen Terme zusammen, so ergibt sich eine z-Übertragungsfunktion 2. Ordnung mit den Polen $z = 1$ und $z = -c_1$

$$D_{\mathrm{PID}}(z) = \frac{U_{\mathrm{z}}(z)}{E_{\mathrm{z}}(z)} = \frac{d_0 + d_1 z^{-1} + d_2 z^{-2}}{(1 - z^{-1})(1 + c_1 z^{-1})}\,, \tag{10-45}$$

deren Koeffizienten aus den Parametern $K_{\mathrm{R}}, T_{\mathrm{I}}, T_{\mathrm{D}}$ und T_{v} wie folgt berechnet werden:

$$d_0 = \frac{K_{\mathrm{R}}}{1 + T_{\mathrm{v}}/T}\left[1 + \frac{T + T_{\mathrm{v}}}{2T_{\mathrm{I}}} + \frac{T_{\mathrm{D}} + T_{\mathrm{v}}}{T}\right], \tag{10-46a}$$

$$d_1 = \frac{K_{\mathrm{R}}}{1 + T_{\mathrm{v}}/T}\left[-1 + \frac{T}{2T_{\mathrm{I}}} - \frac{2(T_{\mathrm{D}} + T_{\mathrm{v}})}{T}\right], \tag{10-46b}$$

$$d_2 = \frac{K_{\mathrm{R}}}{1 + T_{\mathrm{v}}/T}\left[\frac{T_{\mathrm{D}} + T_{\mathrm{v}}}{T} - \frac{T_{\mathrm{v}}}{2T_{\mathrm{I}}}\right], \tag{10-46c}$$

$$c_1 = -\frac{T_{\mathrm{v}}}{T + T_{\mathrm{v}}}\,. \tag{10-46d}$$

Die zugehörige Differenzengleichung

$$\begin{aligned} u(k) &= d_0 e(k) + d_1 e(k-1) + d_2 e(k-2) \\ &\quad + (1 - c_1)u(k-1) + c_1 u(k-2) \end{aligned} \tag{10-47}$$

Tabelle 10-2. Einstellwerte für diskrete Regler nach Takahashi

	Reglertypen	Reglereinstellwerte K_R	T_I	T_D
Methode I	P	$0{,}5K_{R\,krit}$	–	–
	PI	$0{,}45K_{R\,krit}$	$0{,}83T_{krit}$	–
	PID	$0{,}6K_{R\,krit}$	$0{,}5T_{krit}$	$0{,}125T_{krit}$
Methode II	P	$\frac{1}{K_S}\cdot\frac{T_a}{T_u+T}$	–	–
	PI	$\frac{0{,}9}{K_S}\cdot\frac{T_a}{T_u+T/2}$	$3{,}33(T_u+T/2)$	–
	PID	$\frac{1{,}2}{K_S}\cdot\frac{T_a}{T_u+T}$	$2\frac{(T_u+T/2)^2}{T_u+T}$	$\frac{T_u+T}{2}$
		für $T/T_a \leqq 1/10$		

Übergangsfunktion der Regelstrecke

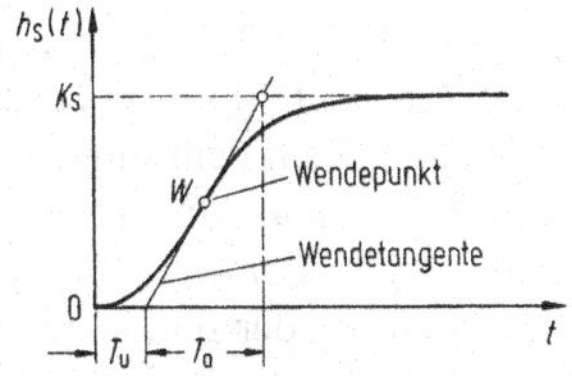

erhält man direkt aus (10-45) durch inverse z-Transformation. Gleichung (10-47) wird auch als *Stellungs-* oder *Positionsalgorithmus* bezeichnet, da hier die Stellgröße direkt berechnet wird. Im Gegensatz dazu wird beim *Geschwindigkeitsalgorithmus* jeweils die Änderung der Stellgröße

$$\Delta u(k) = u(k) - u(k-1) \qquad (10\text{-}48)$$

berechnet, wobei die entsprechende Differenzengleichung lautet:

$$\begin{aligned}\Delta u(k) = \; & d_0 e(k) + d_1 e(k-1) \\ & + d_2 e(k-2) - c_1 \Delta u(k-1)\,.\end{aligned} \qquad (10\text{-}49)$$

Durch Anwendung der z-Transformation folgt aus (10-49) direkt die z-Übertragungsfunktion des Geschwindigkeitsalgorithmus

$$D'_{\mathrm{PID}}(z) = \frac{\Delta U_z(z)}{E_z(z)} = \frac{d_0 + d_1 z^{-1} + d_2 z^{-2}}{1 + c_1 z^{-1}}\,. \qquad (10\text{-}50)$$

In der Praxis wird der Geschwindigkeitsalgorithmus immer dann angewendet, wenn das Stellglied speicherndes Verhalten hat, wie es z. B. bei einem Schrittmotor der Fall ist.

Die hier besprochenen PID-Algorithmen stellen aufgrund ihrer Herleitung *quasistetige* Regelalgorithmen dar. Wählt man dabei die Abtastzeit T mindestens $1/10$ kleiner als die dominierende Zeitkonstante des Systems, so können unmittelbar die Parameter des kontinuierlichen PID-Reglers in (10-46a) bis (10-46d) eingesetzt werden, wie sie durch *Optimierung*, aufgrund von *Einstellregeln* oder Erfahrungswerten bekannt sind. Am meisten verbreitet sind die von Takahashi [7] für diskrete Regler entwickelten Einstellregeln, die sich weitgehend an die Regeln von Ziegler-Nichols (siehe 8) anlehnen.

Die Reglerparameter können entweder anhand der Kennwerte des geschlossenen Regelkreises an der Stabilitätsgrenze bei Verwendung eines P-Reglers (Methode I) oder anhand der gemessenen Übergangsfunktion der Regelstrecke (Methode II) ermittelt werden. Die hierfür notwendigen Beziehungen sind in Tabelle 10-2 für den P-, PI- und PID-Regler zusammengestellt. Dabei beschreiben die Größen $K_{R\,krit}$ den Verstärkungsfaktor eines P-Reglers an der Stabilitätsgrenze und T_{krit} die Periodendauer der sich einstellenden Dauerschwingung. Bezüglich der Wahl der Größe von T_V ist darauf zu achten, dass bei kleinen Abtastzeiten das durch den Analog-Digital-Umsetzer verursachte „Quantisierungsrauschen" am Reglereingang nicht zu sehr verstärkt wird. Selbstverständlich kann der PID-Algorithmus auch mit größeren Abtastzeiten eingesetzt werden. Allerdings ist es dann nicht mehr möglich, die Parameter nach den zuvor erwähnten Regeln einzustellen. Sehr gute Ergebnisse erhält man in diesem Fall durch Optimierung der Parameter.

10.6.2 Der Entwurf diskreter Kompensationsalgorithmen

Der diskrete Entwurf ist besonders dann interessant, wenn die Abtastzeit so groß gewählt wird, dass nicht mehr von einem quasistetigen Betrieb ausgegangen werden kann. In diesem Fall erhält man aus dem Prinzip der Kompensation der Regelstrecke ein sehr einfaches und leistungsfähiges Syntheseverfahren für diskrete Regelalgorithmen, das es ermöglicht, die diskrete Führungsübertragungsfunktion des geschlossenen Regelkreises nahezu beliebig vorzugeben. Ausgangspunkt ist ein Abtastregelkreis in diskreter Darstellung gemäß Bild 10-5, wobei die Regelstrecke, die kein sprungfähiges Verhalten besitzen soll ($b_0 = 0$), durch die z-Übertragungsfunktion (der einfacheren Beschreibung halber wird im Folgenden auf den Index z verzichtet)

$$G(z) = \frac{B(z)z^{-d}}{A(z)} = \frac{b_1 z^{-1} + \ldots + b_n z^{-n}}{1 + a_1 z^{-1} + \ldots + a_n z^{-n}} z^{-d} \qquad (10\text{-}51)$$

und der diskrete Regler durch $D(z)$ beschrieben werden. Hierbei ist d die diskrete Totzeit der Regelstrecke, für die $d = T_t/T$ gilt. Die Führungsübertragungsfunktion dieses Regelkreises lautet:

$$G_W(z) = \frac{Y(z)}{W(z)} = \frac{D(z)G(z)}{1 + D(z)G(z)} \,. \qquad (10\text{-}52)$$

Nun gibt man für $G_W(z)$ ein gewünschtes Übertragungsverhalten in Form einer „Modellübertragungsfunktion" $K_W(z)$ vor mit der Forderung

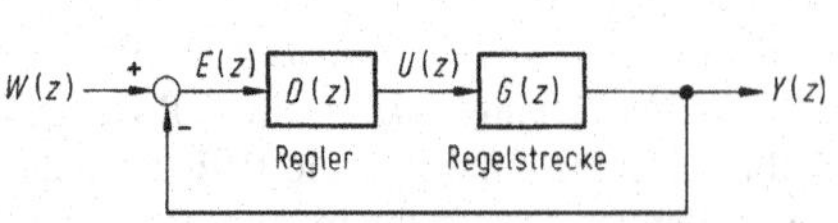

Bild 10-5. Diskreter Regelkreis

$$G_W(z) \stackrel{!}{=} K_W(z) \,.$$

Damit löst man (10-52) nach $D(z)$ auf und erhält analog zu (8-44) die Übertragungsfunktion des Reglers

$$D(z) = \frac{1}{G(z)} \cdot \frac{K_W(z)}{1 - K_W(z)} \,. \qquad (10\text{-}53)$$

Diese Beziehung stellt die Grundgleichung der diskreten Kompensation dar.
Treten in $G(z)$ Pole und/oder Nullstellen außerhalb des Einheitskreises der z-Ebene auf, so muss $K_W(z)$ die folgenden Bedingungen erfüllen

$$K_W(z) = B^-(z)K_1(z)z^{-d} \qquad (10\text{-}54)$$

und

$$1 - K_W(z) = A^-(z)K_2(z) \,, \qquad (10\text{-}55)$$

wobei $A^-(z)$ und $B^-(z)$ die Teilpolynome von $A(z) = A^+(z)A^-(z)$ und $B(z) = B^+(z)B^-(z)$ darstellen, deren Wurzeln außerhalb und auf dem Einheitskreis liegen, d. h., es gilt $|z_i| \geqq 1$, während für $A^+(z)$ und $B^+(z)$ die Beziehung $|z_i| < 1$ gilt. Bei der Wahl von $K_1(z)$ und $K_2(z)$ ist weiter – wegen der stationären Genauigkeit für Führungsverhalten – die Bedingung $K_W(1) = 1$ einzuhalten. Diese Bedingung wird mit (10-54) und (10-55) gerade erfüllt durch die Ansätze

$$K_1(z) = \frac{B_K(z)P(z)}{N(z)} \qquad (10\text{-}56)$$

und

$$K_2(z) = \frac{\left(1 - z^{-1}\right)Q(z)}{N(z)} \,. \qquad (10\text{-}57)$$

In diesen beiden Beziehungen können die Polynome $N(z)$ und $B_K(z)$ noch frei gewählt werden.
Damit ist $K_W(z)$ vollständig festgelegt. Die unbekannten Polynome $P(z)$ und $Q(z)$ werden mit minimaler Ordnung so bestimmt, dass $B_K(z)$ und $N(z)$ alle frei wählbaren Parameter enthalten. Durch Einsetzen von (10-54) in (10-55) folgt unter Berücksichtigung von (10-56) und (10-57) die Polynomgleichung

$$N(z) - A^-(z)(1 - z^{-1})Q(z) = B^-(z)B_K(z)P(z)z^{-d} \qquad (10\text{-}58)$$

zur Bestimmung von $P(z)$ und $Q(z)$. Durch Einsetzen von (10-54) bis (10-57) und (10-51) in (10-53) erhält man schließlich als Beziehung für den allgemeinen Kompensationsalgorithmus

$$D(z) = \frac{A^+(z)B_K(z)P(z)}{B^+(z)Q(z)(1 - z^{-1})} \,. \qquad (10\text{-}59)$$

Für den Fall, dass alle Pole und Nullstellen von $G(z)$ im Bereich $|z_i| < 1$ liegen, werden (10-54) bis (10-59) vereinfacht, indem die Polynome $A^+(z)$, $A^-(z)$, $B^+(z)$ und $B^-(z)B_K(z)P(z)$ ersetzt werden durch $A(z)$, 1, $B(z)$ und $P'(z)$ [3], wobei $P'(z)$ und $N(z)$ frei wählbar sind.

10.6.3 Kompensationsalgorithmus für endliche Einstellzeit

Das Verfahren der diskreten Kompensation bietet die Möglichkeit, Regelkreise mit endlicher Einstellzeit (*deadbeat response*) zu entwerfen. Dies ist eine für Abtastsysteme typische Eigenschaft, die bei kontinuierlichen Regelsystemen nicht erreicht werden kann.
Es soll also $K_W(z)$ nun so gewählt werden, dass der Einschwingvorgang nach einer sprungförmigen Sollwertänderung innerhalb von $n_E = q + d$ Abtastschritten abgeschlossen ist. Offensichtlich wird diese Bedingung erfüllt, wenn $K_W(z)$ ein endliches Polynom in z^{-1} der Ordnung n_E ist. Dies ist gewährleistet, wenn

$$N(z) = 1$$

gewählt wird. Außerdem muss auch die Stellgröße nach n_E Abtastwerten einen konstanten Wert annehmen [3]. Somit ergibt sich für die Modellübertragungsfunktion des Führungsverhaltens des geschlossenen Regelkreises

$$K_W(z) = B(z)B_K(z)P(z)z^{-d} \, . \tag{10-60}$$

Nach kurzer Zwischenrechnung erhält man für die Übertragungsfunktion des Reglers mit endlicher Einstellzeit

$$D(z) = \frac{A^+(z)B_K(z)P(z)}{Q(z)(1 - z^{-1})} \tag{10-61}$$

und als Bestimmungsgleichung für $P(z)$ und $Q(z)$

$$1 - A^-(z)(1 - z^{-1})Q(z) = B(z)B_K(z)P(z)z^{-d} \, . \tag{10-62}$$

$P(z)$ und $Q(z)$ können bei entsprechender Wahl von $B_K(z)$ mit (10-62) durch Koeffizientenvergleich gewonnen werden und ermöglichen so einen Entwurf, der den Anteil $A^-(z)$ der Streckenübertragungsfunktion berücksichtigt.
Für den speziellen Fall *stabiler Regelstrecken* führt das folgende Vorgehen auf sehr einfache Weise unmittelbar zum Entwurf eines Reglers mit endlicher Einstellzeit. Benutzt man in (10-60) noch die Abkürzung

$$B^*(z) = B(z)B_K(z) = \sum_{i=0}^{q} b_i^* z^{-1} \, , \tag{10-63}$$

dann erhält man für die Übertragungsfunktion des zugehörigen Reglers [3]

$$D(z) = \frac{A(z)B_K(z)/B^*(1)}{1 - [B^*(z)/B^*(1)]\, z^{-d}} \, . \tag{10-64}$$

Wählt man beispielsweise $B_K(z) = 1$, so wird $q = n$, also gleich der Ordnung der Regelstrecke. Damit ergibt sich als minimale Anzahl von Abtastschritten $n_E = n + d$ für die Ausregelung eines Sollwertsprunges, wodurch die *minimale Ausregelzeit* festgelegt wird. Bezüglich der Wahl von $B_K(z)$ können verschiedene Kriterien angewendet werden. Einerseits erhöht sich mit der Ordnung von $B_K(z)$ die Reglerordnung und damit bei einem Sollwertsprung die Anzahl der Abtastschritte bis zum Erreichen des stationären Endwertes der Regelgröße. Andererseits kann aber auch durch geeignete Wahl von $B_K(z)$ das Stellverhalten verbessert werden [3].

11 Zustandsraumdarstellung linearer Regelsysteme

11.1 Allgemeine Darstellung

Aufgrund ihrer Gemeinsamkeiten werden nachfolgend kontinuierliche und diskrete Systeme gemeinsam dargestellt und – soweit erforderlich – durch (a) und (b) in den Gleichungsnummern unterschieden. Eine Mehrgrößenregelstrecke wird durch die Zustandsgleichung

$$\dot{\boldsymbol{x}}(t) = \boldsymbol{A}\boldsymbol{x}(t) + \boldsymbol{B}\boldsymbol{u}(t) \, , \quad \boldsymbol{x}(t_0) = \boldsymbol{x}_0 \tag{11-1a}$$

$$\boldsymbol{x}(k+1) = \boldsymbol{A}_d\boldsymbol{x}(k) + \boldsymbol{B}_d\boldsymbol{u}(k) \, , \quad \boldsymbol{x}(0) = \boldsymbol{x}_0 \tag{11-1b}$$

und durch die Ausgangsgleichung

$$\boldsymbol{y}(t) = \boldsymbol{C}\boldsymbol{x}(t) + \boldsymbol{D}\boldsymbol{u}(t) \tag{11-2a}$$

$$\boldsymbol{y}(k) = \boldsymbol{C}_d\boldsymbol{x}(k) + \boldsymbol{D}_d\boldsymbol{u}(k) \tag{11-2b}$$

beschrieben, vgl. 3.3. Bei der Umrechnung eines kontinuierlichen Systems der Darstellung (a) in dem diskreten Fall von (b) existiert folgender Zusammenhang: $\boldsymbol{C}_d = \boldsymbol{C}$ und $\boldsymbol{D}_d = \boldsymbol{D}$, sowie

$$\boldsymbol{A}_d = \boldsymbol{I} + \boldsymbol{S}\boldsymbol{A} \quad \text{und} \quad \boldsymbol{B}_d = \boldsymbol{S}\boldsymbol{B} \tag{11-3}$$

mit

$$\boldsymbol{S} = T \sum_{\nu=0}^{\infty} \boldsymbol{A}^{\nu} \frac{T^{\nu}}{(\nu+1)!} \, , \tag{11-4}$$

wobei T die Abtastzeit ist, und $\boldsymbol{I}$ die Einheitsmatrix kennzeichnet. Die unendliche Reihe in (11-4) muss bei der praktischen Auswertung nach einer endlichen Zahl von Gliedern abgebrochen werden. Dabei wird zweckmäßigerweise ein zulässiger Abbruchfehler durch die Norm des Zuwachsterms vorgeschrieben.

Die Lösung von (11-1) lautet

$$\boldsymbol{x}(t) = \boldsymbol{\Phi}(t)\boldsymbol{x}_0 + \int_0^t \boldsymbol{\Phi}(t-\tau)\boldsymbol{B}\boldsymbol{u}(\tau)\mathrm{d}\tau\,, \tag{11-5a}$$

$$\boldsymbol{x}(k) = \boldsymbol{\Phi}(k)\boldsymbol{x}_0 + \sum_{j=0}^{k-1} \boldsymbol{A}_\mathrm{d}^{k-j-1}\boldsymbol{B}_\mathrm{d}\boldsymbol{u}(j)\,, \tag{11-5b}$$

$$\text{wobei} \quad \boldsymbol{\Phi}(t) = \mathrm{e}^{\boldsymbol{A}t}\,, \quad \boldsymbol{\Phi}(k) = \boldsymbol{A}_\mathrm{d}^k \tag{11-6a,b}$$

als *Fundamental-* oder *Übergangsmatrix* bezeichnet wird. Diese Matrix spielt bei den Methoden des Zustandsraums eine wichtige Rolle. Sie ermöglicht auf einfache Weise die Berechnung des Systemzustands für alle Zeiten t allein aus der Kenntnis eines Anfangszustands x_0 und des Zeitverlaufs des Eingangsvektors. Der Term $\boldsymbol{\Phi}\boldsymbol{x}_0$ in (11-5) beschreibt die homogene Lösung der Zustandsgleichung, die auch als *Eigenbewegung* oder als *freie Reaktion* des Systems bezeichnet wird. Der zweite Term entspricht der partikulären Lösung, also dem durch die äußere Erregung gegebenen Anteil (*erzwungene Reaktion*). Zur Berechnung von $\boldsymbol{\Phi}$ existieren verschiedene Methoden [1]. Eine einfache Möglichkeit besteht in der Berechnung im Frequenzbereich:

$$\boldsymbol{\Phi}(t) = \mathscr{L}^{-1}\{(s\boldsymbol{I} - \boldsymbol{A})^{-1}\}\,, \tag{11-7a}$$

$$\boldsymbol{\Phi}(k) = \mathscr{Z}^{-1}\{(z\boldsymbol{I} - \boldsymbol{A}_\mathrm{d})^{-1}z\}\,. \tag{11-7b}$$

Andererseits bietet sich für diskrete Systeme die rekursive Form

$$\boldsymbol{\Phi}(k+1) = \boldsymbol{A}_\mathrm{d}\boldsymbol{\Phi}(k) \quad \text{mit} \quad \boldsymbol{\Phi}(0) = \boldsymbol{I} \tag{11-8}$$

zur einfachen Berechnung an.

Das Übertragungsverhalten der durch (11-1) beschriebenen Mehrgrößenregelstrecke lässt sich auch durch die *Übertragungsmatrix* $\underline{\boldsymbol{G}}$ in der Darstellung

$$\boldsymbol{Y}(s) = \underline{\boldsymbol{G}}(s)\boldsymbol{U}(s)\,, \quad \boldsymbol{Y}(z) = \underline{\boldsymbol{G}}(z)\boldsymbol{U}(z) \tag{11-9a,b}$$

beschreiben, wobei die Elemente G_{ij} *von* $\underline{\boldsymbol{G}}(i = 1, 2, \ldots, m;\ j = 1, 2, \ldots, r)$ die Teilübertragungsfunktionen des Mehrgrößensystems sind. Für $\underline{\boldsymbol{G}}$ gilt

$$\underline{\boldsymbol{G}}(s) = \boldsymbol{C}(s\boldsymbol{I} - \boldsymbol{A})^{-1}\boldsymbol{B} + \boldsymbol{D}\,, \tag{11-10a}$$

$$\underline{\boldsymbol{G}}(z) = \boldsymbol{C}_\mathrm{d}(z\boldsymbol{I} - \boldsymbol{A}_\mathrm{d})^{-1}\boldsymbol{B}_\mathrm{d} + \boldsymbol{D}_\mathrm{d}\,. \tag{11-10b}$$

Im Falle eines Eingrößensystems geht z. B. (11-10a) über in die *Übertragungsfunktion*:

$$G(s) = \boldsymbol{c}^\mathrm{T}(s\boldsymbol{I} - \boldsymbol{A})^{-1}\boldsymbol{b} + d\,. \tag{11-11}$$

Aus (11-10) bzw. (11-11) erhält man unmittelbar die *charakteristische Gleichung* des offenen Systems durch Berechnung der Determinanten

$$P^*(s) = |(s\boldsymbol{I} - \boldsymbol{A})| = 0\,, \tag{11-12a}$$

$$P^*(z) = |(z\boldsymbol{I} - \boldsymbol{A}_\mathrm{d})| = 0\,, \tag{11-12b}$$

wobei die sich aus diesem Polynom ergebenen Wurzeln die Pole des Systems darstellen, die auch als Eigenwerte von $\boldsymbol{A}$ bzw. $\boldsymbol{A}_\mathrm{d}$ anzusehen sind. Zur Beurteilung der Stabilität kann die Lage dieser Pole in der s- oder z-Ebene herangezogen werden.

11.2 Normalformen für Eingrößensysteme

Der kürzeren Schreibweise wegen erfolgt im Weiteren die Darstellung nur für kontinuierliche Systeme, die durch die Übertragungsfunktion

$$G(s) = \frac{Y(s)}{U(s)} = \frac{b_0 + b_1 s + \ldots + b_{n-1}s^{n-1} + b_n s^n}{a_0 + a_1 s + \ldots + a_{n-1}s^{n-1} + s^n} \tag{11-13}$$

beschrieben werden. Um für derartige Systeme eine Zustandsraumdarstellung anzugeben, können Standardformen gewählt werden:

a) **Regelungsnormalform**:

$$\boldsymbol{A} = \begin{bmatrix} 0 & 1 & 0 & 0 & \ldots & 0 \\ 0 & 0 & 1 & 0 & & 0 \\ 0 & 0 & 0 & 1 & & 0 \\ \vdots & & & & \ddots & \vdots \\ 0 & 0 & 0 & 0 & \cdots & 1 \\ -a_0 & -a_1 & -a_2 & -a_3 & \cdots & -a_{n-1} \end{bmatrix}, \quad \boldsymbol{B} = \boldsymbol{b} = \begin{bmatrix} 0 \\ 0 \\ 0 \\ \vdots \\ 0 \\ 1 \end{bmatrix}, \tag{11-14a,b}$$

$$
\begin{aligned}
\boldsymbol{C} &= \boldsymbol{c}^{\mathrm{T}} \\
&= [(b_0 - b_n a_0), (b_1 - b_n a_1), \ldots (b_{n-1} - b_n a_{n-1})] \,, \\
\boldsymbol{D} &= d = b_n \,. \qquad (11\text{-}14\text{c,d})
\end{aligned}
$$

Die Struktur der Matrix $\boldsymbol{A}$ wird als *Frobenius-Form* oder *Regelungsnormalform* bezeichnet. Sie ist dadurch gekennzeichnet, dass sie in der untersten Zeile genau die negativen Koeffizienten ihres charakteristischen Polynoms (normiert auf $a_n = 1$) enthält.

b) **Beobachtungsnormalform**:

$$
\boldsymbol{A} = \begin{bmatrix} 0\;0 \ldots 0\;0 & -a_0 \\ 1\;0 \quad \vdots\;\vdots & \vdots \\ 0\;1 \quad \vdots\;\vdots & \vdots \\ 0\;0 \ldots 0\;0 & -a_{n-3} \\ \vdots\;\vdots \quad 1\;0 & -a_{n-2} \\ 0\;0 \ldots 0\;1 & -a_{n-1} \end{bmatrix}, \qquad (11\text{-}15\text{a,b})
$$

$$
\boldsymbol{b} = \begin{bmatrix} b_0 & - b_n a_0 \\ b_1 & - b_n a_1 \\ & \vdots \\ b_{n-3} & - b_n a_{n-3} \\ b_{n-2} & - b_n a_{n-2} \\ b_{n-1} & - b_n a_{n-1} \end{bmatrix},
$$

$$
\boldsymbol{C} = \boldsymbol{c}^{\mathrm{T}} = [0\;0\;\ldots\;0\;1]\,, \;\; \boldsymbol{D} = d = b_n \,. (11\text{-}15\text{c,d})
$$

Man erkennt unmittelbar, dass diese Systemdarstellung dual zur Regelungsnormalform ist, insofern als die Vektoren $\boldsymbol{b}$ und $\boldsymbol{c}$ gerade vertauscht sind, während die Matrix $\boldsymbol{A}$ eine transponierte Frobenius-Form besitzt, in der die negativen Koeffizienten des charakteristischen Polynoms als Spalte auftreten.

c) **Diagonalform**: Für einfache reelle Pole folgt:

$$
\boldsymbol{A} = \begin{bmatrix} s_1 & 0 & \ldots & 0 \\ 0 & s_2 & & \vdots \\ \vdots & & \ddots & 0 \\ 0 & \ldots & 0 & s_n \end{bmatrix}, \; \boldsymbol{b} = \begin{bmatrix} 1 \\ 1 \\ \vdots \\ 1 \end{bmatrix} \qquad (11\text{-}16\text{a,b})
$$

$$
\text{und} \quad \boldsymbol{c}^{\mathrm{T}} = [c_1\; c_2\; \ldots\; c_n]\,. \qquad (11\text{-}16\text{c})
$$

In dieser Darstellung sind die Zustandsgleichungen entkoppelt. Das System zerfällt in n voneinander unabhängige Einzelsysteme 1. Ordnung, wobei jedem dieser Teilsysteme genau ein Pol des Systems zugeordnet ist. Die Systemmatrix hat Diagonalform und besitzt die Pole als Diagonalelemente. Treten mehrfache und/oder komplexe Pole auf, so ist eine blockdiagonale Struktur der Matrix in Form einer Jordan-Matrix [1] erforderich.

11.3 Steuerbarkeit und Beobachtbarkeit

Das dynamische Verhalten eines Übertragungssystems wird, wie oben gezeigt wurde, durch die Zustandsgrößen vollständig beschrieben. Bei einem gegebenen System sind diese jedoch in der Regel nicht bekannt; man kennt gewöhnlich nur den Ausgangsvektor $\boldsymbol{y}(t)$ sowie den Steuervektor $\boldsymbol{u}(t)$. Dabei sind für die Analyse und den Entwurf eines Regelsystems folgende Fragen interessant, die eine erste Näherung der Begriffe Steuerbarkeit und Beobachtbarkeit ergeben:

- Gibt es irgendwelche Komponenten des Zustandsvektors $\boldsymbol{x}(t)$ des Systems, die keinen Einfluss auf den Ausgangsvektor $\boldsymbol{y}(t)$ ausüben? Ist dies der Fall, dann kann aus dem Verhalten des Ausgangsvektors $\boldsymbol{y}(t)$ nicht auf den Zustandsvektor $\boldsymbol{x}(t)$ geschlossen werden, und es liegt nahe, das betreffende System als nicht *beobachtbar* zu bezeichnen.
- Gibt es irgendwelche Komponenten des Zustandsvektors $\boldsymbol{x}(t)$ des Systems, die nicht vom Eingangsvektor (Steuervektor) $\boldsymbol{u}(t)$ beeinflusst werden? Ist dies der Fall, dann ist es naheliegend, das System als nicht *steuerbar* zu bezeichnen.

Die von Kalman [2] eingeführten Begriffe *Steuerbarkeit* und *Beobachtbarkeit* spielen in der modernen Regelungstechnik eine wichtige Rolle und ermöglichen eine schärfere Definition dieser soeben erwähnten Systemeigenschaften.

Definition der Steuerbarkeit: Das durch (11-1) beschriebene lineare System ist *vollständig zustandssteuerbar*, wenn es für jeden Anfangszustand $\boldsymbol{x}(t_0)$ eine Steuerfunktion $\boldsymbol{u}(t)$ gibt, die das System innerhalb einer beliebigen endlichen Zeitspanne $t_0 \leqq t \leqq t_1$ in den Endzustand $\boldsymbol{x}(t_1) = \boldsymbol{0}$ überführt.

Für die Steuerbarkeit eines linearen zeitinvarianten Systems ist folgende Bedingung notwendig und hinreichend:

$$\text{Rang}\,[\boldsymbol{B}|\boldsymbol{AB}|\ldots|\boldsymbol{A}^{n-1}\boldsymbol{B}] = n\,. \qquad (11\text{-}17)$$

Das bedeutet, die $(n \times nr)$-Hypermatrix

$$\boldsymbol{S}_1 = [\boldsymbol{B}|\boldsymbol{AB}|\ldots|\boldsymbol{A}^{n-1}\boldsymbol{B}]$$

muss n linear unabhängige Spaltenvektoren enthalten. Bei Eingrößensystemen ist $\boldsymbol{S}_1$ eine quadratische Matrix, deren n Spalten linear unabhängig sein müssen. In diesem Fall kann der Rang von $\boldsymbol{S}_1$ anhand der Determinante $|\boldsymbol{S}_1|$ überprüft werden. Ist $|\boldsymbol{S}_1| \neq 0$ dann besitzt $\boldsymbol{S}_1$ den vollen Rang.

Definition der Beobachtbarkeit: Das durch (11-1) und (11-2) beschriebene lineare System ist *vollständig beobachtbar*, wenn man bei bekannter Steuerfunktion $\boldsymbol{u}(t)$ und bekannten Matrizen $\boldsymbol{A}$ und $\boldsymbol{C}$ aus der Messung des Ausgangsvektors $\boldsymbol{y}(t)$ über ein endliches Zeitintervall $t_0 \leqq t \leqq t_1$ den Anfangszustand $\boldsymbol{x}(t_0)$ eindeutig bestimmen kann.

Zur Prüfung der *Beobachtbarkeit* eines linearen zeitinvarianten Systems bildet man die $(n \times nm)$-Hypermatrix

$$\boldsymbol{S}_2^{\mathrm{T}} = [\boldsymbol{C}^{\mathrm{T}}|(\boldsymbol{CA})^{\mathrm{T}}|\ldots|(\boldsymbol{CA}^{n-1})^{\mathrm{T}}]\,.$$

Das System ist genau dann beobachtbar, wenn gilt

$$\text{Rang}\,\boldsymbol{S}_2 = n\,. \qquad (11\text{-}18)$$

Diese Bedingung kann auch mithilfe der transponierten Matrix $\boldsymbol{S}_2^{\mathrm{T}}$ ausgedrückt werden:

$$\text{Rang}[\boldsymbol{C}^{\mathrm{T}}|\boldsymbol{A}^{\mathrm{T}}\boldsymbol{C}^{\mathrm{T}}|\ldots|(\boldsymbol{A}^{\mathrm{T}})^{n-1}\boldsymbol{C}^{\mathrm{T}}] = n\,,$$

woraus man durch Vergleich mit (11-17) erkennt, dass Beobachtbarkeit und Steuerbarkeit duale Systemeigenschaften sind.

11.4 Synthese linearer Regelsysteme im Zustandsraum

11.4.1 Das geschlossene Regelsystem

Ist eine Regelstrecke in der Zustandsraumdarstellung nach (11-1),

$$\dot{\boldsymbol{x}} = \boldsymbol{Ax} + \boldsymbol{Bu} \quad \text{mit} \quad \boldsymbol{x}_0 = \boldsymbol{x}(0)\,,$$

und (11-2),

$$\boldsymbol{y} = \boldsymbol{Cx} + \boldsymbol{Du}\,,$$

gegeben, so bieten sich für ihre Regelung folgende zwei wichtige Möglichkeiten an:

a) Rückführung des Zustandsvektors $\boldsymbol{x}$,
b) Rückführung des Ausgangsvektors $\boldsymbol{y}$.

Die Blockstrukturen beider Möglichkeiten sind in Bild 11-1 dargestellt. Die Rückführung erfolge in beiden Fällen über konstante Verstärkungs- oder *Reglermatrizen*

$$\boldsymbol{F}_{(r\times n)} \quad \text{oder} \quad \boldsymbol{F}'_{(r\times m)}\,,$$

die oft auch als *Rückführmatrizen* bezeichnet werden. Beide Blockstrukturen weisen des Weiteren für die Führungsgröße je ein *Vorfilter* auf, das ebenfalls durch eine konstante Matrix

$$\boldsymbol{V}_{(r\times m)} \quad \text{oder} \quad \boldsymbol{V}'_{(r\times m)}$$

beschrieben wird. Dieses Vorfilter sorgt dafür, dass der Ausgangsvektor $\boldsymbol{y}$ im stationären Zustand mit dem *Führungsvektor* $\boldsymbol{w}_{(m\times 1)}$ übereinstimmt. Für jede der beiden Regelkreisstrukturen lässt sich nun ebenfalls eine Zustandsraumdarstellung angeben.
Bei dem Regelsystem mit Rückführung des Zustandsvektors erhält man die Zustandsraumdarstellung

$$\dot{\boldsymbol{x}} = (\boldsymbol{A} - \boldsymbol{BF})\boldsymbol{x} + \boldsymbol{BVw} \qquad (11\text{-}19)$$

$$\text{und } \boldsymbol{y} = (\boldsymbol{C} - \boldsymbol{DF})\boldsymbol{x} + \boldsymbol{DVw}\,. \qquad (11\text{-}20)$$

Diese beiden Beziehungen haben eine ähnliche Struktur wie (11-1) und (11-2). Somit gelten für den Übergang vom offenen zum geschlossenen Regelsystem die früher bereits eingeführten Beziehungen, nur dass nun die entsprechenden Korrespondenzen zwischen (11-1) und (11-19), bzw. (11-2) und (11-20), verwendet werden müssen. So erhält man z. B. mit der Systemmatrix $(\boldsymbol{A} - \boldsymbol{BF})$ die zur Stabilitätsuntersuchung des geschlossenen Systems erforderliche charakteristische Gleichung

$$P(s) = |s\boldsymbol{I} - (\boldsymbol{A} - \boldsymbol{BF})| = 0\,, \qquad (11\text{-}21)$$

aus der die Pole bzw. Eigenwerte des Regelkreises bestimmt werden können. Bei dem Regelsystem mit

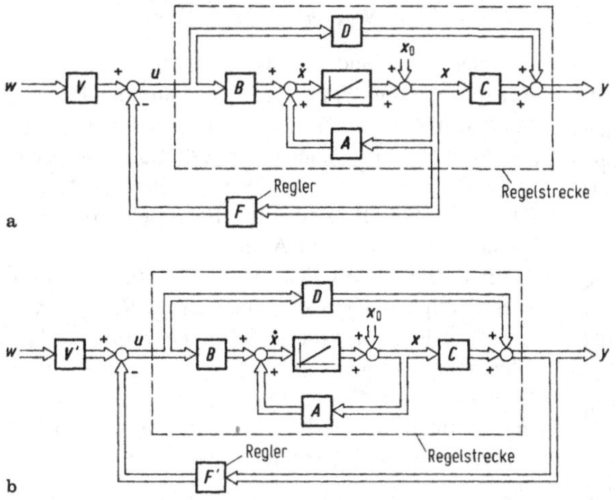

Bild 11-1. Regelung durch Rückführung **a** des Zustandsvektors $\boldsymbol{x}$ und **b** des Ausgangsvektors $\boldsymbol{y}$

Rückführung des Ausgangsvektors erhält man die Zustandsraumdarstellung

$$\dot{\boldsymbol{x}} = [\boldsymbol{A} - \boldsymbol{B}\boldsymbol{F}'(\boldsymbol{I} + \boldsymbol{D}\boldsymbol{F}')^{-1}\boldsymbol{C}]\boldsymbol{x} + \boldsymbol{B}(\boldsymbol{I} + \boldsymbol{F}'\boldsymbol{D})^{-1}\boldsymbol{V}'\boldsymbol{w}. \quad (11\text{-}22)$$

$$\text{und} \quad \boldsymbol{y} = (\boldsymbol{I} + \boldsymbol{D}\boldsymbol{F}')^{-1}(\boldsymbol{C}\boldsymbol{x} + \boldsymbol{D}\boldsymbol{V}'\boldsymbol{w}). \quad (11\text{-}23)$$

Im Folgenden soll für den Fall der Zustandsvektorrückführung die Berechnung der Matrix $\boldsymbol{V}$ des Vorfilters angegeben werden. Dabei werden folgende *Voraussetzungen* gemacht:

- Die Regler- oder Rückführmatrix $\boldsymbol{F}$ sei bereits bekannt.
- Die Anzahl von Stell- und Führungsgrößen sei gleich ($r = m$).
- Zusätzlich gelte $\boldsymbol{D} = \boldsymbol{0}$.

Das Ziel des Entwurfs des Vorfilters ist, $\boldsymbol{V}$ so zu berechnen, dass im stationären Zustand Führungs- und Regelgrößen übereinstimmen. Als Lösung ergibt sich [1]

$$\boldsymbol{V} = [\boldsymbol{C}(\boldsymbol{B}\boldsymbol{F} - \boldsymbol{A})^{-1}\boldsymbol{B}]^{-1}. \quad (11\text{-}24)$$

11.4.2 Der Grundgedanke der Reglersynthese

Im Gegensatz zur klassischen Ausgangsgrößenregelung gehen die Verfahren zur Synthese linearer Regelsysteme im Zustandsraum von einer Rückführung der Zustandsgrößen gemäß Bild 11-1a aus, da diese ja das gesamte dynamische Verhalten der Regelstrecke beschreiben. Diese Struktur nennt man *Zustandsgrößenregelung*. Der Regler wird hierbei durch die konstante $(r \times n)$-Matrix $\boldsymbol{F}$ beschrieben. Er entspricht bezüglich der Zustandsgrößen einem P-Regler. Während man bei der klassischen Synthese dynamische Regler benutzt, um aus der Ausgangsgröße beispielsweise einen D-Anteil zu erzeugen, kann hier der D-Anteil direkt oder indirekt als Zustandsgröße der Regelstrecke entnommen werden.

Die Standardverfahren im Zustandsraum gehen zunächst davon aus, dass für $t > 0$ keine Führungs- und Störungssignale vorliegen. Damit hat der Regler $\boldsymbol{F}$ die Aufgabe, die *Eigendynamik* des geschlossenen Regelsystems zu verändern. Die homogene Differenzialgleichung, die das Eigenverhalten des geschlossenen Regelsystems beschreibt, erhält man aus (11-19):

$$\dot{\boldsymbol{x}} = (\boldsymbol{A} - \boldsymbol{B}\boldsymbol{F})\boldsymbol{x} = \tilde{\boldsymbol{A}}\boldsymbol{x} \quad \text{mit} \quad \boldsymbol{x}(0) = \boldsymbol{x}_0 . \quad (11\text{-}25)$$

Die Aufgabe der Regelung besteht nun darin, das System von einem Anfangszustand $\boldsymbol{x}(0)$ in einen gewünschten Endzustand $\boldsymbol{x}(t_e) = 0$ überzuführen. Dazu haben sich im Wesentlichen die nachfolgend aufgeführten drei Verfahren besonders bewährt. Gewöhnlich wird für deren Anwendung vorausgesetzt, dass die Regelstrecke steuerbar ist und dass ihre Zustandsgrößen verfügbar (z. B. messbar) sind. Allerdings genügt meist bereits die Voraussetzung, dass die Regelstrecke *stabilisierbar* ist, d. h., dass instabile Pole der Regelstrecke durch den Regler stabilisiert, also in die linke s-Halbebene verschoben werden können.

11.4.3 Die modale Regelung

Der Grundgedanke der modalen Regelung besteht darin, die bestehenden Zustandsgrößen $x_i(t)$ des offenen Systems geeignet zu transformieren, sodass die neuen Zustandsgrößen $x_i^*(t)$ möglichst entkoppelt werden und getrennt geregelt werden können. Da der Steuervektor $\boldsymbol{u}$ nur r Komponenten besitzt, können nicht mehr als r modale Zustandsgrößen $x_i^*(t)$ unabhängig voneinander beeinflusst werden. Jede der r ausgesuchten modalen Zustandsgrößen $x_i^*(t)$ wirkt genau auf eine modale Steuergröße $u_i^*(t)$, sodass die Reglermatrix $\boldsymbol{F}$ Diagonalform erhält, sofern die Eigenwerte des offenen Systems einfach sind. Bei mehrfachen Eigenwerten ist eine derartige vollständige Entkopplung der Zustandsgleichungen im Allgemeinen nicht mehr möglich. Unter Verwendung der Jordan-Form lässt sich dennoch eine weitgehende Entkopplung erreichen.

11.4.4 Das Verfahren der Polvorgabe

Das dynamische Eigenverhalten des geschlossenen Regelsystems wird im Wesentlichen durch die Lage der Pole bzw. durch die Lage der Eigenwerte der zugehörigen Systemmatrix bestimmt. Durch die Elemente f_{ij} der Reglermatrix $\boldsymbol{F}$ können die Pole des offenen Systems aufgrund der Rückkopplung von $\boldsymbol{x}(t)$ an bestimmte gewünschte Stellen in der s-Ebene verschoben werden. Will man alle Pole verschieben, so muss das offene System steuerbar sein. Praktisch geht man so vor, dass die gewünschten Pole s_i des geschlossenen Regelsystems vorgegeben und dazu die Reglerverstärkungen f_{ij} ausgerechnet werden.
Ein allgemein anwendbares Verfahren [1] für Ein- und Mehrgrößensysteme liefert die Reglermatrix

$$\boldsymbol{F} = -[\boldsymbol{e}_{j1}\boldsymbol{e}_{j2}\ldots\boldsymbol{e}_{jn}][\boldsymbol{\Psi}_{j_1}(s_1)\boldsymbol{\Psi}_{j_2}(s_2)\ldots\boldsymbol{\Psi}_{j_n}(s_n)]^{-1}\,, \tag{11-26}$$

wobei $\boldsymbol{e}_{j_\nu}$ Einheitsvektoren sind und alle Pole s_i bei der Berechnung der Spaltenvektoren $\boldsymbol{\Psi}_{j_i}(s_i)$ berücksichtigt werden müssen. Diese Spaltenvektoren erhält man mit $\boldsymbol{\Phi}(s) = \mathscr{L}\{\boldsymbol{\Phi}(t)\}$ nach (7a) aus der $(n \times r)$-Matrix

$$\boldsymbol{\Psi}(s) = \boldsymbol{\Phi}(s)\boldsymbol{B} = [\boldsymbol{\Psi}_1(s)\ldots\boldsymbol{\Psi}_r(s)]\,, \tag{11-27}$$

indem für alle n vorgegebenen Pole s_i die $(n \times nr)$-Matrix

$$[\boldsymbol{\Psi}(s_1)\boldsymbol{\Psi}(s_2)\ldots\boldsymbol{\Psi}(s_n)]$$

gebildet wird und daraus n linear unabhängige Spaltenvektoren $\boldsymbol{\Psi}_{j_1}(s_1),\ldots\boldsymbol{\Psi}_{j_n}(s_n)$ für die Berechnung von $\boldsymbol{F}$ ausgewählt werden, wobei j beliebige Werte von 1 bis r annehmen darf. Bei Eingrößensystemen $(r = 1)$ ist die Wahl der $(n \times n)$-Matrix $[\boldsymbol{\Psi}_1(s_1)\ldots\boldsymbol{\Psi}(s_n)]$ eindeutig. Bei Mehrgrößensystemen bieten sich zum Aufbau der entsprechenden Matrix mehrere Möglichkeiten an. Aufgrund dieser Mehrdeutigkeit kann es verschiedene Reglermatrizen $\boldsymbol{F}$ geben, die zur gleichen charakteristischen Gleichung führen.
Bei einer Eingrößenregelstrecke, die in der Regelungsnormalform nach (11-14c,d) vorliegt, deren charakteristische Gleichung

$$P^*(s) = a_0 + a_1 s + \ldots + a_{n-1}s^{n-1} + s^n \tag{11-28}$$

lautet und die durch einen Zustandsregler

$$u = vw - \boldsymbol{f}^{\mathrm{T}}\boldsymbol{x}$$

so geregelt werden soll, dass der geschlossene Regelkreis mit den vorgegebenen Polen s_i die charakteristische Gleichung

$$P(s) = p_0 + p_1 s + \ldots + p_{n-1}s^{n-1} + s^n \tag{11-29}$$

erfüllt, ergeben sich die gesuchten Elemente des Rückführvektors zu

$$\boldsymbol{f}^{\mathrm{T}} = [(p_0 - a_0)(p_1 - a_1)\ldots(p_{n-1} - a_{n-1})]\,. \tag{11-30}$$

11.4.5 Optimaler Zustandsregler nach dem quadratischen Gütekriterium

In Anlehnung an das klassische, für Eingrößenregelsysteme eingeführte Kriterium der quadratischen Regelfläche unter Einbeziehung des Stellgrößenaufwandes lässt sich generell für Mehrgrößenregelsysteme die Gütevorschrift

$$I = \boldsymbol{x}^{\mathrm{T}}(t_\mathrm{e})\boldsymbol{S}\boldsymbol{x}(t_\mathrm{e}) + \int_{t_0}^{t_\mathrm{e}} [\boldsymbol{x}^{\mathrm{T}}(t)\boldsymbol{Q}\boldsymbol{x}(t) + \boldsymbol{u}^{\mathrm{T}}(t)\boldsymbol{R}\,\boldsymbol{u}(t)]\,\mathrm{d}t \overset{!}{=} \mathrm{Min} \tag{11-31}$$

verwenden. Das Problem des Entwurfs eines optimalen Zustandsreglers lässt sich nach diesem Kriterium nun wie folgt formulieren: Für eine in der Zustandsraumdarstellung (11-1) und (11-2) gegebene Regelstrecke ist eine Reglermatrix $\boldsymbol{F}$ so zu ermitteln, dass ein optimaler Stellvektor

$$\boldsymbol{u}^*(t) = -\boldsymbol{F}^*\boldsymbol{x} \qquad (11\text{-}32)$$

das System von einem Anfangswert $\boldsymbol{x}(t_0)$ derartig in die Ruhelage $\boldsymbol{x}(t_e) = \boldsymbol{0}$ überführt, dass das obige Kriterium (11-31) erfüllt wird. $\boldsymbol{Q}$ ist eine positiv semidefinite, $\boldsymbol{R}$ eine positiv definite jeweils symmetrische Bewertungsmatrix, die häufig in Diagonalform gewählt wird, $\boldsymbol{S}$ ist eine symmetrische positiv semidefinite Matrix, die den Endzustand bewertet. Das Problem hierbei besteht in der günstigen Wahl dieser drei Matrizen. Hierbei sollten weniger mathematische als vielmehr ingenieurmäßige Gesichtspunkte berücksichtigt werden. Als optimale Reglermatrix ergibt sich bei der Lösung dieser Aufgabe

$$\boldsymbol{F}^* = \boldsymbol{R}^{-1}\boldsymbol{B}^{\mathrm{T}}\boldsymbol{K}\,, \qquad (11\text{-}33)$$

wobei $\boldsymbol{K}$ die positiv definite, symmetrische und zeitlich konstante Lösungsmatrix der algebraischen Matrix-Riccati-Gleichung

$$\boldsymbol{KA} + \boldsymbol{A}^{\mathrm{T}}\boldsymbol{K} - \boldsymbol{KBR}^{-1}\boldsymbol{B}^{\mathrm{T}}\boldsymbol{K} + \boldsymbol{Q} = \boldsymbol{0} \qquad (11\text{-}34)$$

ist. Die Lösung lässt sich mittels MATLAB [4] einfach ermitteln.

11.4.6 Das Messproblem

Bis jetzt wurde bei der Reglersynthese vorausgesetzt, dass alle Zustandsgrößen messbar sind. In vielen Fällen stehen jedoch die Zustandsgrößen nicht unmittelbar zur Verfügung. Oft sind sie auch nur reine Rechengrößen und damit nicht direkt messbar. In diesen Fällen verwendet man einen so genannten *Beobachter*, der aus den gemessenen Stell- und Ausgangsgrößen einen Näherungswert $\hat{\boldsymbol{x}}(t)$ für den Zustandsvektor $\boldsymbol{x}(t)$ liefert. Dieser Näherungswert $\hat{\boldsymbol{x}}(t)$ konvergiert im Falle deterministischer Signale gegen den wahren Wert $\boldsymbol{x}(t)$, d. h., es gilt

$$\lim_{t\to\infty} [\boldsymbol{x}(t) - \hat{\boldsymbol{x}}(t)] = \boldsymbol{0}\,. \qquad (11\text{-}35)$$

Die so entstehende Struktur eines Zustandsreglers mit Beobachter zeigt Bild 11-2. Für den Entwurf eines Beobachters eignen sich ähnlich wie beim Reglerentwurf Verfahren der Polvorgabe [1].

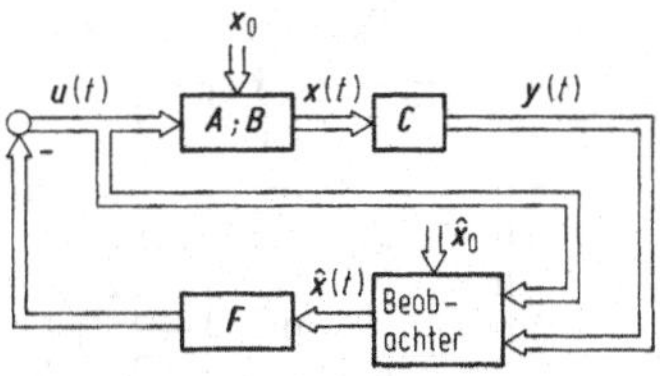

Bild 11-2. Zustandsregler mit Beobachter

Die Anordnung eines Zustandsbeobachters in Form eines Identitätsbeobachters (der im Wesentlichen ein Modell der Regelstrecke darstellt) zeigt Bild 11-3. Dabei erhält die Reglermatrix $\boldsymbol{F}$ als Eingangsgröße anstelle von $\boldsymbol{x}$ den geschätzten Zustandsvektor $\hat{\boldsymbol{x}}$. Das Gesamtsystem besitzt nun die Ordnung $2n$. Das Gesamtsystem kann durch folgende Zustandsraumdarstellung für die beiden Teilsysteme direkt anhand von Bild 11-3 angegeben werden:

$$\begin{bmatrix} \dot{\hat{\boldsymbol{x}}} \\ \dot{\tilde{\boldsymbol{e}}} \end{bmatrix} = \begin{bmatrix} (\boldsymbol{A}-\boldsymbol{BF}) & \boldsymbol{BF} \\ \boldsymbol{0} & (\boldsymbol{A}-\boldsymbol{F}_{\mathrm{B}}\boldsymbol{C}) \end{bmatrix} \begin{bmatrix} \hat{\boldsymbol{x}} \\ \tilde{\boldsymbol{e}} \end{bmatrix} + \begin{bmatrix} \boldsymbol{BV} \\ \boldsymbol{0} \end{bmatrix} w\,, \qquad (11\text{-}36)$$

wobei $\tilde{\boldsymbol{e}} = \boldsymbol{x} - \hat{\boldsymbol{x}}$ als Rekonstruktionsfehler oder Schätzfehler bezeichnet wird. Zur Untersuchung der *Stabilität* des Gesamtsystems verwendet man die charakteristische Gleichung

$$P_{\mathrm{G}}(s) = \left| s\boldsymbol{I} - \begin{bmatrix} (\boldsymbol{A}-\boldsymbol{BF}) & \boldsymbol{BF} \\ \boldsymbol{0} & (\boldsymbol{A}-\boldsymbol{F}_{\mathrm{B}}\boldsymbol{C}) \end{bmatrix} \right| = \begin{vmatrix} s\boldsymbol{I}-(\boldsymbol{A}-\boldsymbol{BF}) & -\boldsymbol{BF} \\ \boldsymbol{0} & s\boldsymbol{I}-(\boldsymbol{A}-\boldsymbol{F}_{\mathrm{B}}\boldsymbol{C}) \end{vmatrix} = 0\,.$$

Hieraus folgt schließlich

$$P_{\mathrm{G}}(s) = |s\boldsymbol{I} - \boldsymbol{A} + \boldsymbol{BF}| \cdot |s\boldsymbol{I} - \boldsymbol{A} + \boldsymbol{F}_{\mathrm{B}}\boldsymbol{C}| = P(s)P_{\mathrm{B}}(s) = 0\,, \qquad (11\text{-}37)$$

wobei $P(s)$ die charakteristische Gleichung des geschlossenen Regelsystems ohne Beobachter und $P_{\mathrm{B}}(s)$ die charakteristische Gleichung des Beobachters darstellt. Gleichung (11-37) enthält als wichtige Aussage das *Separationsprinzip*:

Sofern das durch die Matrizen $\boldsymbol{A}$, $\boldsymbol{B}$, $\boldsymbol{C}$ vorgegebene offene System vollständig steuerbar und beobachtbar ist, können die n Eigenwerte der charakteristischen Gleichung des Beobachters und die n Eigenwerte der charakteristischen Gleichung des

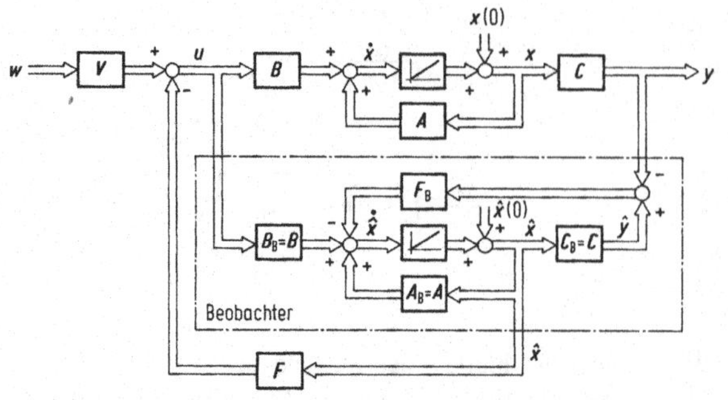

Bild 11-3. Geschlossenes Regelsystem mit Zustandsbeobachter

geschlossenen Regelsystems (ohne Beobachter) separat vorgegeben werden.

Anders formuliert besagt das Separationsprinzip auch, dass das Gesamtsystem stabil ist, sofern der Beobachter und das geschlossene Regelsystem (ohne Beobachter) je für sich stabil sind. Hieraus folgt, dass stets eine Reglermatrix $\boldsymbol{F}$ durch eine gewünschte Polvorgabe so entworfen werden kann, als ob alle Zustandsgrößen messbar wären. Dann kann in einem getrennten Entwurfsschritt durch entsprechende Polvorgabe der Beobachter ermittelt werden, wobei im Allgemeinen die Beobachterpole etwas links von den Polen des geschlossenen Regelsystems gewählt werden. Die hier dargestellten optimalen Entwurfsverfahren für Zustandsregler lassen sich z. B. durch Ausgangsrückführungen erweitern und modifizieren, sodass sie auch direkt für Störgrößen- und Führungsgrößenregelungen eingesetzt werden können [3].

12 Systemidentifikation

Die Systemidentifikation hat zum Ziel, für ein dynamisches System, z. B. die Regelstrecke, ein mathematisches Modell zu ermitteln. Dies kann einerseits durch Beschreibung der in einem System sich abspielenden Elementarvorgänge mittels physikalischer Gesetzmäßigkeiten, z. B. mit Bilanzgleichungen, erfolgen. Andererseits besteht aber bei einer experimentellen Identifikation die Möglichkeit, einfacher, schneller und hinreichend genau ein für regelungstechnische Zwecke geeignetes mathematisches Modell zur Beschreibung des Eingangs-Ausgangs-Verhaltens eines Übertragungssystems zu ermitteln, wobei sich an die Messung der Zeitverläufe der Ein- und Ausgangssignale eine deterministische oder statistische Auswertung mit dem Ziel der Ermittlung eines mathematischen Modells anschließt.

12.1 Deterministische Verfahren zur Systemidentifikation

Bei diesen Verfahren werden bestimmte leicht reproduzierbare Testsignale zur Erregung der Eingangsgrößen eines dynamischen Systems verwendet. Die Auswertung des zugehörigen Ausgangssignals ermöglicht dann meist eine einfache Ermittlung eines mathematischen Modells. Als Testsignale werden gewöhnlich sprungförmige, rechteckimpulsförmige, rampenförmige oder sinusförmige Signale verwendet [1]. Speziell für aperiodische Übergangsfunktionen kann die Identifikation schnell und meist mit hinreichender Genauigkeit durchgeführt werden.

12.1.1 Wendetangenten- und Zeitprozentkennwerte-Verfahren

Bei diesen Verfahren wird versucht, eine vorgegebene Übergangsfunktion $h_0(t)$ durch bekannte einfache Übertragungsglieder anzunähern, wobei die Modellstruktur gewöhnlich angenommen wird und die darin enthaltenen Koeffizienten zu bestimmen sind. Als Zeitprozentkennwert wird der Zeitpunkt t_m bezeichnet, bei dem $h_0(t_m)/K$ jeweils den Wert $m\%$ des stationären Endwertes bei 100% erreicht, wobei K den Verstärkungsfaktor des Systems darstellt. Bei der Wendetangentenkonstruktion ergeben sich aus $h_0(t)$ als Systemkennwerte die Verzugszeit T_u und die Anstiegszeit T_a. Liegt für eine PT$_n$-Regelstrecke (bestehend

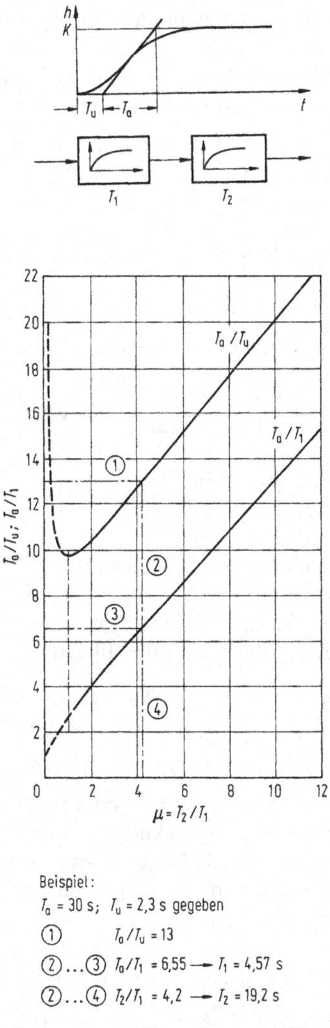

Bild 12-1. Diagramm zur Umrechnung der Verzugszeit T_u und der Anstiegszeit T_a auf die Einzelzeitkonstanten T_1 und T_2

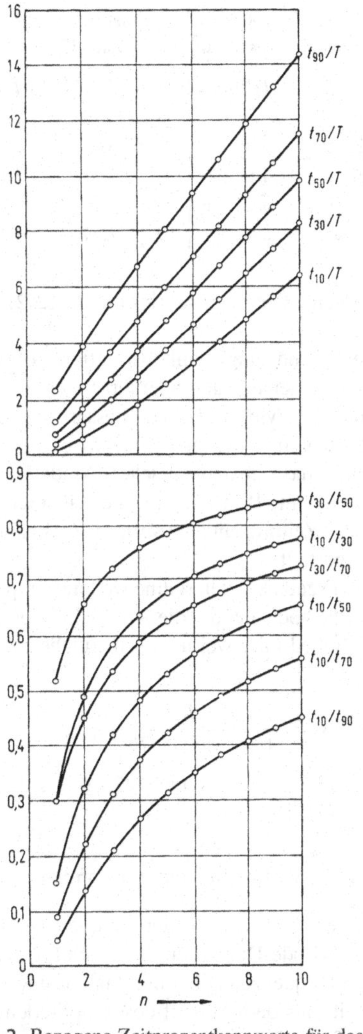

Bild 12-2. Bezogene Zeitprozentkennwerte für das mathematische Modell gemäß (12-2) in Abhängigkeit von der Systemordnung n

aus n hintereinander geschalteten PT_1-gliedern) eine gemessene Übergangsfunktion vor, so kann aus dem Verhältnis T_a/T_u der Wendetangentenkonstruktion (siehe Bild 12-1) beurteilt werden, ob sie sich zu einer Approximation durch ein PT_2-Glied mit

$$G(s) = \frac{K}{(1 + T_1 s)(1 + T_2 s)} \qquad (12\text{-}1)$$

eignet. Dies ist möglich für $T_a/T_u \geqq 9{,}64$. Durch die Approximation mittels eines PT_n-Gliedes mit gleichen Zeitkonstanten,

$$G(s) = K/(1 + Ts)^n \,, \qquad (12\text{-}2)$$

lassen sich Übergangsfunktionen auch mit wesentlich kleineren T_a/T_u-Werten anhand von Tabelle 12-1 und

Tabelle 12-1. Zur Approximation einer Übergangsfunktion durch ein mathematisches Modell gemäß (12-2)

n	T_a/T	T_a/T_u	n	T_a/T	T_a/T_u
1	1	∞	6	5,70	2,03
2	2,72	9,65	7	6,23	1,75
3	3,70	4,59	8	6,71	1,56
4	4,46	3,13	9	7,16	1,41
5	5,12	2,44	10	7,59	1,29

der Wendetangentenkonstruktion durch (12-2) gut annähern.

Da die Wendetangentenkonstruktion oft nicht hinreichend genau durchgeführt werden kann, wird man in vielen Fällen besser die genauer ablesbaren Zeitprozentkennwerte benutzen. Für das mathematische Modell gemäß (12-2) sind im Bild 12-2 die entsprechenden bezogenen Zeitprozentkennwerte in Abhängigkeit von n dargestellt.

Sehr gute Ergebnisse liefert eine weitere Zeitprozentkennwertmethode, bei der die Approximation mit einem PT_n-Glied mit zwei unterschiedlichen Zeitkonstanten,

$$G(s) = \frac{K}{(1+Ts)(1+\mu Ts)^{n-1}}\,, \qquad (12\text{-}3)$$

im Bereich $n = 1, 2, \ldots, 6$ und $1/20 \leqq \mu \leqq 20$ durchgeführt wird [2].

12.1.2 Identifikation im Frequenzbereich

Mithilfe des oben dargestellten Frequenzkennlinien-Verfahrens (Bode-Diagramm) lässt sich für einen gemessenen Frequenzgang bei minimalphasigen Systemen bereits aus dem Verlauf des Amplitudenganges durch grafische Ermittlung der Eckfrequenzen ein gutes mathematisches Modell herleiten. Allgemein und auch bei nichtminimalphasigen Systemen anwendbar sind Verfahren, mit deren Hilfe der gemessene Verlauf z. B. der Ortskurve durch eine gebrochen rationale Funktion approximiert wird [3].

12.1.3 Berechnung des Frequenzganges aus der Übergangsfunktion [4]

Wird ein Regelkreisglied durch eine Sprungfunktion der Höhe K^* erregt, dann erhält man die Sprungantwort $h^*(t)$ und somit gilt definitionsgemäß für die Übergangsfunktion $h(t) = h^*(t)/K^*$. Der exakte Zusammenhang zwischen $h(t)$ und dem Realteil $R(\omega)$ und Imaginärteil $I(\omega)$ von $G(\mathrm{j}\omega)$ lautet:

$$R(\omega) = \omega \int_0^\infty h(t) \sin \omega t \, \mathrm{d}t \qquad (12\text{-}4a)$$

$$I(\omega) = \omega \int_0^\infty h(t) \cos \omega t \, \mathrm{d}t\,. \qquad (12\text{-}4b)$$

und daraus folgt durch Approximation

$$R(\omega) \approx \frac{1}{K^*}\left[h_0 - \frac{1}{\omega \Delta t}\sum_{\nu=0}^{N} p_\nu \sin(\omega \nu \Delta t)\right] \qquad (12\text{-}5a)$$

$$I(\omega) \approx \frac{1}{K^*}\left[\frac{1}{\omega \Delta t}\sum_{\nu=0}^{N} p_\nu \cos(\omega \nu \Delta t)\right]\,, \qquad (12\text{-}5b)$$

wenn man die Übergangsfunktion in $N + 2$ Punkten, also im Intervall $t_0 \leqq t \leqq t_{N+1}$, durch einen Geradenzug stückweise in äquidistanten Zeitintervallen Δt approximiert. Dabei gilt für die Hilfsgröße

$$p_\nu = \begin{cases} h_1 - h_0 & \text{für} \quad \nu = 0 \\ h_{\nu-1} - 2h_\nu + h_{\nu+1} & \text{für} \quad \nu = 1, 2, \ldots, N\,, \end{cases}$$

wobei die Werte h_i $(i = 0, 1, \ldots, N + 1)$ direkt aus $h(t)$ abgelesen werden. Dieses Verfahren kann für jede beliebige Übergangsfunktion angewandt werden, die sich für $t \to \infty$ einer Geraden mit beliebiger endlicher Steigung nähert. Das Verfahren lässt sich für beliebige Eingangssignale erweitern [1].

12.1.4 Berechnung der Übergangsfunktion aus dem Frequenzgang [5]

Zwischen der Übergangsfunktion $h(t)$ und dem Frequenzgang $G(\mathrm{j}\omega) = R(\omega) + \mathrm{j}I(\omega)$ besteht der exakte Zusammenhang [1]:

$$h(t) = R(0) + \frac{2}{\pi}\int_0^\infty \frac{I(\omega)}{\omega} \cos \omega t \, \mathrm{d}\omega\,, \quad t > 0 \qquad (12\text{-}6a)$$

oder

$$h(t) = \frac{2}{\pi}\int_0^\infty \frac{R(\omega)}{\omega} \sin \omega t \, \mathrm{d}\omega\,, \quad t > 0\,. \qquad (12\text{-}6b)$$

Verwendet man z. B. (12-6a), so wird der Verlauf von

$$v(\omega) = \frac{I(\omega)}{\omega}, \quad \omega \geqq 0, \quad v(0) \neq \infty, \qquad (12\text{-}7)$$

als gegeben vorausgesetzt. Durch einen Geradenzug wird $v(\omega)$ im Bereich $0 \leqq \omega \leqq \omega_N$ so approximiert, dass für $\omega \geqq \omega_N$ der Verlauf von $v(\omega) \approx 0$ wird. Dann folgt für die Übergangsfunktion unter Verwendung von (12-6a) die Approximation

$$h(t) \approx R(0) - \frac{2}{\pi t^2} \sum_{\nu=0}^{N} b_\nu \cos \omega_\nu t, \quad t > 0, \qquad (12\text{-}8)$$

mit

$$b_v = \begin{cases} \dfrac{v_1 - v_0}{\omega_1 - \omega_0}; & \omega_0 = 0 \quad \text{für} \quad \nu = 0 \\ \dfrac{v_{\nu+1} - v_\nu}{\omega_{\nu+1} - \omega_\nu} - \dfrac{v_\nu - v_{\nu-1}}{\omega_\nu - \omega_{\nu-1}} & \text{für } \nu = 1, 2, \ldots, N \end{cases}.$$

Die Werte von $v_\nu(\nu = 0, 1, \ldots, N)$ werden dabei direkt aus dem Verlauf von $v(\omega)$ bei geeignet gewählten Frequenzwerten $\omega = \omega_\nu$ entnommen, wobei $v_N = v_{N+1} = 0$ gewählt wird.

12.2 Statistische Verfahren zur Systemidentifikation [6]

Bei stochastisch gestörten Regelsystemen kann meist die Voraussetzung gemacht werden, dass der stochastische Prozess stationär und ergodisch ist. Dies bedeutet einerseits, dass die Berechnung der die Signale beschreibenden Verteilungs- und Dichtefunktionen unabhängig vom gewählten Anfangszeitpunkt der Messung ist, und andererseits, dass die über ein Ensemble von gleichartigen Messungen gebildeten Erwartungswerte mit den zeitlichen Mittelwerten jeder einzelnen Messung übereinstimmen. Unter diesen Voraussetzungen kann für ein Regelkreisglied aus den stochastischen Signalverläufen der Ein- und Ausgangsgröße ein mathematisches Modell für das Übertragungsverhalten bestimmt werden.

12.2.1 Korrelationsanalyse

Die Autokorrelationsfunktion (AKF)

$$R_{xx}(\tau) = \lim_{T\to\infty} \frac{1}{2T} \int_{-T}^{T} x(t)x(t+\tau)\,dt \qquad (12\text{-}9)$$

und die Kreuzkorrelationsfunktion (KKF)

$$R_{xy}(\tau) = \lim_{T\to\infty} \frac{1}{2T} \int_{-T}^{T} x(t)y(t+\tau)\,dt \qquad (12\text{-}10)$$

beschreiben die gegenseitige Abhängigkeit bzw. den Verwandtschaftsgrad zwischen $x(t)$ und $x(t + \tau)$ bzw. $y(t + \tau)$. Diese Funktionen haben folgende Eigenschaften:

a) $R_{xx}(\tau) = R_{xx}(-\tau)$. (12-11)

b) $R_{xx}(0) \geqq R_{xx}(\tau)$. (12-12)

$R_{xx}(0)$ beschreibt die mittlere Signalleistung von $x(t)$.

c) Für verschwindenden Mittelwert von $x(t)$ gilt bei nicht periodischen Signalen

$\lim_{\tau\to\infty} R_{xx}(\tau) = 0$. (12-13)

d) Für das stochastische Signal

$v(t) = x(t) + A\cos(\omega t + \vartheta) \quad \omega \neq 0$

folgt

$R_{vv}(\tau) = R_{xx}(\tau) + \frac{A^2}{2}\cos\omega\tau$, (12-14)

und für $v(t) = x(t) + A_0$ ergibt sich

$R_{vv}(\tau) = R_{xx}(\tau) + A_0^2$. (12-15)

g) $R_{xy}(\tau) = R_{yx}(-\tau)$. (12-16)

h) Sofern $x(t)$ oder $y(t)$ mittelwertfrei ist, gilt

$\lim_{\tau\to\pm\infty} R_{xy}(\tau) = 0$. (12-17)

Die AKF und KKF sind leicht messbare Funktionen. Sie können entweder mit einer digitalen Messwerterfassungsanlage oder mit einem speziellen Korrelator ermittelt werden.

12.2.2 Spektrale Leistungsdichte

Die spektrale Leistungsdichte eines Signals $x(t)$ (auch als Leistungsdichtespektrum oder Leistungsspektrum bezeichnet) ergibt sich formal aus der Fourier-Transformation von $R_{xx}(\tau)$, also

$$S_{xx}(\omega) = \mathscr{F}\{R_{xx}(\tau)\} = 2\int_0^\infty R_{xx}(\tau)\cos\omega\tau\,d\tau. \qquad (12\text{-}18)$$

Durch inverse Fourier-Transformation erhält man umgekehrt

$$R_{xx}(\tau) = \mathscr{F}^{-1}\{S_{xx}(\omega)\} = \frac{1}{\pi}\int_0^\infty S_{xx}(\omega)\cos\omega\tau\,d\omega. \qquad (12\text{-}19)$$

In entsprechender Weise kann für die KKF zwischen zwei stochastischen Signalen $x(t)$ und $y(t)$ das Kreuzleistungsspektrum

$$S_{xy}(\mathrm{j}\omega) = \mathscr{F}\{R_{xy}(\tau)\} = \int_{-\infty}^{\infty} R_{xy}(\tau)\,\mathrm{e}^{-\mathrm{j}\omega\tau}\,\mathrm{d}\tau \qquad (12\text{-}20)$$

mit

$$R_{xy}(\tau) = \mathscr{F}^{-1}\{S_{xy}(\mathrm{j}\omega)\} = \frac{1}{2\pi}\int_{-\infty}^{\infty} S_{xy}(\mathrm{j}\omega)\,\mathrm{e}^{\mathrm{j}\omega\tau}\,\mathrm{d}\omega \qquad (12\text{-}21)$$

definiert werden. Da gewöhnlich $R_{xy}(\tau)$ keine gerade Funktion ist, stellt S_{xy} im Gegensatz zu S_{xx} eine komplexe Funktion dar.

12.2.3 Statistische Bestimmung dynamischer Eigenschaften linearer Systeme

Für ein lineares dynamisches System mit dem stochastischen Eingangssignal $u(t)$ und dem stochastischen Ausgangssignal $y(t)$ lässt sich über das Faltungsintegral unter Verwendung der oben definierten Korrelationsfunktionen folgende grundlegende Beziehung angeben:

$$R_{uy}(\tau) = \int_{0}^{\infty} R_{uu}(\tau - \sigma)g(\sigma)\,\mathrm{d}\sigma\,, \qquad (12\text{-}22)$$

wobei $g(\cdot)$ die Gewichtsfunktion des Systems beschreibt. Diese wichtige Beziehung bietet die Möglichkeit, bei bekannter AKF $R_{uu}(\tau)$ und KKF $R_{uy}(\tau)$ durch eine Entfaltung von (12-22) die das untersuchte System beschreibende Gewichtsfunktion zu ermitteln.
Ein wichtiger Sonderfall von (12-22) liegt dann vor, wenn das erregende Eingangssignal $u(t)$ des untersuchten Systems als ideales weißes Rauschen beschrieben werden kann. Dann gilt für $R_{uu}(\tau) = \delta(\tau)$, und somit folgt aus (12-22) aufgrund der Ausblendeigenschaft der δ-Funktion

$$R_{uy}(\tau) = \int_{0}^{\infty} \delta(\tau - \sigma)g(\sigma)\,\mathrm{d}\sigma = g(\tau)\,. \qquad (12\text{-}23)$$

Dies bedeutet, dass hier die Messung der KKF identisch ist mit der Messung von $g(t)$. Verschiedene Signale, insbesondere quantisierte zwei- und dreistufige Signale (binäre und ternäre Signale), stehen zur Realisierung eines angenähert weißen Rauschsignals zur Verfügung. Mit diesen lässt sich (12-23) leicht realisieren.
Für beliebige Rauschsignale $u(t)$ und $y(t)$ ist es häufig zweckmäßig, (12-22) durch eine Fourier-Transformation im Frequenzbereich in der Form

$$S_{uy}(\mathrm{j}\omega) = S_{uu}(\omega)G(\mathrm{j}\omega) \qquad (12\text{-}24)$$

darzustellen. Liegen die Spektren $S_{uy}(\mathrm{j}\omega)$ oder $S_{uu}(\omega)$ vor, z. B. indem die zugehörige AKF und KKF numerisch transformiert wurden, so lässt sich aus (12-24) der Frequenzgang des untersuchten Systems in nichtparametrischer Form

$$G(\mathrm{j}\omega) = S_{uy}(\mathrm{j}\omega)/S_{uu}(\omega) \qquad (12\text{-}25)$$

berechnen.
In diesem Zusammenhang ist eine zweite Beziehung für die Berechnung des Betrages des Frequenzganges wichtig:

$$S_{yy}(\omega) = |G(\mathrm{j}\omega)|^2 S_{uu}(\omega)\,. \qquad (12\text{-}26)$$

Bei Systemen mit minimalphasigem Verhalten lässt sich dazu auch der Phasengang $\varphi(\omega)$ von $G(\mathrm{j}\omega)$ ermitteln.
Die für die Messung von Frequenzgängen eingesetzten Frequenzgangmessplätze beruhen auf dem Prinzip einer Kreuzkorrelationsmessung [6]. Wird das untersuchte System am Eingang sinusförmig erregt, dann erhält man für die betreffende Erregerfrequenz ω den Real- und Imaginärteil $R(\omega)$ und $I(\omega)$ von $G(\mathrm{j}\omega)$ durch die Messung der KKF-Werte

$$R(\omega) = R_{uy}(0)\,, \qquad (12\text{-}27\text{a})$$

$$I(\omega) = R_{uy}\left(-\frac{\pi}{2\omega}\right)\,. \qquad (12\text{-}27\text{b})$$

12.2.4 Systemidentifikation mittels Parameterschätzverfahren

Gegeben sind zusammenhängende Datensätze oder Messungen des zeitlichen Verlaufs der Ein- und Ausgangssignale $u(t)$ und $y(t)$ eines dynamischen Systems. Gesucht sind Struktur und Parameter eines geeigneten mathematischen Modells. Zur Lösung dieser Aufgabe wird meist die Modellstruktur festgelegt und

dann werden die zugehörenden Parameter geschätzt. Durch Strukturprüfverfahren lässt sich die günstigste Form des Modells überprüfen.
Für Parameterschätzverfahren werden gerne mathematische Modelle in diskreter Form gewählt. Dies erscheint zumindest im Hinblick auf die numerische Behandlung zweckmäßig. Bei der Parameterschätzung geht man gewöhnlich von der Vorstellung aus, dass dem tatsächlichen (zu identifizierenden) System ein Modell möglichst gleicher Struktur und mit zusätzlich noch frei einstellbaren Parametern, die in dem Parametervektor $\boldsymbol{p}$ zusammengefasst werden, parallel geschaltet sei. Beide Systeme werden durch $u(t)$ erregt. Die Qualität des Modells wird durch Vergleich der Ausgangsgrößen y und y_M, also durch den Modellausgangsfehler

$$e^*(k) = y(k) - y_M(k) \tag{12-28}$$

überprüft. Das messbare Ausgangssignal

$$y(k) = y_s(k) + r_s(k) \tag{12-29}$$

setzt sich aus dem ungestörten Ausgangssignal $y_s(k)$ und dem stochastischen Störsignal $r_s(k)$ zusammen. Das parallel geschaltete Modell wird durch die Differenzengleichung

$$y_M(k) = -\sum_{\nu=1}^{n} a_\nu y_M(k-\nu) + \sum_{\nu=0}^{n} b_\nu u(k-\nu) \tag{12-30a}$$

bzw. durch die zugehörige Übertragungsfunktion

$$G_M(z) = \frac{\mathcal{Z}\{y_M(k)\}}{\mathcal{Z}\{u(k)\}} = \frac{Y_M(z)}{U(z)} = \frac{b_0 + b_1 z^{-1} + \ldots + b_n z^{-n}}{1 + a_1 z^{-1} + \ldots + a_n z^{-n}} = \frac{B(z^{-1})}{A(z^{-1})} \tag{12-30b}$$

beschrieben, wobei die Modellparameter a_ν und b_ν identifiziert (geschätzt) werden müssen.
Der Modellausgangsfehler $e^*(k)$ wird gewöhnlich für das angepasste Modell nur dann verschwinden oder minimal werden, wenn das Modell einen zusätzlichen Teil für die Nachbildung des stochastischen Störsignals $r_s(k)$ besitzt (Bild 12-3), der durch die Übertragungsfunktion

$$G_r(z) = R_M(z)/\mathcal{E}(z) \tag{12-31}$$

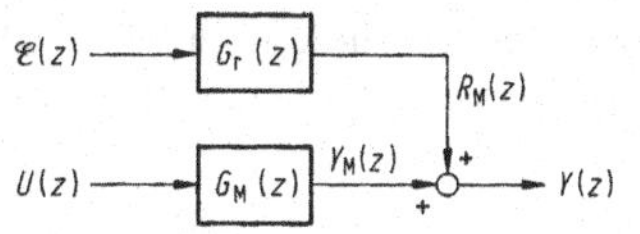

Bild 12-3. Vollständige Modellstruktur für das System und das stochastische Störsignal

beschrieben wird. Dieses Störmodell erzeugt das stochastische Störsignal $r_M(k)$ durch Filterung von diskretem weißen Rauschen $\varepsilon(k)$, dessen Mittelwert Null ist. Im Fall der vollständigen Anpassung gilt dann

$$y(k) = y_M(k) + r_M(k)\,, \tag{12-32}$$

oder im z-Bereich

$$Y(z) = Y_M(z) + G_r(z)\mathcal{E}(z)$$

bzw. mit $G_r(z) = G_r^*(z)/A(z^{-1})$ und (12-30b) in der meist gebräuchlicheren Form

$$A(z^{-1})Y(z) - B(z^{-1})U(z) = G_r^*(z)\mathcal{E}(z) = V(z)\,, \tag{12-33}$$

wobei $v(k) = \mathcal{Z}^{-1}[V(z)]$ ein autokorreliertes (farbiges) Rauschsignal ist. Mit

$$G_r^*(z) = V(z)/\mathcal{E}(z) = C(z^{-1}) \tag{12-34}$$

stellt (12-33) die allgemeine Form eines ARMAX-Modells (*a*uto-*r*egressive *m*oving *a*verage with e*x*ogenious variable) dar. Durch spezielle Wahl von $G_r^*(z)$ lassen sich damit direkt die wichtigsten Modellstrukturen zur Parameterschätzung angeben [6]. Das *LS-Verfahren* (Verfahren der kleinsten Quadrate, *least squares*) erhält man z. B. für $G_r^*(z) = 1$ als ARX-Modellstruktur. Für dieses Verfahren folgt aus (12-33) durch inverse z-Transformation

$$y(k) = \boldsymbol{m}^T(k)\boldsymbol{p} + \varepsilon(k) \tag{12-35}$$

mit dem Datenvektor

$$\boldsymbol{m}^T(k) = [-y(k-1)\ldots - y(k-n)|u(k-1)\ldots u(k-n)]^T$$

und dem Parametervektor

$$\boldsymbol{p} = [a_1 \ldots a_n | b_1 \ldots b_n]^T\,,$$

wobei $b_0 = 0$ gesetzt wurde (d. h., es werden nichtsprungförmige Systeme betrachtet). Die Minimierung von

$$I(\boldsymbol{p}) = \frac{1}{2}\sum_{k=n+1}^{n+N} \varepsilon^2(k) = \frac{1}{2}\boldsymbol{\varepsilon}^{\mathrm{T}}(N)\boldsymbol{\varepsilon}(N) \stackrel{!}{=} \mathrm{Min} \quad (12\text{-}36)$$

liefert mit (12-35) als *direkte* analytische Lösung des Schätzproblems

$$\hat{\boldsymbol{p}} \equiv \hat{\boldsymbol{p}}(N) = [\boldsymbol{M}^{\mathrm{T}}(N)\boldsymbol{M}(N)]^{-1}\boldsymbol{M}^{\mathrm{T}}(N)\boldsymbol{y}(N) \quad (12\text{-}37)$$

aufgrund der endlichen Anzahl N der Messdaten, wobei

$$\boldsymbol{M}(N) = \begin{bmatrix} \boldsymbol{m}^{\mathrm{T}}(n+1) \\ \vdots \\ \boldsymbol{m}^{\mathrm{T}}(n+N) \end{bmatrix}, \quad \boldsymbol{y}(N) = \begin{bmatrix} y(n+1) \\ \vdots \\ y(n+N) \end{bmatrix}$$

und $$\boldsymbol{\varepsilon}(N) = \begin{bmatrix} \varepsilon(n+1) \\ \vdots \\ \varepsilon(n+N) \end{bmatrix}$$

die Datenmatrix der Messwerte von $u(k)$ und $y(k)$, sowie $\boldsymbol{y}(N)$ und $\boldsymbol{\varepsilon}(N)$ entsprechende Vektoren darstellen. Die Schätzung gemäß (12-37) ist konsistent.
Der Parametervektor $\hat{\boldsymbol{p}}$ lässt sich auch durch eine rekursive Lösung bestimmen (*RLS-Verfahren*):

$$\hat{\boldsymbol{p}}(k+1) = \boldsymbol{p}(k) + \boldsymbol{q}(k+1)\hat{\varepsilon}(k+1) \quad (12\text{-}38a)$$

$$\boldsymbol{q}(k+1) = \frac{\boldsymbol{P}(k)\boldsymbol{m}(k+1)}{1 + \boldsymbol{m}^{\mathrm{T}}(k+1)\boldsymbol{P}(k)\boldsymbol{m}(k+1)} \quad (12\text{-}38b)$$

$$\boldsymbol{P}(k+1) = \boldsymbol{P}(k) - \boldsymbol{q}(k+1)\boldsymbol{m}^{\mathrm{T}}(k+1)\boldsymbol{P}(k) \quad (12\text{-}38c)$$

$$\hat{\varepsilon}(k+1) = y(k+1) - \boldsymbol{m}^{\mathrm{T}}(k+1)\hat{\boldsymbol{p}}(k)\,. \quad (12\text{-}38d)$$

Bei dieser Lösung kann man nach einer gewissen Anlaufphase eine ständige Schätzung der Parameter zu jedem Zeitpunkt $(k + 1)$ unter Verwendung der um einen Zeitpunkt zurückliegenden Information erhalten. Dem Vorteil, dass die Inversion einer Matrix bei der rekursiven Lösung entfällt, steht als Nachteil die freie Wahl der Startwerte für $\hat{\boldsymbol{p}}(0)$ und $\boldsymbol{P}(0)$ (Kovarianzmatrix) gegenüber. Während gewöhnlich $\hat{\boldsymbol{p}}(0) = \boldsymbol{0}$ gesetzt wird, sollte für $\boldsymbol{P}(0) = \alpha \boldsymbol{I}$ mit $\alpha = 10^4$ gewählt werden.

13 Weitere Reglerentwurfsverfahren

13.1 Übersicht

In den vorherigen Abschnitten wurden die wichtigsten klassischen Grundlagen zur Analyse und Synthese von Regelsystemen behandelt. Als wichtigste Regler wurden dabei der klassische PID-Regler sowie die aus ihm ableitbaren PI-, PD- und P-Regler und deren zweckmäßige Parametereinstellung eingeführt. Weiterhin wurden der Reglerentwurf nach dem Frequenzkennlinien- und dem Wurzelortskurven-Verfahren sowie analytische Kompensationsverfahren zum Entwurf kontinuierlicher und zeitdiskreter linearer Regler vorgestellt. Auch die Arbeitsweise von Zwei- und Dreipunktregler wurde gezeigt. Schließlich wurde für lineare Mehrgrößenregestrecken ein Verfahren zum Entwurf eines Polvorgabe-Reglers und eines Zustandsbeobachters hergeleitet. Der beschränkte Umfang dieses Kapitels ließ es leider nicht zu, näher auf weitere wichtige klassische und insbesondere moderne Reglerentwurfsverfahren einzugehen. Dennoch wird nachfolgend versucht, auf einige der wichtigsten Verfahren hinzuweisen.

13.2 Einige weitere klassische Regelkreisstrukturen

Klassische einschleifige Regelkreise können auch bei optimaler Auslegung besonders hohe Anforderungen bezüglich maximaler Überschwingweite, Anstiegszeit und Ausregelzeit bei Regelstrecken höherer Ordnung und eventuell vorhandener Totzeit häufig nicht erfüllen, insbesondere dann, wenn große Störungen und zwischen Stell- und Messglied große Verzögerungen auftreten. Eine Verbesserung des Regelverhaltens lässt sich jedoch erzielen, wenn die Signalwege zwischen Störung und Stelleingriff verkürzt werden, oder wenn Störungen bereits vor ihrem Eintritt in eine Regelstrecke weitgehend durch eine getrennte Vorregelung kompensiert werden, wozu allerdings die Störungen messbar und über ein Stellglied beeinflussbar sein müssen. Eine Verkürzung der Signalwege innerhalb eines Regelsystems führt zu einer strukturellen Erweiterung des Grundregelkreises und damit zu einem vermaschten Regelsystem. Nachfolgend werden einige dieser Regelkreisstrukturen erwähnt; bezüglich Details muss aber auf die tiefer gehende Fachliteratur zurückgegriffen werden.

13.2.1 Vermaschte Regelkreise

Störgrößenaufschaltung. Diese Struktur (Tabelle 13-1) besteht aus einem Regelkreis, dem eine Steuerglied (G_{ST}) mit dem Ziel so überlagert wird, dass die Störung weitgehend durch dieses kompensiert wird, bevor sie sich voll auf die Regelgröße Y auswirkt. Diese Schaltung lässt sich jedoch nur dann realisieren, wenn die Störung Z' am Eingang der Regelstrecke (G_S) messbar ist und somit im Steuerglied „verarbeitet" werden kann. Das vom Steuerglied erzeugte Kompensationssignal kann dann entweder auf den Eingang des Reglers (G_R) oder auf die Stellgröße U aufgeschaltet werden.

Regelsysteme mit Hilfsregelgröße. Bei Regelstrecken mit ausgeprägtem Verzögerungsverhalten kann häufig neben der eigentlichen Regelgröße Y eine Zwischengröße gemessen und als Hilfsregelgröße Y_H in einem Hilfsregler (G_{RH}) verwendet werden (Tabelle 13-1). Der dadurch entstehende Hilfsregelkreis besteht damit aus dem ersten Abschnitt der Regelstrecke (G_{S_1}) und diesem Hilfsregler. Das Ausgangssignal des Hilfsreglers wird mit negativem Vorzeichen dem Ausgangssignal des Hauptreglers zugeschaltet. Die so entstehende Stellgröße U wirkt wiederum auf den Eingang der Regelstrecke.

Kaskadenregelung. Diese Regelung (Tabelle 13-1) kann als Sonderfall des Regelverfahrens mit Hilfsregelgröße betrachtet werden. Hierbei bildet der Hilfsregler (G_{R_2}) direkt die Stellgröße U am Eingang der Regelstrecke. Die Eingangsgröße des Hilfsreglers wird aus der Differenz zwischen dem Ausgangssignal des Hauptreglers und der Hilfsregelgröße Y_H gebildet. Es entsteht so ein Hauptregelkreis, dem der Hilfsregelkreis unterlagert ist. Störungen im ersten Regelstreckenabschnitt (G_{S_1}) werden durch den Hilfsregler bereits so weit ausgeregelt, dass sie im zweiten Regelstreckenabschnitt (G_{S_2}) gar nicht oder nur stark reduziert bemerkbar sind. Der Hauptregler (G_{R_1}) muss dann nur noch geringfügig eingreifen. Werden in einer Regelstrecke mehrere Hilfsregelgrößen gemessen und in unterlagerten Hilfsregelkreisen verarbeitet, so spricht man von Mehrfachkaskaden.

Regelsysteme mit Hilfsstellgröße (Tabelle 13-1). Einer Störung innerhalb zweier Regelstreckenabschnitte kann auch dadurch entgegengewirkt werden, indem außer der vom Hauptregler erzeugten Stellgröße U, die auf den ersten Regelstreckenabschnitt (G_{S_1}) wirkt, am Eingang des zweiten Regelstreckenabschnitts (G_{S_2}) eine Hilfsstellgröße U_H aufgeschaltet wird. Dieses von einem Hilfsregler (G_{RH}) erzeugte Signal soll, möglichst nahe dem Eingriffsort der Störung durch den Einbau eines zusätzlichen Stellgliedes der Störung entgegenwirken. Der Hilfsregler ist dem Hauptregler parallel geschaltet und verarbeitet wie dieser dieselbe Regelabweichung.

13.2.2 Smith-Prädiktor

Dieser bereits 1959 vorgeschlagene Regler [1] (Tabelle 13-1) ist speziell zum Einsatz bei Regelstrecken mit aperiodischem Verhalten und großen Totzeiten geeignet. Für die Regelstrecke wird ein aus zwei in Reihe geschalteten Teilen (G_{M_1}) und (G_{M_2}) bestehendes Modell angesetzt, wobei das zweite Teilmodell nur die Totzeit nachbildet. Das Modell wird parallel zur Regelstrecke (G_S) geschaltet. Die zugehörende Regelungsstruktur besteht aus zwei Regelkreisen. Im inneren Regelkreis wird das erste Teilmodell (G_{M_1}) zur Bestimmung („Prädiktion") der Modellausgangsgröße Y_{M_1} verwendet, die dem eigentlichen Regler (G_R) aufgeschaltet wird, der dann die Stellgröße U liefert und dafür sorgt, dass die Regelgröße Y dem Sollwert W folgt. Da dieser innere Regelkreis keine Totzeit enthält, sollte die Reglerverstärkung so groß gewählt werden, dass man schnelle, aber noch gut gedämpfte Einschwingvorgänge bei Sollwertänderungen erhält. Die Auswirkungen einer nicht messbarer Störung Z oder auch kleinerer Modellungenauigkeiten werden über den „Prädiktionsfehler" $Y - Y_M$ im äußeren Regelkreis korrigiert. Diese Regelungsstruktur, die keine eigentliche Signalprädiktion enthält kann auch angewandt werden bei Regelstrecken mit ausgeprägtem nichtminimalem Phasenverhalten und durch gewisse Modifikationen bei instabilen Regelstrecken [2].

13.2.3 IMC-Regler

Aus der in Tabelle 13-1 dargestellten Blockstruktur ist zu ersehen, dass ein Regelkreis mit IMC-Regler zwei identische Modelle (G_M) der Regelstrecke be-

Tabelle 13-1. Strukturen einiger wichtiger Regelkreisschaltungen (Bedeutung der Indizes der Übertragungsfunktionen G_i: ST Steuerglied; S Regelstrecke; SZ Störverhalten der Regelstrecke; M Modell; R Regler; RH Hilfsregler; 1 und 2 Teilregelstrecke/Teilmodell/Regler)

Nr.	Bezeichnung	Blockschaltbild
1	Störgrößenaufschaltung (Störgröße messbar)	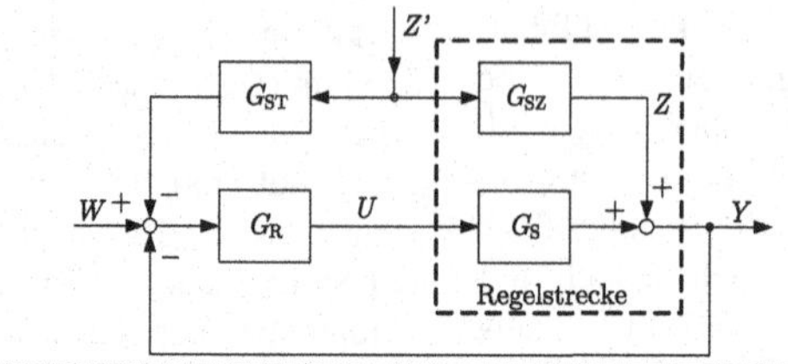
2	Regelsystem mit Hilfsregelgröße Y_H	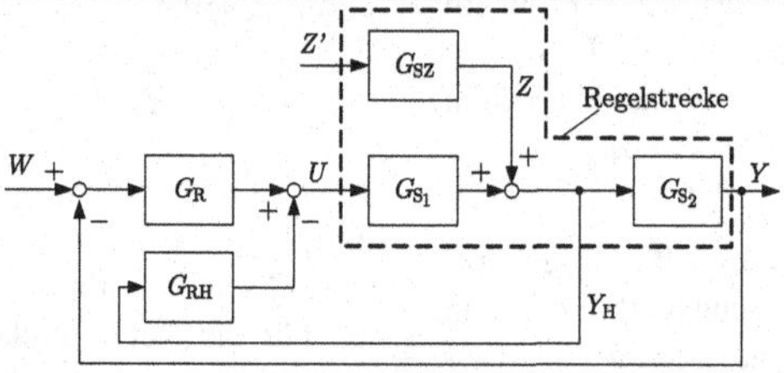
3	Kaskadenregelung	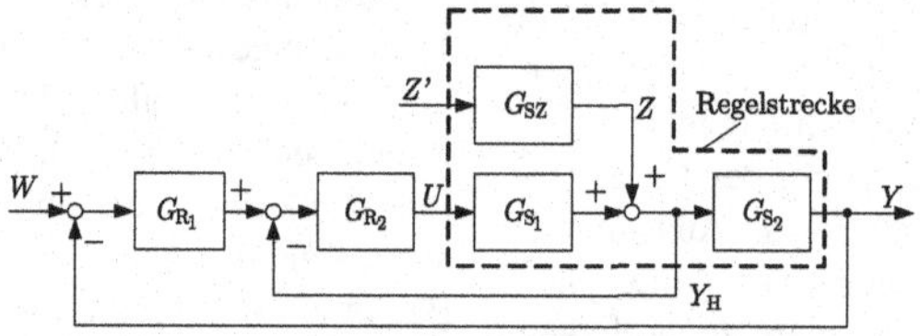
4	Regelsystem mit Hilfsstellgröße U_H	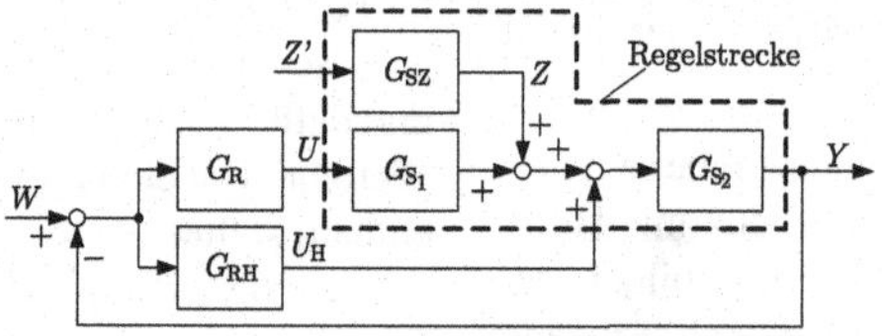
5	Smith-Prädiktor	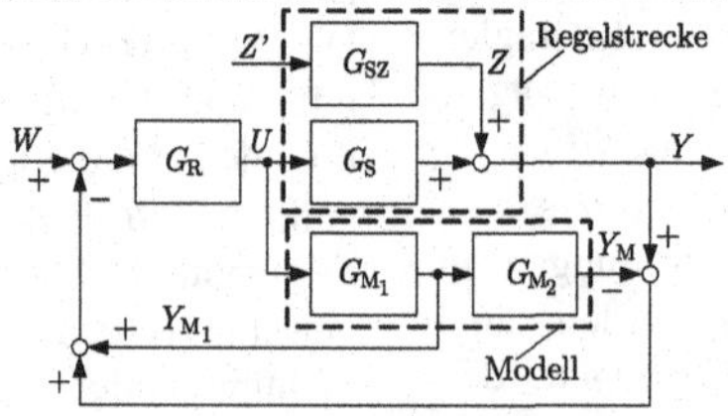
6	IMC-Regler	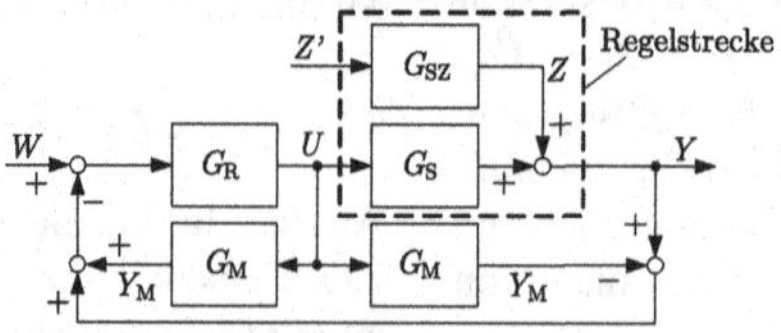

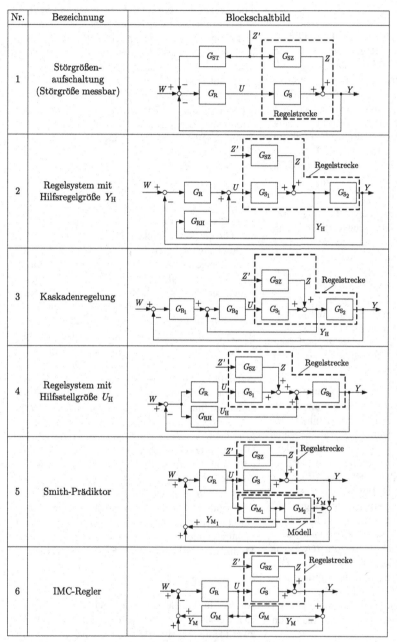

sitzt, von denen das eine parallel zur Regelstrecke das das andere in den direkten Rückkopplungszweig des Reglers (G_R) geschaltet ist. Die Stellgröße U dieses Reglers, der z. B. ein klassische PID-Verhalten aufweisen kann, wirkt sowohl auf die Regelstrecke (G_S) als auch auf beide Modelle. Fasst man nun G_M in der Rückkopplung mit G_R in einen Block zusammen, so erhält man den eigentlichen *Internal Model Controller (IMC)*, der im Weiteren als IMC-Regler (G_{IMC}) bezeichnet werden soll. Das Kennzeichen dieses Reglers ist also, dass er intern ein Modell der Regelstrecke besitzt. Im Idealfall, wenn $G_M = G_S$ wäre, würde die Störung Z direkt auf den Reglereingang wirken und könnte somit rasch beseitigt werden. Bei den normalerweise stets vorhandenen Modellunsicherheiten (Ungenauigkeiten und Parameteränderungen) ist ein systematischer Entwurf von G_{IMC} erforderlich, der im Wesentlichen aus zwei Schritten besteht und einen zweckmäßigen Kompromiss zwischen Regelgüte und Robustheit darstellt. Im Schritt 1 wird im Falle einer stabilen Regelstrecke ein stabiler, kausaler Regler G_{IMC} unter Vorgabe der Empfindlichkeitsfunktion $S = 1/(1+G_0)$, siehe auch (5-4) und (8-2) sowie deren Komplementärer $T = G_0/(1 + G_0)$, siehe auch (5-3) und (8-1), mit $G_0 = G_R G_S$ entworfen, z. B. auf der Basis eines Integralkriterium und unter Verwendung eines PID-Reglers für G_R. Im Schritt 2 wird der entworfene Regler G_{IMC} durch ein zugeschaltetes Filter so erweitert, dass seine Übertragungsfunktion proper wird, d. h. sie muss für $|s| \to \infty$ den Wert null annehmen und liefert damit bei einer sprungförmigen Erregung ein nichtsprungfähiges Ausgangsverhalten. Häufig eignet sich als Filterübertragungsfunktion ein PT_n-Glied nach (12-2) mit $K = 1$ und einstellbarer Zeitkonstante T.

Der IMC-Regler wurde in zahlreichen Varianten sowohl für Eingrößensysteme oder SISO (Single-Input/Single-Output)-Systeme als auch Mehrgrößensysteme oder MIMO (Multi-Input/Multi-Output)-Systeme für stabile, nichtminimalphasige und instabile Regelstrecken entwickelt [3] und wird vor allem in der Verfahrenstechnik eingesetzt.

13.3 Robuste Regler

Stabilität und Regelgüte sind zwei der wichtigsten Forderungen an eine Regelung (siehe 8.1). Eine ganz wesentliche weitere Forderung besteht darin, dass Stabilität und Regelgüte auch dann gewährleistet werden, wenn in der Regelstrecke Unsicherheiten oder Änderungen, z. B. in den Parametern oder bei verschiedenen Arbeitspunkten, auftreten. Weitere Unsicherheiten können Ausfälle von Komponenten (Mess- oder Stellgliedern) darstellen. In allen diesen Situationen sollte ein *robustes* oder möglichst unempfindliches Regelsystem zuverlässig arbeiten. Seit den 1980er Jahren wurde dem Entwurf robuster Regler in Fachkreisen besondere Aufmerksamkeit gewidmet [4–6]. Bei der Lösung dieses Problems zeigte sich, dass die optimale Zustandsregelung (siehe 8) zur Formulierung der robusten Stabilität sich nicht eignete. Da etwa zur gleichen Zeit für die Analyse von MIMO-Systemen sich wesentliche Entwicklungen in der Frequenzbereichsdarstellung vollzogen, wie z. B. die Polynommatrizendarstellung von MIMO-Systemen oder auch die Erweiterungen von Wurzelortskurven, Nyquist- und Bode-Diagrammen auf MIMO-Systeme, lag es nahe, auch für das Robustheitsproblem Lösungen im Frequenzbereich zu formulieren. Zames [7] schlug zur Lösung des Problems der optimalen Unterdrückung einer ganzen Klasse von Störungen vor, nicht nur die Minimierung der Empfindlichkeitsfunktion S zu betrachten, sondern auch diese in geeigneter Weise zu optimieren. Das Minimierungsproblem von S ist mathematisch äquivalent mit dem Problem der Minimierung der Norm der Fehlerübertragungsfunktion. Zames führte dazu die so genannte $H\infty$-Norm ein, deren optimaler Wert zum gewünschten robusten Regler führt, der auch als $H\infty$-optimaler Regler bezeichnet wird und sowohl für SISO- als auch MIMO-Regelstrecken entworfen werden kann. Sofern keine geschlossene Lösung für dieses Problem möglich ist, empfiehlt sich die Anwendung der numerischen LMI (Linear Matrix Inequalities)-Technik [8].

Ein von Kharitonov bereits 1978 vorgestelltes Stabilitätskriterium ermöglicht auf der Basis von nur vier festen „charakteristischen Polynomen" die Analyse und Synthese von linearen Regelsystemen mit großen Parameterunsicherheiten [9].

13.4 Modellbasierte prädiktive Regler

Modell**b**asierte **p**rädiktive(MBP)-Regler werden in der Praxis als digitale Regler realisiert. Sie verwenden gewöhnlich ein festes Modell der Regelstrecke im On-line-Betrieb, mit dessen Hilfe die zukünftigen Werte $y(k+j|k)$ der Regelgröße $y(k)$ für $j = 1, 2, \ldots, N_k$ zum Zeitpunkt k vorausberechnet, also prädiziert werden, wobei N_k den Prädiktionshorizont beschreibt. Die Prädiktion hängt jedoch nicht nur von dem Modellverhalten ab, sondern auch von den für $j = 0, 1, 2, \ldots, N_{k-1}$ sich ergebenden Werten $u(k+j|k)$ der Stellgröße. Optimale Stellgrößenwerte erhält man aus der Minimierung einer geeignet gewählten Gütefunktion, zweckmäßig einer quadratischen Summenfunktion, die bei diskreten Systemen einem der quadratischen Integral-Gütemaße in Tabelle 8-1 entspricht. Die zu minimierende Gütefunktion muss die Regelabweichung $e(k)$ und den Stellaufwand, ähnlich wie I_7 in Tabelle 8-1, berücksichtigen. Die Optimierungsaufgabe wird in jedem Abtastintervall – eventuell auch unter Berücksichtigung von Begrenzungen der Regelkreissignale – neu gelöst, jedoch wird von der berechneten optimalen Stellgrößenfolge gewöhnlich nur der erste Wert als Stellgröße im nächsten Abtastintervall verwendet. Diese Prozedur wird in derselben Weise im übernächsten Abtastintervall weitergeführt bis schließlich die Regelabweichung verschwindet. Da die hier beschriebene Optimierungsaufgabe nur selten analytisch gelöst werden kann, werden zur Lösung numerische Verfahren eingesetzt.

Die zahlreichen seit etwa 1980 vorgeschlagenen linearen MBP-Regler [10–12] unterscheiden sich im Wesentlichen durch die Art des Ansatzes für das gewählte Modell sowie durch die Wahl des Gütekriteriums und des numerischen Lösungswegs. Dennoch weisen sie viele Gemeinsamkeiten auf und können teilweise direkt ineinander übergeführt werden. Hinzu stehen MBP-Regler in einem engen Zusammenhang mit dem optimalen Zustandsregler (siehe 11.4.5) sowie mit dem IMC-Regler und dem Smith-Prädiktor, da sie ebenfalls – wie die beiden letztgenannten – sich besonders für Regelstrecken mit Totzeitverhalten eignen. Auch lassen sich MBP-Regler auf einfache Weise mittels einer Adaption des Regelstreckenmodells im laufenden Betrieb zu einem adaptiven Regelsystem (siehe 13.6) erweitern [13]. Mittels eines solchen adaptiven MBP-Reglers können dann auch zeitvariante und zahlreiche nichtlineare Regelstrecken beherrscht werden. Für allgemeine Nichtlinearitäten liegen ebenfalls entsprechende Entwurfskonzepte vor [14; 15].

In zahlreichen industriellen Anwendungen haben sich die MBP-Regler bewährt. Dies war möglich durch die Einführung dezentraler offener Strukturen bei Prozessleitsystemen (siehe 14), die charakterisiert sind durch eine horizontale und vertikale Durchgängigkeit und die Einbeziehung speicherprogrammierbarer Steuerungen und spezieller Controller, für die heute leistungsfähige Programmiersprachen für die Realisierung auch anspruchsvoller Regelalgorithmen zur Verfügung stehen (siehe 14.5.1).

13.5 GMV-Regler

Dieser Regler basiert auf dem Minimum-Varianz (MV)-Regler [16], dessen Arbeitsweise als linearer diskreter stochastischer Regler darin besteht, die Varianz σ_e^2 der Regelabweichung $e(k+d)$ bei einer Regelstrecke mit der Totzeit d bzw. den Erwartungswert $E\{e(k+d)\}$ mittels einer zum Zeitpunkt k optimal ermittelten Stellgröße $\underline{u}(k)$ zu minimieren. Der MV-Regler stellt einen Spezialfall des verallgemeinerten (generalized) GMV-Reglers [17] dar, bei dem anstelle von σ_e^2 jedoch die Varianz eines Signals $y_e(k+d)$ minimiert wird, das sich aus der Summe der gefilterten Regelgröße $y(k)$, Stellgröße $u(k)$ und Führungsgröße $w(k)$ zusammensetzt. Die Filterung dieser Signale erfolgt über Polynome in z^{-1}, die in die Entwurfsgleichungen mit eingehen. Dieser Regler hat den Vorteil, dass er für stabile und instabile sowohl minimalphasige als auch nichtminimalphasige Regelstrecken eingesetzt werden kann. Sowohl der MV-Regler als auch der GMV-Regler basieren auf einer Einschritt-Vorhersage der Regelgröße und benötigen dazu ein explizites Modell der Regelstrecke und der Störgrößen, die auf die Regelstrecke einwirken, sowie die Kenntnis der aktuellen und zurückliegenden Messsignale der Ein- und Ausgangsgröße (im SISO-Fall) der Regelstrecke. Insofern existiert eine enge Verwandtschaft mit dem MBP-Regler, für den es übrigens eine äquivalente Verallgemeinerung, den GMBP-Regler, wie für den hier dargestellten GMV-Regler gibt. Dieser Regler kann ebenfalls wie der MBP-Regler bei unbekannter oder zeitvarianter Regelstrecke durch eine On-line-Identifikation mittels eines rekursiven

Parameterschätzverfahrens (siehe 12.2.4) zu einem adaptiven GMV-Regler [13] erweitert werden.

13.6 Adaptive Regler

In einem adaptiven Regelsystem hat der Regler die Aufgabe, sich entweder an die unbekannten Eigenschaften einer invarianten Regelstrecke oder bei zeitvarianten Regelstrecken – bedingt z. B. durch unterschiedliche Arbeitsbedingungen, Störungen, Lastwechsel, Alterung usw. – selbsttätig im Sinne eines Optimierungskriteriums oder einer Einstellvorschrift anzupassen. Im ersten Fall erfolgt die Anpassung meist nur einmalig oder gelegentlich nach Bedarf, im zweiten Fall ist gewöhnlich eine ständige Anpassung des Reglers erforderlich. Diese selbsttätige Anpassung oder Adaption des Reglers erfolgt meist über dessen Parameter, seltener über die Reglerstruktur. Selbsteinstellend, selbstanpassend, selbstoptimierend oder gar selbstlernend sind nur häufig benutzte Synonyme für den Begriff „adaptiv".
Bei der adaptiven Regelung wird dem klassischen Grundregelkreis (Bild 5-1) ein Anpassungssystem überlagert, das aus den drei charakteristischen Teilprozessen Identifikation, Entscheidungsprozess und Modifikation gebildet wird. Die *Identifikation* erfolgt im „On-line"-Betrieb meist mittels rekursiver Parameterschätzverfahren (12.2.4) unter Verwendung der Ein- und Ausgangssignale der Regelstrecke. Dabei werden entweder die Parameter der Regelstrecke oder direkt diejenigen des Reglers bestimmt. Im *Entscheidungsprozess* wird mittels der bei der Identifikation erhaltenen Information der Regler auf der Basis vorgegebener Gütekriterien berechnet und seine Anpassung festgelegt. Je nach der Art der Anpassung unterscheidet man zwischen *indirekter* Adaption – sofern ein explizites Regelstreckenmodell dem Reglerentwurf zugrunde liegt – und *direkter* Adaption bei Umgehung dieses Zwischenschrittes. Die *Modifikation* stellt die Realisierung der Resultate des Entscheidungsprozesses dar. Dem Anpassungssystem kann noch ein Überwachungssystem überlagert werden, dessen Aufgabe in der Sicherstellung einer fehlerfreien Funktion des Gesamtsystems besteht.
Adaptive Regelsysteme lassen sich entsprechend ihrer Struktur und Funktionsweise unterscheiden in Modellvergleichsverfahren, Self-tuning (ST)-Verfahren und Verfahren der gesteuerten Adaption. Beim *Modellvergleichsverfahren* [18] wird meist dem Grundregelkreis ein paralleles, festes Modell zugeschaltet, welches das gewünschte Verhalten darstellt. Der Modellfehler, also die Differenz zwischen der Regelgröße und dem Modellausgangssignal, wird dem Adaptivregler zugeführt und von diesem gemäß einem Gütekriterium minimiert. Der *ST-Regler* [19] arbeitet ohne Vergleichsmodell. Sein Entwurfsprinzip besteht in einer „On-line"-Reglersynthese für eine Regelstrecke, deren Parameter entweder ständig identifiziert werden oder direkt in den Reglerentwurf eingehen. Als Basis des Entwurfs eignen sich zahlreiche unterschiedliche Regler, z. B. MV-, GMV-, PID-Regler, Polvorgaberegler, optimale Zustandsregler u. a. Die *gesteuerte Adaption* [20] wird dann eingesetzt, wenn das Verhalten eines Regelsystems für unterschiedliche messbare Parameteränderungen und Störungen der Regelstrecke bekannt ist. Dann kann die zugehörige Regleradaption über eine zuvor berechnete feste Zuordnung (*parameter scheduling*) ausgeführt werden.
Adaptive Regelsysteme weisen stets eine nichtlineare Struktur auf. Dadurch bedingt stellte die Garantie ihrer Stabilität lange ein unbefriedigend gelöstes Problem dar, das aber heute als grundsätzlich gelöst betrachtet werden kann [21]. Neben der Lösung vieler signifikanter theoretischer Probleme haben die spektakulären Fortschritte der modernen Rechentechnik dazu geführt, dass viele adaptive Regler sich sehr erfolgreich in der industriellen Praxis bewährt haben. So reichen die Anwendungen vom einfachen, auf den Ziegler-Nichols-Regeln und einer Relaisumschaltung basierenden PID-ST-Regler (auch als *Autotuning*-Regler bezeichnet) [22] bis hin zur theoretisch anspruchsvollen adaptiven *dualen* Regelung [23], bei der die Parameterunsicherheit durch eine „vorsichtige" Systemkomponente sowie eine ständige Erregungskomponente zur besseren Identifikation im Regelgesetz berücksichtigt werden.

13.7 Nichtlineare Regler

Neben den klassischen Methoden zur Analyse und Synthese nichtlinearer Regelsysteme soll nachfolgend auf einige der neueren Entwurfsverfahren für nichtlineare Regler noch kurz eingegangen werden.

Die *Singular perturbation*-Methode [24] wird schon länger zur Vereinfachung des Entwurfs nichtlinearer Regler eingesetzt. Sie ist dann anwendbar, wenn das dynamische Verhalten der Regelstrecke durch zwei unterschiedliche Zeitmaßstäbe beschrieben werden kann, z. B. erfolgt beim Flugzeug ein relativ langsamer Regeleingriff bei Reisegeschwindigkeit und eine schnellere Reaktion beim Manöverflug. Der Reglerentwurf erfolgt dann in zwei Schritten: Zunächst wird ein Regler für das langsame Verhalten entworfen, dann erfolgt der Entwurf für das schnelle Verhalten. Der gesamte Regler setzt sich dann aus beiden Teilreglern zusammen.

Ein anderer nichtlinearer Regler ist der *Sliding-mode* (SM)-Regler, auch als *Variable Structure* (VS)-Regler bezeichnet. Dieser Regler [25; 26] arbeitet diskontinuierlich als spezieller Zweipunktregler, der aufgrund äußerer Signale seine Struktur umschaltet, um ein gewünschtes Regelverhalten zu erzielen. Die Aufgabe eines SM-Reglers besteht darin, den Zustandsvektor $\boldsymbol{x}$ des betreffenden Regelsystems entlang einer Trajektorie auf die Schaltebene $\sigma(\boldsymbol{x}) = 0$ zu bringen, um ihn dann auf dieser in den Ursprung des Zustandsraumes gleiten zu lassen, der nun dem gewünschten Sollwert entspricht. Die Dynamik der zugehörigen Regelstrecke beeinflusst das Regelverhalten im Gleitzustand nicht. Zur Ermittlung der Schaltfunktion $\sigma(\boldsymbol{x})$ existieren verschiedene Methoden. Dieser Regler hat sich aufgrund seiner Robustheit und Unempfindlichkeit gegenüber Parameteränderungen der Regelstrecke und äußeren Störungen in der Praxis besonders bewährt.

Die nichtlineare *differenzial-geometrische Methode* [27], die im Wesentlichen seit Anfang der 1990er Jahre entwickelt wurde, liefert interessante Möglichkeiten zur Stabilitätsanalyse und Untersuchung der Steuerbarkeit und Beobachtbarkeit nichtlinearer Systeme. Diese Methode ist aber nur anwendbar bei Systemen, deren Nichtlinearität stetig differenzierbar ist. Diese Voraussetzung ist jedoch bei vielen Nichtlinearitäten, wie z. B. bei fast allen in Tabelle 9-1 aufgelisteten Kennlinien, nicht gegeben. Andererseits liefert diese Methode die Basis der *exakten Linearisierungsmethode*, die oft auch als externe Linearisierung mittels Zustands- und Ausgangsrückführung bezeichnet wird. Durch Anwendung dieser Methode können einige nichtlineare Systeme in ein äquivalentes lineares System gleicher Ordnung übergeführt werden. Dies wird erreicht durch eine nichtlineare Koordinatentransformation sowie einer daraus resultierenden nichtlinearen Rückkopplung. Dann kann im nächsten Schritt für das exakt linearisierte System ein linearer Regler entworfen werden. Leider ist diese Methode nur auf wenige nichtlineare Systeme anwendbar. Größere praktische Bedeutung haben jedoch die in letzter Zeit entwickelten *angenäherten Linearisierungsmethoden* erlangt. Verschiedene Verfahren stehen hierfür zur Verfügung, doch der erforderliche Rechenaufwand ist teilweise sehr groß.

13.8 „Intelligente" Regler

Expertensysteme oder *wissensbasierte Systeme* (WBS) werden seit den 1980er Jahren zur Regelung technischer Anlagen eingesetzt. Generell handelt es sich bei diesen Systemen um intelligente Rechenprogramme, die ein detailliertes Wissen auf einem eng begrenzten Spezialgebiet gespeichert haben und Entscheidungsregeln enthalten, sowie die Fähigkeit besitzen, logische Schlussfolgerungen zu ziehen ähnlich der Arbeitsweise eines menschliche Experten. Ein WBS kann sowohl für Überwachungsfunktionen in komplexen Automatisierungssystemen als auch direkt im geschlossenen Regelkreis als spezieller Regler eingesetzt werden. Der *Fuzzy-Regler* kann als ein spezielles Realzeit-WBS interpretiert werden. Bei diesem Regler [28] muss das Expertenwissen des Regelungsingenieurs in eine Reihe von Handlungsanweisungen in Form bestimmter Regeln, auch als Regelbasis bezeichnet, zur Verfügung gestellt werden. Der Fuzzy-Regler arbeitet intern mit Operatoren, z. B. „WENN", „UND" und „DANN", sowie den (unscharfen) Fuzzy-Variablen, wie z. B. groß, klein, mittel. Die gewünschte Arbeitsweise lässt sich leicht als Rechenalgorithmus darstellen. Das analoge Eingangssignal dieses Reglers muss zunächst einer Fuzzifizierung unterzogen werden, während das Ausgangssignal erst über eine Defuzzifizierung die Stellgröße liefert. Während früher der Entwurf eines Fuzzy-Reglers meist heuristisch erfolgte, verwendet man heute bewährte systematische Entwurfsmethoden, die auch eine vielseitige Kombination dieses Reglers mit anderen Regelungskonzepten,

z. B. adaptiven und prädiktiven Reglern oder Sliding-mode-Reglern, ermöglichen. Fuzzy-Regler stellen eine wertvolle Ergänzung zu den klassischen Regelverfahren dar. Durch ihre universale Approximationseigenschaft erweisen sie sich als besonders geeignet zur Regelung nichtlinearer Regelstrecken.
Auch *künstlich neuronale Netzwerke* (KNN) weisen als Hauptmerkmal eine universale Approximationsfähigkeit [29] auf. Sie sind daher besonders für die Regelung von linearen und nichtlinearen Regelstrecken mit unbekannter Struktur geeignet. Ein KNN besitzt die Eigenschaften der Lernfähigkeit und Adaption und wird daher in einer Trainingsphase dazu benutzt, anhand von Messwerten der Ein- und Ausgangssignale einer Regelstrecke ein dynamisches Modell derselben zu erstellen. Aber auch im On-line-Betrieb lässt sich ein KNN zur ständigen Identifikation einer stark zeitvarianten Regelstrecke oder zur Fehlerüberwachung einsetzen. Dann ist es möglich, einen geeigneten modellbasierten Regler unter Verwendung eines weiteren KNN zu entwerfen. Sowohl durch die in den letzten Jahren entwickelten speziellen, sehr schnellen und effizienten Lernalgorithmen als auch durch die Verfügbarkeit enormer prozessnaher Rechnerleistung haben KNN-Regler eine große Bedeutung in der industriellen Praxis erlangt.
Zum Abschluss soll noch erwähnt werden, dass KNN und Fuzzy-Systeme viele gemeinsame Eigenschaften aufweisen und daher auch – bei bestimmten Konfigurationen – unter dem Begriff der *Neuro-Fuzzy-Systeme* [30] zusammengefasst werden können, z. B. lässt sich zeigen, dass ein auf radialen Basis-Funktionen (RBF) beruhendes KNN als Spezialfall eines Fuzzy-Systems betrachtet werden kann. Neuro-Fuzzy-Regler werden u. a. in der Robotik mit Erfolg eingesetzt.
Im Zusammenhang mit Fuzzy-, Neuro-Fuzzy- und KNN-Reglern taucht seit kurzer Zeit immer häufiger auch der Begriff der *evolutionären* oder *genetischen* Regler auf [31]. Dahinter verbirgt sich eine Reihe sehr leistungsfähiger Algorithmen zur Optimierung der zuvor genannten Regler. Alle diese Regler werden neuerdings unter dem Begriff der „intelligenten“ Regler zusammengefasst.

STEUERUNGSTECHNIK

F. Ley

14 Binäre Steuerungstechnik

Die binäre Steuerungstechnik behandelt die Beeinflussung von Prozessen durch Binärsignale, also Signale, die entweder den Zustand „0“ oder den Zustand „1“ annehmen können. Diese Steuerung verarbeitet binäre Eingangssignale vorwiegend mit Verknüpfungs-, Zeit- und Speichergliedern zu binären Ausgangssignalen. Aufgabe einer binären Steuerung ist die Realisierung von vorgegebenen (zustands- oder zeitabhängigen) Abläufen, die Verriegelung von nicht erlaubten Stelleingriffen oder die Kombination von beiden.
Zu den wichtigsten theoretischen Grundlagen der Steuerungstechnik zählen die auf der Boole'schen Aussagenlogik aufbauende Theorie der kombinatorischen Schaltungen und die von den Modellvorstellungen der Automatentheorie ausgehende Theorie der sequentiellen Schaltungen.

14.1 Grundstruktur binärer Steuerungen

14.1.1 Signalflussplan

Jede binäre Steuerung verarbeitet einen Vektor von binären Eingangssignalen zu einem Vektor binärer Ausgangssignale. Wie Bild 14-1 zeigt, setzt sich der Eingangsvektor aus den Signalen zusammen, die von den Bedienelementen erzeugt werden, und den Signalen der den Prozess beobachtenden Sensoren (Messglieder). Der Ausgangsvektor steuert die Anzeigeel-

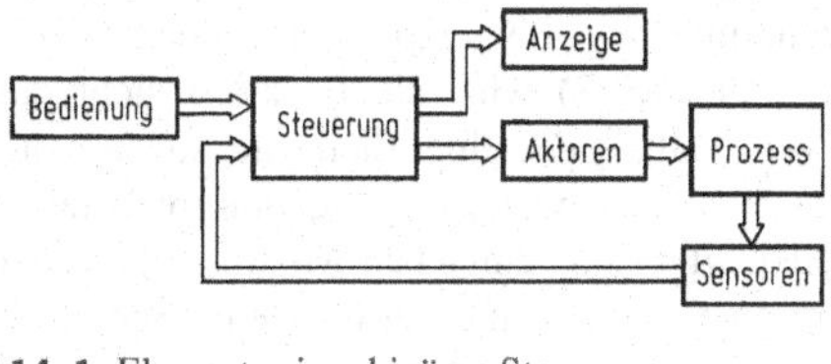

Bild 14-1. Elemente einer binären Steuerung

emente und die Aktoren (Stellglieder) an, mit deren Hilfe der Prozess beeinflusst wird.
Beispiele für die Elemente einer binären Steuerung sind:
Bedienelemente: Schalter, Wahlschalter, Taster, Notausschalter, Meisterschalter ('Joysticks'), Schlüsselschalter, Schlüsseltaster, Tastaturen, Lichtgriffel.
Sensoren: Endschalter, Näherungsinitiatoren, Druckschalter, Lichtschranken, Kopierwerke (Endschalter an Kurvenscheiben, z. B. für Maschinenpressen), Temperaturschalter, Niveauschalter, Überstromschalter.
Anzeigeelemente: Kontrolllampen (Glühlampen, LEDs), Sichtmelderelais, Warnhupen, rechnergesteuerte Displays und Fließbilder, Protokolldrucker.
Aktoren: Motoren, Motorschieber, Magnetventile (hydraulisch, pneumatisch), Leistungsschalter, Magnetkupplungen, Magnetbremsen.

14.1.2 Klassifizierung binärer Steuerungen

- Eine *Verknüpfungssteuerung* ordnet im Sinne Boole'scher Verknüpfungen den Signalzuständen von Eingangsgrößen, Zwischenspeichern und Zeitgliedern Zustandsbelegungen der Ausgangssignale zu.
- Eine *Ablaufsteuerung* folgt einem festgelegten schrittweisen Ablauf (in dem auch bedingte Verzweigungen und Schleifen vorhanden sein dürfen), bei dem jeder Schritt einen Ausführungsteil und eine Weiterschaltbedingung enthält. Das Weiterschalten auf den jeweils nächsten Schritt erfolgt immer dann, wenn die aktuelle Weiterschaltbedingung erfüllt ist.

Nach der Art der technischen Realisierung wird zunächst, wie im Bild 14-2 dargestellt, zwischen verbindungs- und speicherprogrammierbaren Steuerungseinrichtungen unterschieden. Die gebräuchlichsten verbindungsprogrammierbaren Steuerungen sind die elektromechanischen Schütz- oder Relaissteuerungen. Bei speicherprogrammierbaren Steuerungen (SPS) wird die Funktion nicht durch eine Verschaltung einzelner Elemente, sondern durch ein im Speicher abgelegtes Programm realisiert. Ihr Vorteil liegt in der einfachen Modifizierbarkeit der Programme. Bei ihnen kann über eine Schnittstelle

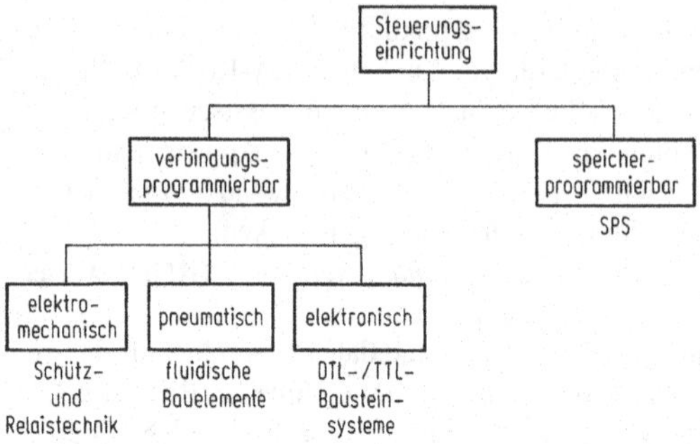

Bild 14-2. Einteilung binärer Steuerungen

vom Programmiergerät oder Personal-Computer das entwickelte Programm direkt in die Steuerung geladen werden. Man spricht deshalb von freiprogrammierbaren Steuerungen (FPS).
Jede binäre Steuerung kann durch einen *Mealy-Automaten* beschrieben werden. Bei diesem automatentheoretischen Modell geht man von der Vorstellung aus, dass es in jeder Steuerungseinrichtung gespeicherte binäre Zustände gibt, deren Veränderung von ihrer Vorgeschichte und der Signalbelegung abhängt. Die Signalbelegung des Ausgangsvektors lässt sich aus diesen Zuständen und der Eingangsbelegung bilden. Bild 14-3 zeigt die Struktur eines Mealy-Automaten. Die Funktionen $\boldsymbol{G}(\boldsymbol{U}, \boldsymbol{X})$ und $\boldsymbol{F}(\boldsymbol{U}, \boldsymbol{X})$ stellen kombinatorische Verknüpfungen dar. Die speichernde Eigenschaft des Automaten ergibt sich erst durch die Rückführung des Zustandsvektors $\boldsymbol{X}$. Eine Sonderform des Mealy-Automaten stellt der Moore-Automat dar. Bei ihm wird der Ausgangsvektor $\boldsymbol{Y}$ ausschließlich aus dem Zustandsvektor $\boldsymbol{X}$ gebildet. (Anmerkung: Bei Binärsteuerungen werden Vektoren mit großen Buchstaben charakterisiert.)

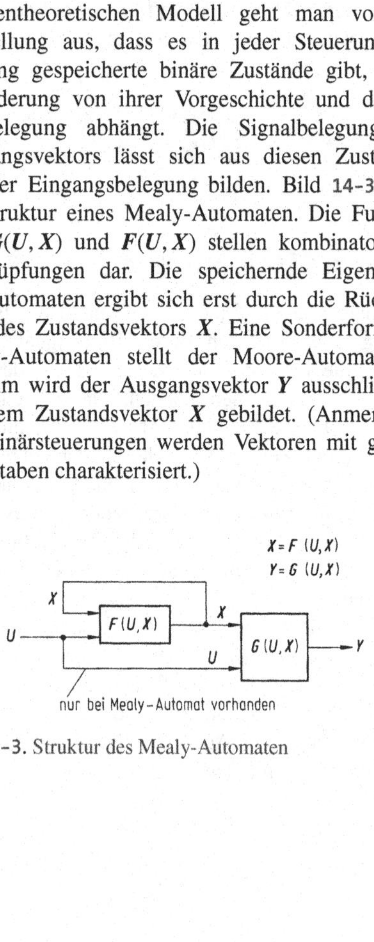

Bild 14-3. Struktur des Mealy-Automaten

14.2 Grundlagen der kombinatorischen und der sequentiellen Schaltungen

14.2.1 Kombinatorische Schaltungen

Eine kombinatorische Schaltung ist dadurch gekennzeichnet, dass der Signalzustand ihrer Ausgänge nur von der Signalbelegung ihrer Eingänge, nicht aber von der Vorgeschichte dieser Signalbelegungen abhängt. Eine kombinatorische Schaltung hat also keine Speichereigenschaften. Innerhalb einer solchen Struktur liegen nur logische Signalverknüpfungen, aber keine Signalrückführungen vor. Zur Beschreibung von logischen Funktionen ist es üblich, sogenannte *Wahrheitstabellen* aufzustellen, aus denen für jede Eingangssignalbelegung die kor-

Tabelle 14-1. Symbole für binäre Verknüpfungen

Graphisches Symbol DIN EN 60617-12	Erläuterung	Funktion nach DIN 66000	Funktionstabelle Eingänge	Funktionstabelle Ausgang	Altes deutsches Schaltzeichen	Amerikan. Schaltzeichen
[symbol]	Allgemein, Grundformen	—	—	—	—	—
A, B, &, Q	UND-Element mit 2 Eingängen	A ∧ B = Q	A B 0 0 1 0 0 1 1 1	Q 0 0 0 1	A, B, Q	A, B, Q
A, B, ≥1, Q	ODER-Element mit 2 Eingängen	A ∨ B = Q	A B 0 0 1 0 0 1 1 1	Q 0 1 1 1	A, B, Q	A, B, Q
A, B, =1, Q	Exklusiv-ODER-Element	A -|- B = Q	A B 0 0 1 0 0 1 1 1	Q 0 1 1 0	A, B, ‡, Q	A, B, Q
Q	Negation eines Ausgangs	—	—	—	Q	Q
A	Negation eines Eingangs	—	—	—	A	A
A, B, &, Q	UND-Element mit negiertem Ausgang: NAND-Element	A ⊼ B = Q	A B 0 0 1 0 0 1 1 1	Q 1 1 1 0	A, B, Q	A, B, Q
A, B, ≥1, Q	ODER-Element mit negiertem Ausgang: NOR-Element	A ⊽ B = Q	A B 0 0 1 0 0 1 1 1	Q 1 0 0 0	A, B, Q	A, B, Q
A, B, C, D, ≥1, ≥1, &, Q	NAND-Element mit 2 ODER-Eingangsgruppen (ODER vor „UND NICHT")	(A∨B) ⊼ (C∨D) = Q	A∨B C∨D 0 0 1 0 0 1 1 1	Q 1 0 0 0	—	—
A, Q	NICHT-Element	Ā = Q	A 0 1	Q 1 0	A, Q	A, Q

respondierende Ausgangssignalbelegung ersichtlich ist, siehe A 1.3.
Tabelle 14-1 zeigt die für logische Verknüpfungen festgelegte Symbolik, wie sie z. B. in Logik- und Funktionsplänen verwendet wird.

14.2.2 Synthese und Analyse sequentieller Schaltungen

Die meisten binären Steuerungen werden als sequentielle Schaltung ausgeführt. Dabei hängt die Signalbelegung des Ausgangsvektors nicht nur von der aktuellen Belegung des Eingangsvektors ab, sondern auch von dessen Vorgeschichte, also von der Sequenz der Eingangsbelegungen. Solche Schaltungen lassen sich nicht mehr nur mithilfe der Boole'schen Aussagenlogik (siehe A 1.3) beschreiben, da diese nicht die Behandlung von Signalspeichern, wie sie in jeder sequentiellen Schaltung enthalten sind, umfasst. Es ist aber möglich, jede Speicherschaltung auf logische Grundverknüpfungen mit mindestens einer Rückkopplung eines Signales auf den Eingang einer vorgeschalteten Verknüpfung zurückzuführen.
Trennt man alle Rückkopplungen einer sequentiellen Schaltung auf, so sind die verbleibenden Elemente einer Behandlung durch die Boole'sche Logik zugänglich. Allerdings hat diese Schaltung dann nur noch kombinatorischen Charakter. Der Ansatz, die rückgekoppelten Signale in einem System zu einem Vektor zusammenzufassen und die logischen Verknüpfungen von Signalvektoren zu Funktionsblöcken, führt zu den Modellen, wie sie auch in der Automatentheorie Verwendung finden. Für die weiteren Betrachtungen soll daher der zuvor eingeführte Mealy-Automat vorausgesetzt werden. Bei einem Mealy-Automaten mit aufgetrennter Zustandsrückführung hängen die logischen Funktionen $\boldsymbol{F}$ und $\boldsymbol{G}$ nun von den Signalvektoren $\boldsymbol{U}$ und $\boldsymbol{X}'$ ab, wobei $\boldsymbol{X}'$ den Ausgangszustand von $\boldsymbol{X}$ beschreibt.
Das wichtigste Verfahren, das auf diesen Modellen aufbaut, ist das Huffman-Verfahren zur Analyse und Synthese sequentieller Schaltkreise [1].

Beispiel:

Es soll eine Steuerung für eine Zweihandeinrückung an einer Maschinenpresse entworfen werden. Der Hub der Maschine (Y) darf hier nur dann ausgelöst werden, wenn beide Handtaster (U_1 und U_2) betätigt sind, sodass die Gefahr einer Verletzung des Bedienungspersonals ausgeschlossen ist. Zusätzlich soll jedoch überwacht werden, dass beide Taster nach einer Hubauslösung wieder losgelassen worden sind. Zunächst wird für dieses Beispiel eine *Flusstabelle* (Tabelle 14-2) aufgestellt, in der alle Schritte des zu realisierenden Ablaufes, die Übergänge zwischen den Schritten in Abhängigkeit von der Belegung der Eingangssignale U_1 und U_2 und die den Schritten zugeordnete Belegung des Ausgangssignals Y eingetragen sind. Die Schritte werden im Allgemeinen auch Zustände des Automaten genannt. Jede Zeile der Flusstabelle entspricht einem Zustand und jede Spalte für U_1 und U_2 einer Eingangsbelegung. Es sind drei Zustände vorgesehen. Im Zustand 1 ist das Ausgangssignal mit 0 belegt. Ein Übergang zum Zustand 2 ist nur bei der Eingangssignalbelegung $U_1 = 1$ und $U_2 = 1$ möglich, also nur dann, wenn beide Handtaster betätigt sind. In diesem Zustand ist auch das Ausgangssignal mit 1 belegt, sodass der Hub ausgelöst wird. Beim Loslassen nur eines der beiden Taster wird auf den Zustand 3 weitergeschaltet, bei dem der Hub abgeschaltet wird. Dieser Zustand kann nur verlassen werden, wenn beide Handtaster wieder losgelassen worden sind, also $U_1 = 0$ und $U_2 = 0$ sind. Nach dem Aufstellen der Flusstabelle ist zu überprüfen, ob die Anzahl der spezifizierten Schritte *minimal* ist, oder ob die zu realisierende Funktion nicht auch durch eine geringere Anzahl von Zuständen verwirklicht werden kann.
Nach der Minimierung der Zustände erfolgt die *Codierung*. Darunter versteht man die Zuordnung der Zustände zu den möglichen Binärkombinationen des Zustandsvektors. Da im vorliegenden Beispiel drei Zustände zu realisieren sind, muss der Zustandsvektor mindestens die Dimension 2 haben. (Mit der Dimension n können 2^n Zustände realisiert werden.) Die Zustände der Zweihandeinrückung sollen wie in Tabelle 14-3 dargestellt codiert werden.

Tabelle 14-2. Flusstabelle für eine Zweihandeinrückung

U_1 U_2 0 1	U_1 U_2 0 1	U_1 U_2 1 0	U_1 U_2 1 1	Y
1	1	1	2	0
1	3	3	2	1
1	3	3	3	0

Tabelle 14-3. Zustandscodierung

Zustand	X_1, X_2		
1	$\rightarrow 0$	0	
2	$\rightarrow 1$	0	
3	$\rightarrow 1$	1	
r	$\rightarrow 0$	1	(redundant, weil nicht genutzt).

Bei der Codierung ist darauf zu achten, dass keine *Wettläufe* entstehen können. Diese Wettlauferscheinungen treten immer dann auf, wenn sich bei einer Zustandsänderung mehr als ein Bit innerhalb des Zustandsvektors ändert und – bedingt durch unterschiedliche Signallaufzeiten in der kombinatorischen Schaltung, – der Signalübergang in diesen Binärpositionen nicht gleichzeitig erfolgt, sodass sich ein falscher Folgezustand einstellt.
Zur Bestimmung der kombinatorischen Gleichungen

$$\boldsymbol{X} = \boldsymbol{F}(\boldsymbol{U}, \boldsymbol{X}') \quad \text{und} \quad \boldsymbol{Y} = \boldsymbol{G}(\boldsymbol{U}, \boldsymbol{X}') \qquad \text{(14-1a,b)}$$

empfiehlt es sich, die Funktionen in Form von *Karnaugh-Diagrammen* darzustellen. Wesentliches Kennzeichen dieser Diagramme ist, dass sich bei einem Übergang von einem Feld zum Nachbarfeld nur eine der unabhängigen Binärgrößen ändern darf. Bild 14-4 zeigt die für die Zweihandeinrückung aufgestellten F- und G-Tabellen des Karnaugh-Diagramms. Die redundanten Elemente der Tabellen sind mit „r" gekennzeichnet worden. Diese Redundanz kann man bei der sich anschließenden Schaltungsminimierung nutzen. Um einen kritischen Wettlauf zu vermeiden, ist in der untersten Zeile der F-Tabelle der Zustand $[X_1\ X_2] = [0\ 0]$ eingetragen. In der G-Tabelle ist, um den durch den verbleibenden nichtkritischen Wettlauf hervorgerufenen „Hazard" zu vermeiden, eine 0 eingetragen.

F - Tabelle ($S_1\ S_2$)

$X_1'X_2'$ \ U_1U_2	00	01	11	10
00	00	00	10	00
10	00	11	10	11
11	00	11	11	11
01	00	r	r	r

G - Tabelle (Y)

$X_1'X_2'$ \ U_1U_2	00	01	11	10
00	0	0	0	r
10	r	r	1	r
11	r	0	0	0
01	0	r	r	r

Bild 14-4. F- und G-Tabelle für Zweihandeinrückung

Mithilfe des Karnaugh-Verfahrens können nun die kombinatorischen Gleichungen gewonnen werden. Sie lauten:

$$X_1 = X_1' \wedge (U_1 \vee U_2) \vee U_1 \wedge U_2$$
$$X_2 = X_2' \wedge (U_1 \setminus U_2) \vee X_1' \wedge (\bar{U}_1 \wedge U_2 \vee U_1 \wedge \bar{U}_2) \qquad \text{(14-2)}$$
$$Y = X_1' \wedge X_2' \wedge U_1 \wedge U_2$$

Zusammen mit der Schließbedingung

$$X_1 = X_1'\,; \quad X_2 = X_2' \qquad \text{(14-3)}$$

beschreiben sie die synthetisierte Steuerungsschaltung.

14.3 Darstellung von Zuständen durch Zustandsgraphen und Petri-Netze

Bild 14-5 zeigt einen Zustandsgraphen, der die oben entwickelte Zweihandeinrückung darstellt. Bei diesen Zustandsgraphen wird jedem Zustand des Automaten ein Platz zugeordnet, der gewöhnlich durch einen Kreis dargestellt wird. An den Zustandsübergängen sind die Eingangsbelegungen eingetragen, die zu einem Schalten auf den nächsten Zustand führen. Bei diesem Graphen ist zunächst keine Parallelarbeit darstellbar. Eine andere Möglichkeit der Darstellung von

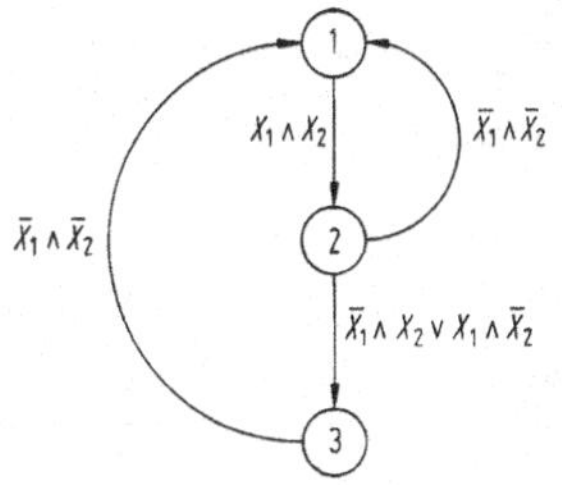

Bild 14-5. Zustandsgraph für Zweihandeinrückung

Steuerungsabläufen bieten die Petri-Netze [2]. Mit ihnen können auch parallele Prozesse beschrieben werden. Bei den Petri-Netzen handelt es sich um gerichtete Graphen, bei denen zwei Elemente immer einander abwechseln: *Transitionen* und *Plätze* (oder *Stellen*). Die Plätze stellen im Allgemeinen die Zustände eines Systems dar, während die Transitionen die möglichen Übergänge charakterisieren. Bild 14-6 zeigt einen einfachen Graphen, der den Zyklus der vier Jahreszeiten beschreibt. Ein Platz kann ein- oder mehrfach belegt werden. Man spricht hierbei meistens von einer *Markierung*. Für die Beschreibung steuerungstechnischer Prozesse eignen sich Petri-Netze, in denen nur eine Markierung pro Platz zugelassen ist. Man nennt solche Netze auch *Einmarkennetze*. Sie entsprechen dem Umstand, dass ein Automat einen Zustand annehmen oder auch nicht annehmen kann, der Zustand also nur markiert oder nicht markiert sein kann. Ein Übergang von einem Platz auf einen folgenden kann dann erfolgen, wenn die Transition „feuert". Vorbedingung ist hierzu eine Markierung des vorhergehenden Platzes. Bei Einmarkennetzen muss außerdem der nachfolgende Platz zunächst leer sein. Man spricht hier auch von einer Nachbedingung.

Von großer Bedeutung sind bei Petri-Netzen die Möglichkeiten der Aufspaltung und der Zusammenführung von Abläufen. In Bild 14-7 sind die möglichen Verzweigungen und Zusammenführungen in Petri-Netzen dargestellt. Grundsätzlich lassen sich diese Elemente beliebig kombinieren. Wichtige Standardformen stellen die in Bild 14-8 abgebildeten Verzweigungstypen dar. Bei der Alternativverzweigung wird nur ein einziger Zweig durchlaufen. Welcher Zweig dies ist, entscheidet sich an der ersten Transition eines jeden Zweiges. Die Transition, die zuerst feuert, leitet die Markierung des zugeordneten Pfades ein. Feuern mehrere Transitionen zur gleichen Zeit, so gilt die Konvention, dass der Pfad, der am

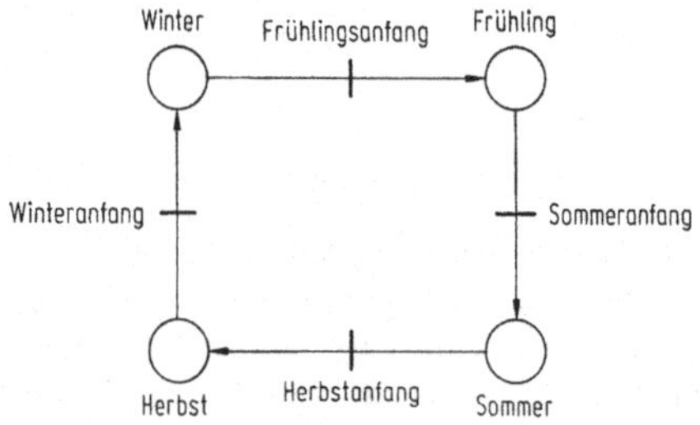

Bild 14-6. Einfaches Petri-Netz

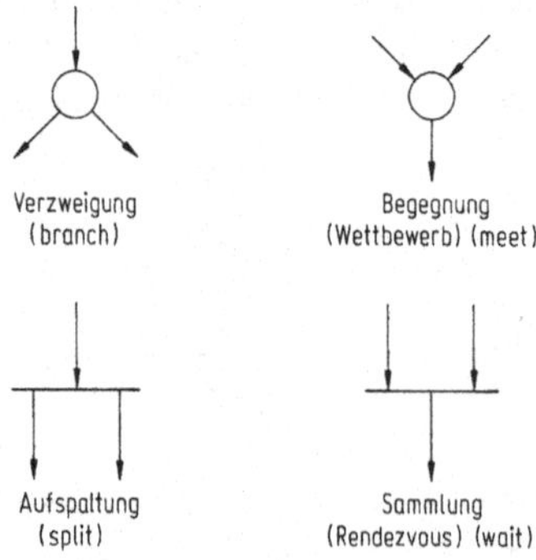

Bild 14-7. Verzweigungen und Zusammenführungen in Petri-Netzen

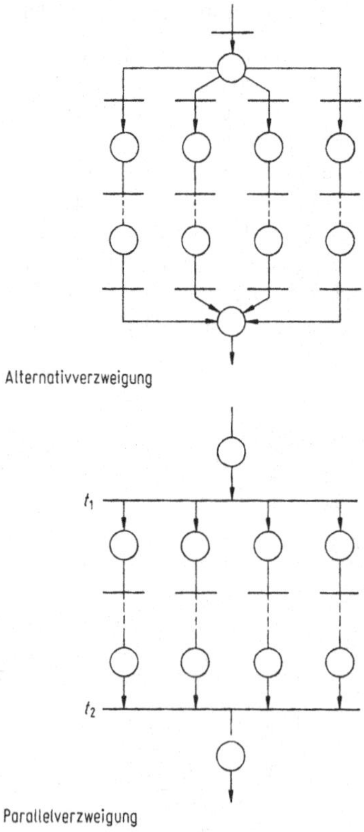

Bild 14-8. Verzweigungstypen in Petri-Netzen

weitesten ‚links' steht, durchlaufen wird. Bei der Parallelverzweigung werden alle Zweige gleichzeitig durchlaufen, wobei die abschließende Transition t_2 nur feuern kann, wenn alle letzten Plätze der Parallelpfade markiert sind. Probleme ergeben sich allerdings im Falle einer Parallelverzweigung bei der Zuordnung der Zustände eines Automaten. *Beispiel*: Funktionsschema einer Coilanlage, Bild 14-9. Von einem Blechhaspel (Coil) wird ein Blechband abgewickelt. Ein Zangenvorschub greift das Band und befördert es um die gewünschte Schnittlänge zur Schere, die eine Blechtafel abschneidet. Damit an der Schnittkante das Blech plan aufliegt und beim Zurückfahren des Vorschubes nicht zurückrutscht, spannt ein Niederhalter das Blechband fest. Nachdem der Niederhalter gespannt hat, kann einerseits der Zangenvorschub lösen, zurückfahren und wieder spannen, andererseits, unabhängig davon, kann die Schere sich absenken und wieder hochfahren. In Bild 14-10 ist das zugehörige Petri-Netz dargestellt. Die Bedeutungen der Plätze und Transitionen ergeben sich aus Tabelle 14-4. Wie aus Tabelle 14-5 hervorgeht, sind genau 7 Kombinationen (man spricht auch von ‚Fällen') mög-

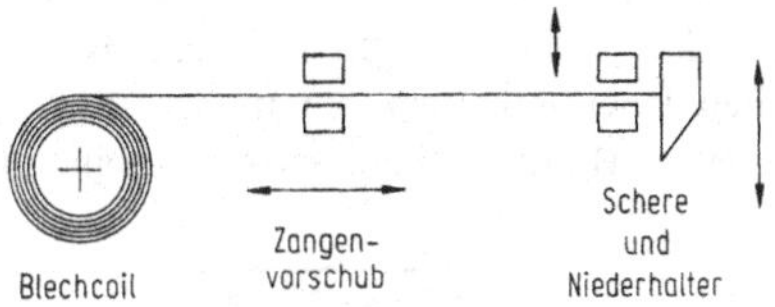

Bild 14-9. Coilanlage als steuerungstechnisches Beispiel

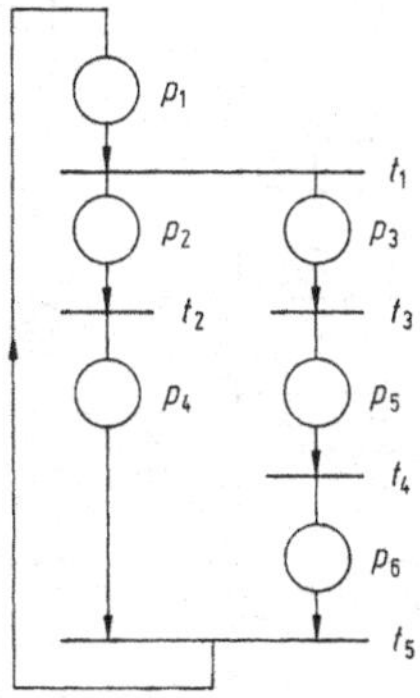

Bild 14-10. Petri-Netz für die Coilanlage

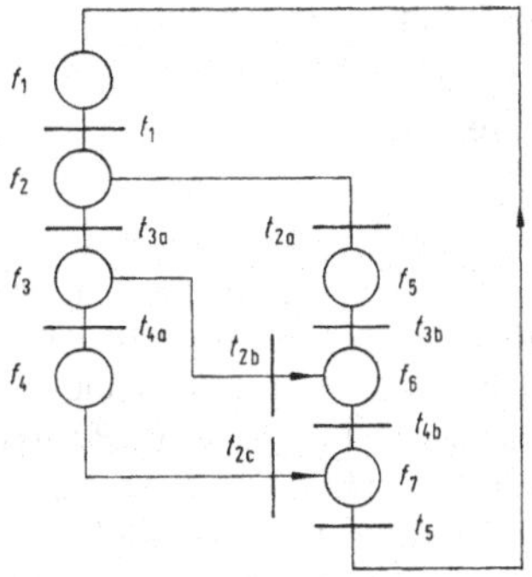

Bild 14-11. Übergeordneter Fallgraph für die Coilanlage

Tabelle 14-4. Bedeutung der Plätze und Transitionen der Coilanlage

Platz	Bedeutung	Transition	Bedeutung
p_1	Vorschub fährt vor	t_1	Vorschub vorne
p_2	Vorschub fährt zurück	t_2	Vorschub hinten
p_3	Schere fährt ab	t_3	Schere unten
p_4	Vorschub stoppt	t_4	Schere oben
p_5	Schere fährt hoch	t_5	immer erfüllt
p_6	Schere stoppt		

Tabelle 14-5. Mögliche Fälle der Steuerung einer Coilanlage

	Markierungen					
Fall	1	2	3	4	5	6
1	×					
2		×	×			
3		×			×	
4		×				×
5			×	×		
6				×	×	
7				×		×

lich. Man kann nun diesen Fällen wiederum Plätze in einem übergeordneten *Fallgraphen* zuordnen. Bild 14-11 zeigt den entsprechenden Fallgraphen. Wählt man die Abbildung der Zustände so, dass jedem Zustand des Automaten ein Platz im Fallgraphen, also einem Fall, entspricht, so lässt sich mit einem Automaten der gesamte Steuerungsprozess realisieren.

14.4 Technische Realisierung von verbindungsprogrammierten Steuerungseinrichtungen

14.4.1 Relaistechnik

Die ältesten Steuerungseinrichtungen waren ausschließlich in Relaistechnik ausgeführt. Die logischen Grundverknüpfungen werden durch die Art der Zusammenschaltung der Kontakte eines Relais realisiert. Die *Hintereinanderschaltung* von Kontakten bewirkt eine UND-Verknüpfung, die *Parallelschaltung* eine ODER-Verknüpfung. Außerdem ist eine Negation einzelner Signale dadurch möglich, dass man Kontakte verwendet, die bei Betätigung des Relais öffnen. Diese Kontakte werden Öffner genannt, im Gegensatz zu den Schließern, die beim Anziehen des Relais schließen.

14.4.2 Diskrete Bausteinsysteme (DTL- und TTL-Logikfamilien)

Mitte der sechziger Jahre entstanden die ersten elektronischen Logikbausteine. Sie waren zumeist zunächst in Dioden-Transistor-Logik (DTL) aufgebaut, später in integrierter Transistor-Transistor-Logik (TTL). Das Kennzeichen dieser Systeme ist die Anordnung verschiedener kombinatorischer Standardverknüpfungsglieder oder Speicher auf einem Modul. Die Module sind entweder als einfache Europakartensysteme aufgebaut oder in Form von vergossenen Blöcken für raue Umgebungsbedingungen. Die Programmierung geschieht durch die Zusammenschaltung der einzelnen Elemente.

14.5 Speicherprogrammierbare Steuerungen

Seit Anfang der siebziger Jahre gibt es spezielle, auf steuerungstechnische Problemstellungen zugeschnittene Kleinrechner. Bei ihnen war es erstmals (sieht man von den schon länger existierenden Prozessrechnern ab) möglich, die Funktion einer Steuerungseinrichtung durch ein im Speicher abgelegtes Programm zu bestimmen. Die ersten speicherprogrammierbaren Steuerungen waren nur auf die Abarbeitung von kombinatorischen Verknüpfungen ausgelegt. Später kamen an Erweiterungen hinzu:

Zählen, arithmetische Befehle, Zeitgliedverwaltung, Formulierung von Ablaufsteuerungen, Kopplungsmöglichkeiten an Rechner, Protokollieren, Regeln.

14.5.1 Sprachen für Steuerungen nach der Norm IEC61131-3

Übersicht über die Sprachen

Mit der Norm IEC61131-3 ist eine gemeinsame Plattform geschaffen worden, die eine Portierung zwischen den Systemen verschiedener Anbieter gestattet. Bild 14-12 zeigt eine erste Übersicht über die in dieser Norm definierten Sprachen. Da sich in der Praxis die englischen Fachausdrücke durchgesetzt haben, werden sie auch im Folgenden verwendet.
Innerhalb der IEC61131-3 gibt es für alle Sprachen gemeinsame Elemente, zu denen die Variablen-Typen und die „Literals" zählen, die im Folgenden näher erläutert werden. Hieraus ergibt sich die überaus wichtige Eigenschaft, dass für eine bestimmte Anwendung Programmiersprachen je nach Eignung gemischt eingesetzt werden können.

Das Software-Modell

SPS-Software ist – zumindest bei größeren Systemen – Multitasking- und Echtzeit-Software. Bild 14-13 gibt einen Überblick über die in der IEC61131-3 vorgesehenen Möglichkeiten, wie die Anbindung der

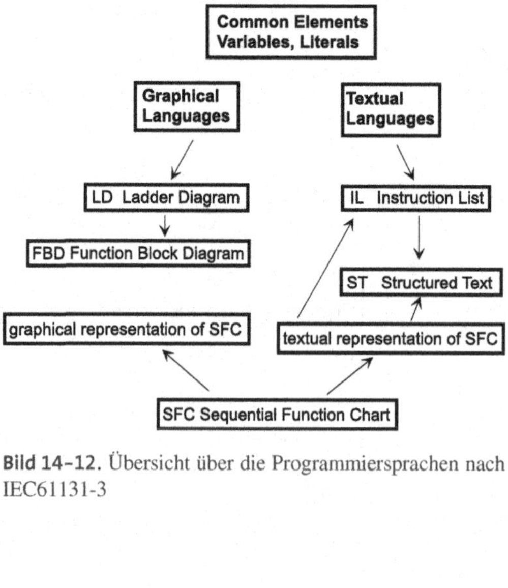

Bild 14-12. Übersicht über die Programmiersprachen nach IEC61131-3

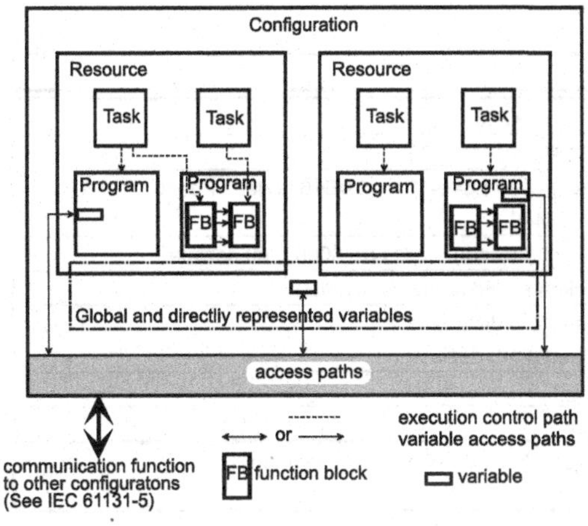

Bild 14-13. Software-Modell der IEC61131-3

Tabelle 14-6. Elementare Datentypen

Nr.	Keyword	Datentyp	Bits
1	BOOL	Boolean	1
2	SINT	Short integer	8
3	INT	Integer	16
4	DINT	Double integer	32
5	LINT	Long integer	64
6	USINT	Unsigned short integer	8
7	UINT	Unsigned integer	16
8	UDINT	Unsigned double integer	32
9	ULINT	Unsigned long integer	64
10	REAL	Real numbers	32
11	LREAL	Long reals	64
12	TIME	Duration	
13	DATE	Date (only)	
14	TIME_OF_DAY or TOD	Time of day (only)	
15	DATE_AND_TIME or DT	Date and time of Day	
16	STRING	Variable-length character string	
17	BYTE	Bit string of length 8	8
18	WORD	Bit string of length 16	16
19	DWORD	Bit string of length 32	32
20	LWORD	Bit string of length 64	64

einzelnen Programmteile und die Kommunikation dieser Blöcke untereinander organisiert werden soll. Allerdings sollte beachtet werden, dass nicht jede Implementierung alle diese Möglichkeiten umfassen muss. Die Verwendung von Teilen davon, also Subsets, ist durchaus möglich. So sind z. B. in der IEC61131-3 als eine Form der Kapselung Programme vorgesehen, obwohl diese nicht unbedingt erforderlich sind. Eine „Resource" entspricht i. Allg. einer SPS oder einem Rechner. Eine „Configuration" könnte einem Rechnerverbund (z. B. SPS mit mehreren Zentraleinheiten) entsprechen. Es ist nun möglich, sowohl einzelne Funktionsbausteine (FB) als auch – wenn implementiert – Programme komplett mit den darin eingeschlossenen Funktionsbausteinen an eine „Task" zur Abarbeitung anzubinden.

Variablen, Literals und Konstanten

1) Elementare Datentypen: Tabelle 14-6 gibt die Grunddatentypen der IEC61131-3 wieder.
2) Abgeleitete Datentypen:
   - Arrays: Diese werden aus Elementen des Gunddatentyps oder vom Benutzer definierter Datentypen definiert.

     Beispiel:

```
VAR
    Vector16 : ARRAY[1..16] OF REAL;
END_VAR
```

   - Strukturierte Datentypen: Hiermit können – wie bei anderen höheren Programmiersprachen auch – Grunddatentypen oder auch bereits strukturierte Datentypen („Structs") in einer neuen Struktur zusammengefasst werden.

     Beispiel:

```
TYPE
  PIDT1_Parameters : STRUCT
      P : LREAL;
      Ti : LREAL;
      Td : LREAL;
      Tv : LREAL;
  END_STRUCT
  PIDT1_Controller_Items : STRUCT
      Para : PIDT1_Parameters;
      manualOperation : BOOL;
      Umin, Umax : LREAL;
  END_STRUCT
END_TYPE
```

3) Literals:
   - *Numerische Literals*: Im Wesentlichen stimmen die Literals der IEC61131-3, die in Tabelle 14-7 dargestellt sind, mit denen anderer Rechnerhochspachen überein. Für hardwarenahe Problemstellungen ist es günstig, binäre, oktale oder hexadezimale Darstellungen zu

Tabelle 14-7. Literals

Nr.	Beschreibung der Eigenschaft	Beispiele
1	Integer literals	-12 0 123_456 +986
2	Real literals	-13.0 0.0 0.4567 3.14159_26
3	Real literals with exponents	-1.34E-12 oder -1.34e-12 1.0E+6 oder 1.0e+6 1.234E6 or 1.234e6
4	Base 2 literals	2#1111_1111 (255 dezimal) 2#1110_0000 (240 dezimal)
5	Base 8 literals	8#377 (255 dezimal) 8#340 (240 dezimal)
6	Base 16 literals	16#FF oder 16#ff (255 dezimal) 16#E0 oder 16#e0 (240) dezimal
7	Boolean zero and one	0 1
8	Boolean FALSE and TRUE	FALSE TRUE
Bemerkung: Die Keywords FALSE und TRUE korrespondieren jeweils zu den Bool'schen Werten 0 und 1		

verwenden. Diese werden deshalb bei der Darstellung als Literals unterstützt.

- *Zeitdauer-Literals*: Die Angabe der Zeitdauer (Duration) wird wahlweise durch die „Keywords"
  T#
  TIME#
  eingeleitet.

  Beispiele:

  T#14ms T#14.7s T#14.7m T#14.7h t#14.7d
  t#25h15m t#5d14h12m18s2.5ms

4) Variablen:
- Darstellung:
  (i) Single-element Variablen: Eine Single-element Variable besteht aus keinem Array oder Struct sondern nur aus einem elementaren Datentyp oder einem davon direkt abgeleiteten Datentyp. Wichtig sind die direkt dargestellten (directly represented) Datentypen, wie sie für das Ansprechen des Prozessinterfaces Verwendung finden. Sie werden mit einem %-Zeichen eingeleitet.

  Beispiel:

```
%IX5.7  (* Eingangsbit 7
           innerhalb von Byte 5 *)
%QX1.2  (* Ausgangsbit 2
           innerhalb von Byte 1 *)
```

  (ii) Multi-element Variablen: Multielement-Variablen sind Arrays und Structs. Hier ist kein großer Unterschied zu den Programmiersprachen PASCAL und C festzustellen. Der indizierte Zugriff auf Array-Elemente erfolgt über eckige Klammern und die Bezeichner der hierarchischen Struktur eines Structs werden durch Punkte von einander getrennt.

  Beispiel:

  TempControllerData.Umin : = −10.0 ;
  TempControllerData.Para.P : = 3.47 ;

- *Deklaration*: Vor der Variablenliste muss mithilfe eines entsprechenden Keywords spezifiziert werden, wie die Variable vom System behandelt werden soll. Dabei ergeben sich die in Tabelle 14-8 dargestellten Möglichkeiten.

  Beispiel:

```
VAR_INPUT
  W, Y : LREAL;
END_VAR
VAR_OUTPUT
  U : LREAL;
END_VAR
```

  (i) Type assignment: Diese Variablendeklaration lässt sich leicht aus den nachfolgend aufgeführten Beispielen ersehen.

Tabelle 14-8. Variablendeklaration

Keyword	Gebrauch der Variablen
VAR	Intern innerhalb des Organization Unit
VAR_INPUT	Extern befriedigt, kann nicht vom Organization Unit aus verändert werden
VAR_OUTPUT	Wird vom Organization Unit für externen Zugriff zur Verfügung gestellt
VAR_IN_OUT	Wird extern zur Verfügung gestellt, kann vom Organization Unit aus verändert werden (‚call by reference')
VAR_GLOBAL	Globale Variablendeklaration
CONSTANT	Konstante (kann nicht verändert werden)
AT	Location assignement (Zuweisung auf einen bestimmte Adresse)

Graphische Darstellung (FBD-Sprache)	Textuelle Darstellung (ST - Sprache)

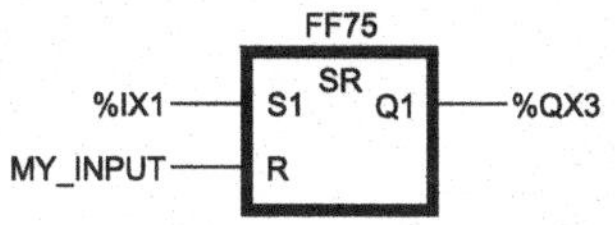	`VAR FF75: SR; END_VAR (*Declaration*)`
	`FF75(S1:=%IX1,R:= MY_INPUT); (*Invocation*)`
	`%QX3:= FF75.Q1; (*Assign Output*)`

Bild 14-14. Function Block Darstellung

```
VAR_GLOBAL
   (* Weist das entsprechende Input-Bit der
   Variable Nothalt zu *)
   Nothalt : BOOL AT %IX2.7;
   (* Einzelne Variable vom Typ LREAL *)
   Setpoint_Temp : LREAL;
   (* eindimensionales Array *)
   StateVector : ARRAY[0..5] OF LREAL;
END_VAR
```

(ii) Anfangswertzuweisung: Variablen ohne spezifizierte Anfangswerte sind nach IEC61131-3 grundsätzlich mit ‚Null' vorbelegt. Strings sind anfangs leer. Andere Anfangswerte lassen sich aber immer deklarieren.

Beispiel: AutomaticMode : BOOL := TRUE;

Function Blocks und Function Block Diagram (FBD)

1) *Darstellung und Instanzierung*:
Function Blocks stellen Programmorganisationseinheiten dar, die eine Kapselung erlauben, Ein- und Ausgänge besitzen und im Inneren Variablen aufweisen können, die über den Aufrufzeitraum hinweg gespeichert bleiben. Es handelt sich also um Klassen im Sinne der objektorientierten Programmierung. Die grafische Darstellung einer Verknüpfung dieser Bausteine stellt eine Programmiersprache der IEC61131-3, das sogenannte Function Block Diagram (FBD) dar. Es entspricht dem alten Logikplan (LOP) bzw. dem Funktionsplan (FUP). Wie nachfolgend gezeigt, kann ein Function Block nicht nur grafisch, sondern auch in einer textuellen Programmiersprache instanziert

```
FUNCTION_BLOCK DEBOUNCE
(** External Interface **)

VAR_INPUT
   IN      : BOOL;              (* Default = 0 *)
   DB_TIME : TIME := t#10ms;    (* Default = t#10ms *)
END_VAR

VAR_OUTPUT
   OUT     : BOOL;              (* Default = 0 *)
   ET_OFF  : TIME;              (* Default = t#0s *)
END_VAR

VAR
   DB_ON   : TON;               (* Internal Variables and Instances of Function Blocks *)
   DB_OFF  : TON;
   DB_FF   : SR;
END_VAR

(** Function Block Body **)
DB_ON(IN := IN, PT := DB_TIME);          (* DB_ON Timer Inputs *)
DB_OFF(IN := NOT IN, PT := DB_TIME);     (* DB_OFF Timer Inputs *)
DB_FF(S1 := DB_ON.Q, R := DB_OFF.Q);     (* DB_FF Flip Flop Inputs *)
OUT := DB_FF.Q;                      (* Get FF Output and Write it to Debounce Output *)
ET_OFF := DB_OFF.ET;                     (* Report Elapsed Time *)

END_FUNCTION_BLOCK
```

```
FUNCTION BLOCK
(** External Interface **)
```

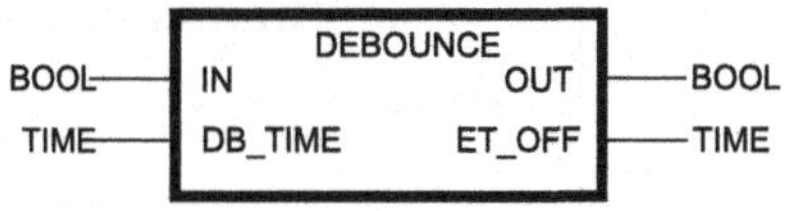


```
(** Function Block Body **)
```

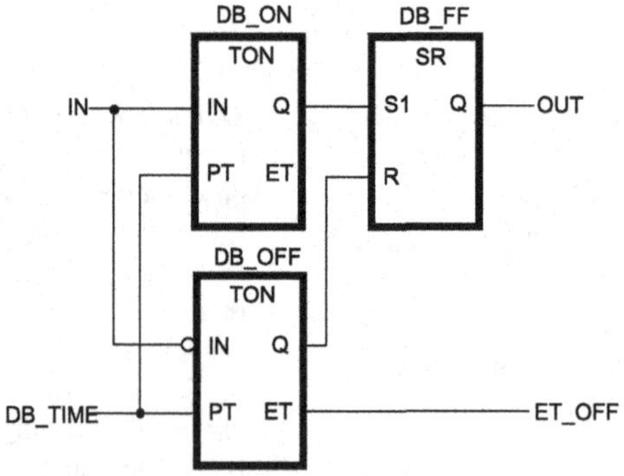


```
END_FUNCTION_BLOCK
```

Bild 14-15. Beispiele für Deklarationen von Function Blocks

Tabelle 14-9. Erlaubte und nicht erlaubte Zuweisungen auf Ein-Ausgangsvariablen

Gebrauch	Innerhalb des Function Block	Außerhalb des Function Block
Input Read	`IF S1 THEN . . .`	Nicht erlaubt
Input Write	Nicht erlaubt	`FF75(S1 := %IX1, R := MY_INPUT);`
Output Read	`Q1 := Q1 AND NOT R;`	`%QX3 := FF75.Q1;`
Output Write	`Q1 := 1;`	Nicht erlaubt
Die hier nicht erlaubten Zugriffe können in Abhängigkeit von der jeweiligen Implementierung zu unerwünschten Nebeneffekten führen.		

werden. Bei der textuellen Deklaration wird das Sprachkonstrukt

VAR FB_NAME : FB_TYPE; END_VAR

verwendet. Bei der grafischen Darstellung gilt die Regel, dass der Klassenname (Typ des Function Block) und die Namen der Ein- und Ausgänge innerhalb des Blocks dargestellt werden. Der Name der Instanz (des Exemplars) und die aktuelle Belegung der Ein- und Ausgänge stehen außerhalb, wie in Bild 14-14 dargestellt. Man beachte auch die in Tabelle 14-9 gezeigten Zuweisungen auf die Ein- und Ausgangsvariablen.

2) *Deklarierung*: Die Function Blocks können textuell und grafisch deklariert werden. Die IEC61131-3 sieht eine Vielzahl von Möglichkeiten vor, wie Function Blocks verschachtelt angeordnet und miteinander verschaltet werden können. Dies wird anhand der in den Bildern 14-16 und 14-17 dargestellten Beispiele, die direkt der Norm entnommen wurden, gezeigt.

3) *Standard Function Blocks*: In einer IEC61131-3-Implementierung sind herstellerseits gewöhnlich eine Reihe von Funktionsblocks mit enthalten. Die Norm gibt eine Reihe von Standard Function Blocks vor, die nachfolgend definiert werden.
   - *Flip-Flops*: Bei RS-Flip-Flops ist grundsätzlich zwischen setz- und rücksetzdominanten Flip-Flops zu unterscheiden (Bild 14-17). Nach der Instanzierung soll der Ausgang Q immer gleich 0 sein.
   - *Timer*: Als Standard-Timer sind eine Einschaltverzögerung (TON-Timer) und eine Ausschaltverzögerung (TOF-Timer) in der Norm vorgesehen. Bild 14-18 zeigt die Symbole in der FBD und die Timing-Diagramme.

Nr.	Beschreibung	Beispiel	

1	Input/Output - Deklarierung (textual)	`VAR_INPUT X : INT; END_VAR`
		`VAR_IN_OUT A : INT; END_VAR`
		`A := A + X;`	

2	Input/Output - Deklarierung (grafisch)	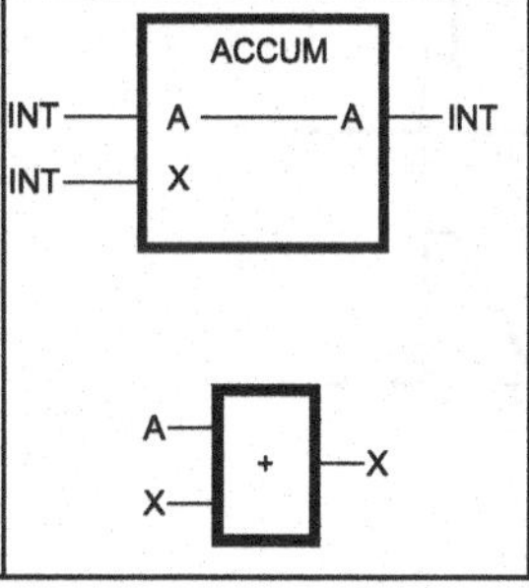	`FUNCTION_BLOCK`
			`VAR_IN_OUT A : INT; END_VAR`
			`VAR_INPUT X : INT; END_VAR`
			`A := A + X;`
			`END_FUNCTION_BLOCK`

Bild 14-16. Eigenschaften von Function Block Deklarierungen

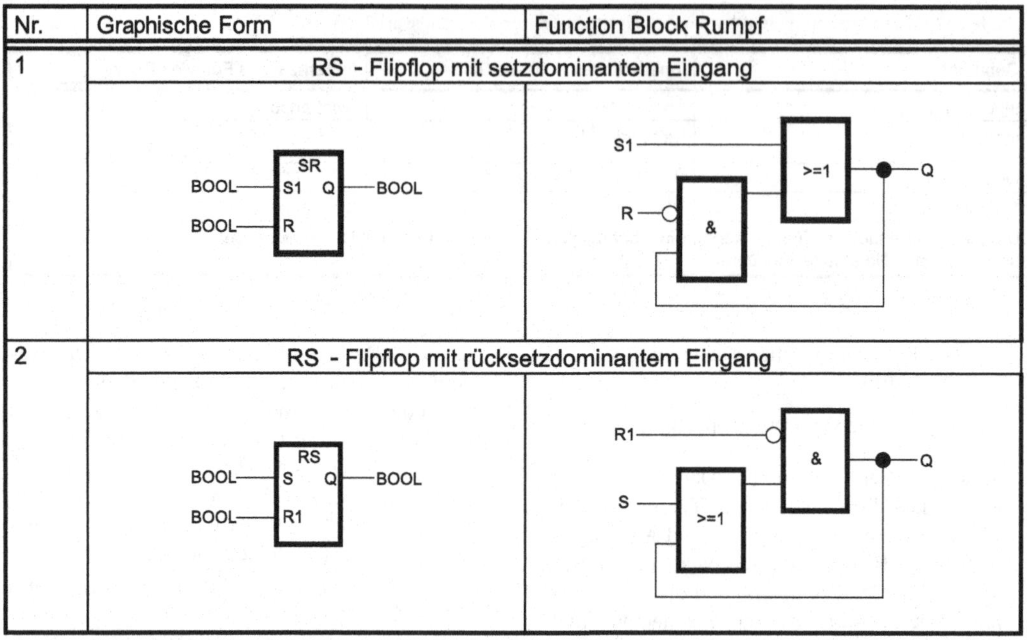

Bild 14–17. Flip-Flop–Function Blocks

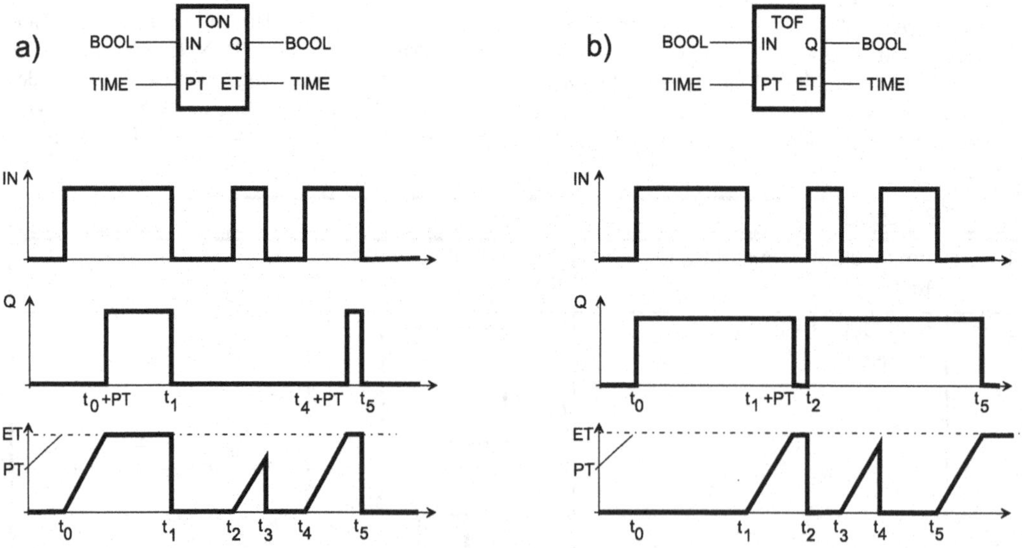

Bild 14–18. Darstellung und Timing eines **a** TON-Timers und eines **b** TOF-Timers

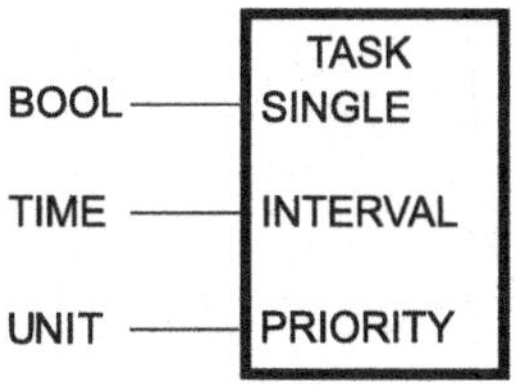

Bild 14-19. Task in FBD-Darstellung

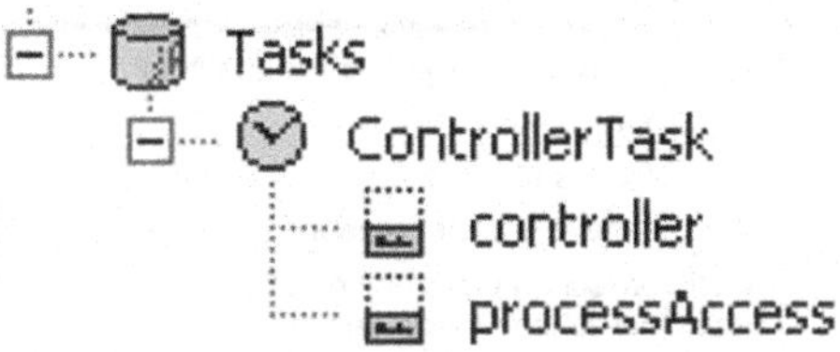

Bild 14-20. Graphische Darstellung von Funktionsblock-Instanzen in Taskliste

- *Tasks*: In der Norm IEC61131-3 können Tasks auch wie Function Blocks dargestellt werden. Die Bilder 14-19 und 14-20 zeigen eine solche FBD-Darstellung. Es können sowohl Programme als auch Function Blocks an Tasks angebunden werden. Grundsätzlich gelten – im Wesentlichen – folgende Regeln:
  1. Eine Task, deren Intervallzeit auf Null gesetzt ist (INTERVAL=T#0s) führt genau dann einen Zyklus aus, wenn am Eingang SINGLE ein positiver Flankenwechsel erfolgt.
  2. Liegt am Eingang INTERVAL eine von Null verschiedene Zeit an, so arbeitet die Task alle mit ihr verbundenen Elemente mit dieser Zykluszeit ab, solange der Eingang SINGLE mit 0 (FALSE) belegt ist. Bei einer Belegung mit 1 (TRUE) stoppt die Task.
  3. Es ist sowohl ein preemptives als auch ein non-preemptives scheduling möglich.

Die Sprachen

1) *Ladder Diagram* (LD): Das Ladder Diagram (früher Kontaktplan KOP genannt) stellt einen formalisierten Stromlaufplan einer Schütz- oder Relaisschaltung dar. Hierbei werden logische Verknüpfungen durch die Reihen- und Parallelschaltung von (Schütz-) Kontakten realisiert. Dabei wird ein Schließer durch das Symbol

   —| |—

   und ein Öffner (Negation) durch

   —|/|—

   dargestellt. Bei den Spulen gibt es – im Wesentlichen – die in Tabelle 14-10 aufgeführten Möglichkeiten.

   Bild 14-21 zeigt als kleines *Beispiel* einen Motor, der innerhalb eines Funktionsbausteines aus- oder eingeschaltet wird. Man kann Speicherfunktionen – wie in der Schütztechnik gewohnt – durch Selbsthaltekontakte realisieren. Bild 14-21 zeigt diese Realisierungsmöglichkeit. Man benutzt dann nur die direkte Zuweisung auf die Spule. Einfacher geht es, wenn man die Möglichkeit der speichernden Zuweisung nutzt. Diese Variante ist in Bild 14-22 dargestellt.
2) *Instruction List* (IL): Die Instruction List kommt der früher gebrauchten Anweisungsliste (AWL) sehr nahe. Allerdings sind hier alle Anwei-

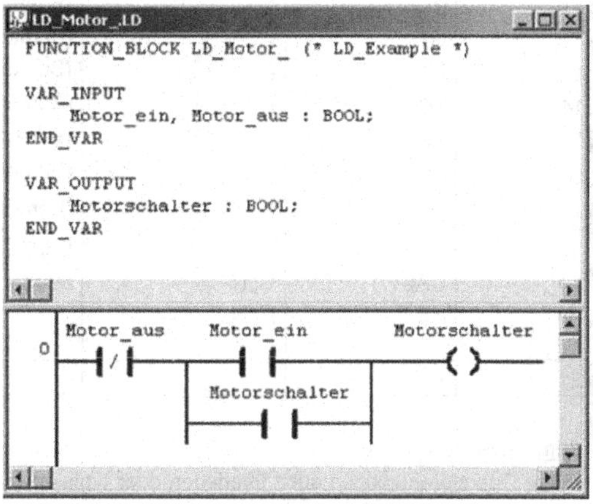

Bild 14-21. Beispiel eines in LD mit Selbsthaltekontakt geschalteten Ausgangs

Verknüpfungsergebnis	0 / FALSE	1 / TRUE
---( )---	0 / FALSE	1 / TRUE
---(R)---	y(k-1)	0 / FALSE
---(S)---	y(k-1)	1 / TRUE
---(/)---	1 / TRUE	0 / FALSE

Bild 14-22. Wirkungsweise eines Verknüpfungsergebnisses bei verschiedener Art der Zuweisung

Tabelle 14-10. Zuweisungsmöglichkeiten bei Spulen

Zuweisung des Verknüpfungsergebnisses auf Variable	---( )---
Negierte Zuweisung des Verknüpfungsergebnisses auf Variable	---(/)---
Setzen der Variablen, wenn Verknüpfungsergebnis TRUE	---(S)---
Rücksetzen der Variablen, wenn Verknüpfungsergebnis TRUE	---(R)---

Tabelle 14-11. Operatoren der IL

Nummer	Operator	Modifiers	Operand	Semantik
1	LD	N	(Bemerkung1)	Setzt das aktuelle Ergebnis auf denWert des Operanden
2	ST	N	(Bemerkung1)	Speichert das aktuelle Ergebnis an die Speicherstelle des Operanden
3	S	(Bemerkung2)	BOOL	Setzt Bool'schen Operanden auf 1
	R	(Bemerkung2)	BOOL	Setzt Bool'schen Operanden auf 0 zurück
4	AND	N, (	BOOL	Bool'sches UND
5	&	N, (	BOOL	Bool'sches UND
6	OR	N, (	BOOL	Bool'sches ODER
7	XOR	N, (	BOOL	Bool'sches Exklusiv-ODER
8	ADD	(	(Bemerkung 1)	Addition
9	SUB	(	(Bemerkung 1)	Subtraktion
10	MUL	(	(Bemerkung 1)	Multiplikation
11	DIV	(	(Bemerkung 1)	Division
12	GT	(	(Bemerkung 1)	Vergleich : >
13	GE	(	(Bemerkung 1)	Vergleich : >=
14	EQ	(	(Bemerkung 1)	Vergleich : =
15	NE	(	(Bemerkung 1)	Vergleich : <>
16	LE	(	(Bemerkung 1)	Vergleich : <=
17	LT	(	(Bemerkung 1)	Vergleich : <
18	JMP	C, N	LABEL	Sprung auf Label
19	CAL	C, N	NAME	Aufruf des Function-Blocks (Bemerkung 4)
20	RET	C, N		Return von aufgerufener Function oder Function - Block
21	)			Berechne vorhergehende Operation

Bemerkung 1:
Diese Operatoren können auch überladen oder typisiert werden. Das Verknüpfungsergebnis ist dann vom gleichen Typ, wie der Operand.

Bemerkung 2:
Diese Operationen werden nur durchgeführt, wenn das Verknüpfungsergebnis Bool'sch und vom Wert 1 ist.

sungen einschließlich der zugehörigen Regeln genormt. Die entsprechenden Operatoren sind in Tabelle 14-11 dargestellt.

Nachfolgend werden zwei Beispiele für Anwendungen in IL vorgestellt. Das erste Beispiel nach Bild 14-24 zeigt eine Zuweisung mit Haltekontakt

```
LD_Motor.LD                                     _ □ ×

 FUNCTION_BLOCK LD_Motor (* LD_Example *)

 VAR_INPUT
     Motor_ein, Motor_aus : BOOL;
 END_VAR

 VAR_OUTPUT


       Motor_ein  Motorschalter
    0 ──┤ ├──────────(S)──────────────
       Motor_aus  Motorschalter
    1 ──┤ ├──────────(R)──────────────
```

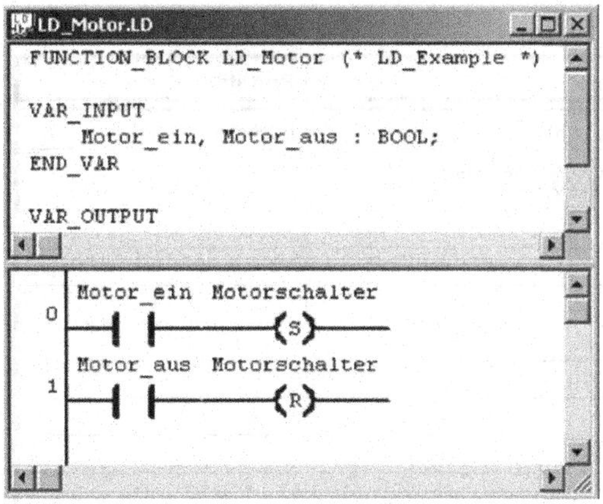

Bild 14-23. Beispiel eines mit setzender und rücksetzender Zuweisung geschalteten Ausgangs

```
IL_Motor_.Il                                    _ □ ×
 Label      Operation      Operand        Comment
FUNCTION_BLOCK IL_Motor_ (* IL_Example *)

 VAR_INPUT
        Motor_ein, Motor_aus : BOOL;
 END_VAR

 VAR_OUTPUT
         Motorschalter : BOOL;
 END_VAR

      (* lade negierten Wert von Austaster *)
      LDN           Motor_aus
      (* Und-Verknuepfung mit altem Schaltwert *)
      AND           (Motorschalter
      (* Oder-Verknuepfung mit Eintaster *)
      OR            Motor_ein
      )
      (* speichere neuen Wert auf Motorschalter *)
      ST            Motorschalter
      RET


 END_FUNCTION_BLOCK
```

Bild 14-24. Beispiel einer Bool'schen Verknüpfung mit einem Selbsthaltekontakt in IL

```
IL_Motor.IL                                     _ □ ×
 Label      Operation      Operand        Comment
FUNCTION_BLOCK IL_Motor (* IL_Example *)

 VAR_INPUT
        Motor_ein, Motor_aus : BOOL;
 END_VAR

 VAR_OUTPUT
         Motorschalter : BOOL;
 END_VAR

      (* lade Wert von Eintaster *)
      LD            Motor_ein
      (* schalte Motor ein, falls TRUE *)
      S             Motorschalter
      (* lade Wert von Austaster *)
      LD            Motor_aus
      (* schalte Motor aus, falls TRUE *)
      R             Motorschalter
      RET


 END_FUNCTION_BLOCK
```

Bild 14-25. Beispiel einer Bool'schen Verknüpfung mit setzender und rücksetzender Zuweisung in IL

```
ST_Motor_.ST                                    _ □ ×
 FUNCTION_BLOCK ST_Motor_ (* ST_Example *)

 VAR_INPUT
     Motor_ein, Motor_aus : BOOL;
 END_VAR

 VAR_OUTPUT
     Motorschalter : BOOL;
 END_VAR

 (* Berechne Verknuepfung mit
    Selbsthaltekontakt *)
 Motorschalter := NOT Motor_aus
         AND (Motor_ein OR Motorschalter);

 END_FUNCTION_BLOCK
```

Bild 14-26. Beispiel einer Bool'schen Verknüpfung mit einem Selbsthaltekontakt in ST

und entspricht dem im Bild 14-21 gezeigten Beispiel.

Im zweiten Beispiel nach Bild 14-25 wird das gleiche Problem mit einer setzenden und rücksetzenden Zuweisung gemäß Bild 14-22 gelöst. Diese Art von Anweisungen werden immer nur dann ausgeführt, wenn das vorhergehende Verknüpfungsergebnis vom Typ BOOL und vom Wert 1 (TRUE) ist. Da nur der zuletzt zugewiesene Wert bleibt, ist die Wirkung des Aus-Tasters hier dominant.

Tabelle 14-12. Operatoren der Sprache ST

Nr.	Operation	Symbol	Priorität
1	Paranthesiazion	(expression)	höchste
2	Function evaluation Examples:	Identifier(argument list) LN(A), MAX(X,Y), . . .	
3	Exponentiation	**	
4	Negation	-	
5	Complement	Not	
6	Multiply	*	
7	Divide	/	
8	Modulo	MOD	
9	Add	+	
10	Subtract	-	
11	Comparison	<, >, <=, >=	
12	Equality	=	
13	Inequality	<>	
14	Boolean AND	&	
15	Boolean AND	AND	
16	Boolean Exclusive OR	XOR	
17	Boolean OR	OR	niedrigste

3) *Structured Text* (ST): Structured Text ist eine textuelle Hochsprache mit starker Ähnlichkeit zu Pascal. Sie bietet die meisten Freiheitsgrade. Durch die Sprache ST ist es möglich geworden, benutzerdefinierte, intelligente regelungstechnische Algorithmen auf speicherprogrammierbare Steuerungen zu bringen. Tabelle 14-12 zeigt die möglichen Operatoren in logischen oder arithmetischen Verknüpfungen. Operationen mit der zahlenmäßig geringsten Zuordnung haben die höchste Priorität und werden daher zuerst ausgeführt.
Auch die Kontrollstrukturen, die in Tabelle 14-13 dargestellt sind, sehen der Sprache Pascal sehr ähnlich. Geklammert werden hier mehrere Statements nicht mit ‚**begin**' und ‚**end**' wie in Pascal oder mit ‚{' und ‚}' wie in C, sondern werden mit einem typisierten ‚**end_xyz**' abgeschlossen, das auf den Typ des einleitenden Kontrollstatements xyz hinweist.
Auch hier sollen die beiden zuvor behandelten Beispiele eines Motors, der mit einem Austaster ausgeschaltet und mit einem Einschalter eingeschaltet wird, wieder verwendet werden. Die logischen Verknüpfungen nach Bild 14-26 beschreiben die gewünschte Struktur. Beim Aufruf einer Instanz eines Funktionsbausteins – in Bild 14-27 ist es ‚M' – müssen nicht alle Parameter übergeben werden. Die Identifikation der Parameter erfolgt hierbei nicht durch die Reihenfolge, sondern durch die explizite Zuweisung. Ein Aufruf des FB bedeutet auch immer zugleich, dass dieser operiert wird. Die Ausgänge des FB können dann einzeln in einem Ausdruck des entsprechenden Datentyps abgefragt werden. In der Realisierung des FB nach Bild 14-28 werden die Eingänge in einer geschachtelten IF-Abfrage behandelt. Da das Einschalten nur im ELSE-Teil der Abfrage des Aussignals erfolgt, hat dieses Signal Vorrang.

4) *Sequential Function* Chart (SFC): Die Sprache Sequential Function Chart basiert auf der Beschreibung sequentieller Prozesse durch Petri-Netze. Sie ist besonders zur Programmierung von Steuerungsabläufen geeignet und basiert auf den Elementen Step, Transition, Action und Action-Association.

Tabelle 14-13. Statements der Sprache ST

Nr.	Statement-Typ / Referenz	Beispiel
1	Assignment	A := B; CV := CV + 1; C:= COS(X)
2	Function block Invocation and FB output usage	PressCont(W := Setpoint; Y := CurrentValue; P := 2.3; TI := 12.5; T := 0.01); ControlValue := PressCont.U;
3	RETURN	RETURN
4	IF	D := B * B – 4 * A * C; IF D < 0.0 THEN NROOTS := 0; ELSIF D = 0.0 THEN NROOTS := 1; X1 := - B / (2.0 * A);; ELSE NROOTS := 2; X1 := (- B + SQRT(D)) / (2.0 * A); X2 := (- B - SQRT(D)) / (2.0 * A); END_IF;

5	CASE	CASE state OF
		1: IF v > 10.0 THEN
		state := 2;
		END_IF;
		1: IF v > 20.0 THEN
		state := 3;
		ELSIF v < 9.0 THEN
		state := 1;
		END_IF;
		3: IF v < 19.0 THEN
		state := 2;
		END_IF;
		ELSE Error := TRUE;
		END_CASE;

6	FOR	J := 101;
		FOR I := 1 TO 100 BY 2 DO
		IF WORDS[I] = 'KEY' THEN
		J := I;
		EXIT;
		END_IF;
		END_FOR;

7	WHILE	J := 101; WHILE J <= 100 & WORDS[J] <> 'KEY' DO J := J + 2; END_WHILE;
8	REPEAT	J := -1; REPEAT J := J + 2; UNTIL J = 101 ORWORDS[J] = 'KEY'; END_REPEAT;
9	EXIT	EXIT;
10	Empty Statement	;;
Bemerkung: Wenn das EXIT – Statement (9) unterstützt wird, dann soll es in allen Iterations-Statements (FOR, WHILE, REPEAT) verwendet werden können. Hierbei erfolgt ein vorzeitiger Abbruch der Schleife.		

Tabelle 14-14. Step-Eigenschaften

Nr.	Darstellung	Beschreibung
1	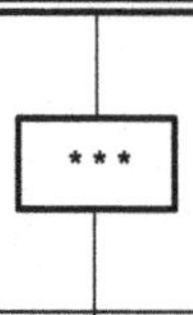	Grafische Darstellung mit gerichteten Links *** = Name des Step
2		Initial step (Anfangsschritt) mit gerichteteten Links *** = Name des Initial step Bemerkung: Der obere Link ist nicht erforderlich, wenn der Step keine Vorgänger hat

Control.ST

```
FUNCTION_BLOCK Control

VAR_INPUT
    Ein, Aus : BOOL;
END_VAR

VAR_OUTPUT
    Motor : BOOL;
END_VAR

VAR
    M : ST_Motor;
END_VAR

(* Aufruf der Instanz *)
M(Motor_ein := Ein, Motor_aus := Aus);
(* Auslesen des Ausgangswertes *)
Motor := M.Motorschalter;

END_FUNCTION_BLOCK
```

Bild 14-27. Aufruf des Funktionsbausteins in ST

ST_Motor.ST

```
FUNCTION_BLOCK ST_Motor (* ST_Example *)

VAR_INPUT
    Motor_ein, Motor_aus : BOOL;
END_VAR

VAR_OUTPUT
    Motorschalter : BOOL;
END_VAR

(* Aus-Taster gedrueckt ? *)
IF Motor_aus THEN
    (* ja, schalte Motor aus *)
    Motorschalter := FALSE;
(* nein, dafuer Ein-Taster gedrueckt *)
ELSIF Motor_ein THEN
    (* ja, schalte Motor ein *)
    Motorschalter := TRUE;
END_IF;

END_FUNCTION_BLOCK
```

Bild 14-28. ST Beispiel mit IF-Abfragen

- *S*: Tabelle 14-14 zeigt die grafische Darstellung von Steps.
- *Transitions*: Tabelle 14-15 zeigt die grafische Darstellung von Transitions.
- *Actions*: In den meisten Fällen stellt eine gewöhnliche Variable vom Typ BOOL eine Action innerhalb einer SFC dar. Möglich sind aber auch unterlagerte Strukturen, die in beliebigen Sprachen der IEC61131-3 formuliert sein können. Sie werden dann pro Taskzyklus jeweils einmal abgearbeitet, so lange die Action aktiv ist.
- *Action-Associations mit S*: Action-Associations stellen die Verbindung eines Step zu den

Tabelle 14-15. Transitionen und Transitionsbedingungen

Nr.	Darstellung	Beschreibung
1	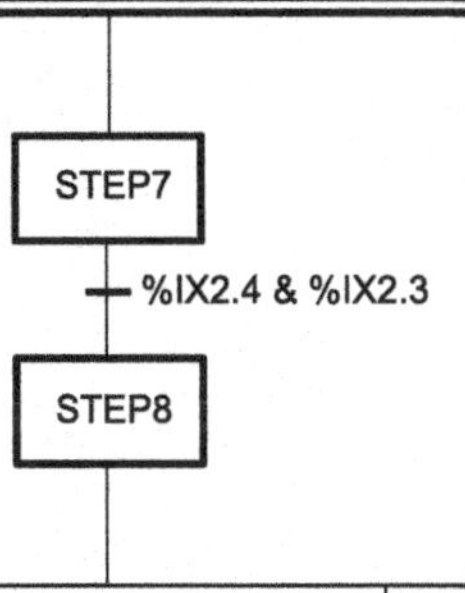	Vorgänger-Step Transitionsbedingung in ST formuliert Nachfolge-Step
2	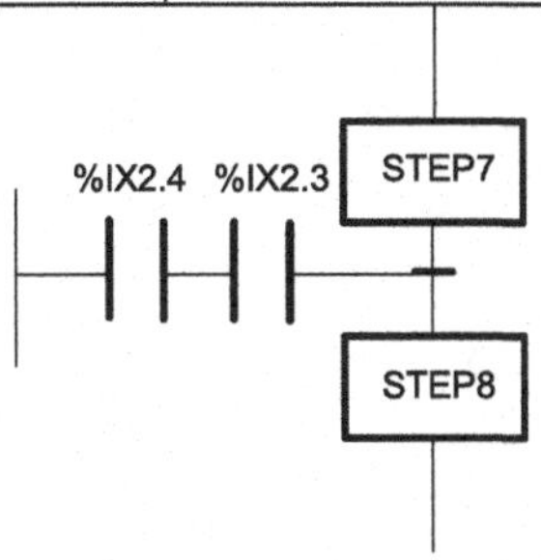	Vorgänger-Step Transitionsbedingung in LD formuliert Nachfolge-Step
3	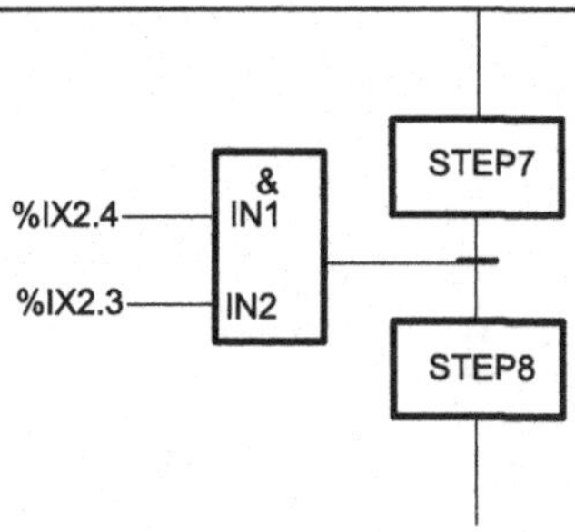	Vorgänger-Step Transitionsbedingung in FBD formuliert Nachfolge-Step

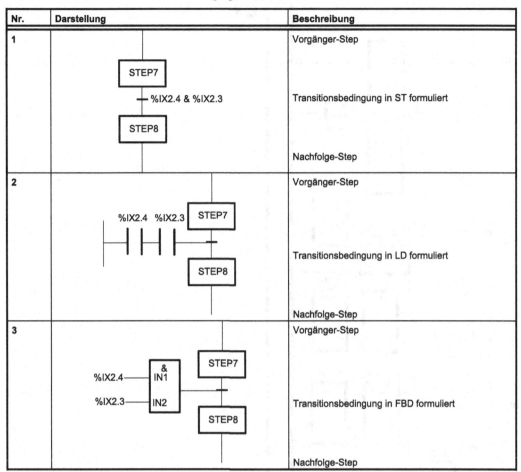

korrespondierenden Actions dar. Sie legen fest, was jeweils mit einer dieser Actions geschehen soll, wenn ein solcher Step markiert ist.

- *Action-Qualifier*: Die Sequential Function Chart bietet eine große Pallette von Möglichkeiten hinsichtlich des Modus des Actions-Controls. Tabelle 14-17 enthält die vorgesehenen Qualifier.

Bild 14-29 zeigt ein Schaltbild, das die Funktion der Qualifier anschaulich beschreibt. Der Qualifier **R** bewirkt ein sofortiges Rücksetzen der hiermit assoziierten Action.

Nachfolgend ist im Bild 14-30 als abschließendes Beispiel die SFC-Realisierung der Steuerung der Coilanlage nach Bild 14-9 angegeben.

14.5.2 SPS und Prozessrechner

Speicherprogrammierbare Steuerungen sind seit ihrem ersten Auftreten immer leistungsfähiger geworden. Damit ist allerdings die Grenze zum Prozessrechner mehr und mehr fließend, weil die

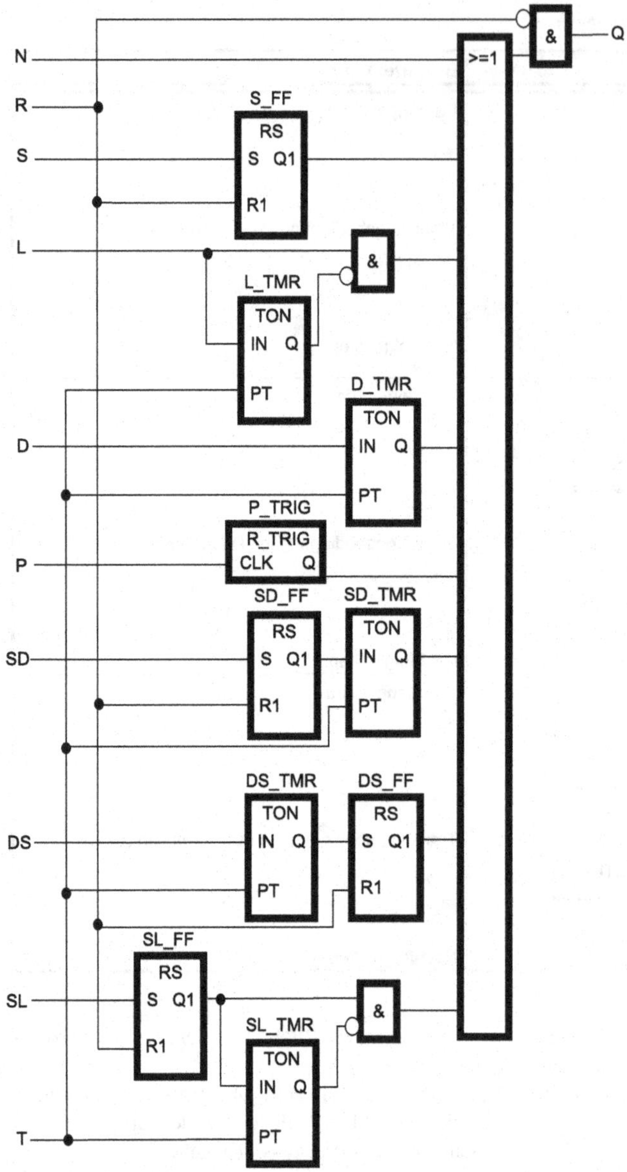

Bild 14–29. Action_Control function block body

leistungsfähigen speicherprogrammierbaren Steuerungen (SPS) immer mehr Funktionen übernehmen, die bisher Prozessrechnern bzw. Prozessleitsystemen (PLS) vorbehalten waren. Die Aufgaben eines PLS und einer SPS unterscheiden sich heute nicht mehr vom Inhalt, sondern durch den Umfang der zu lösenden Automatisierungsaufgabe. Herkömmliche SPS verarbeiten nicht nur binäre, sondern auch

Tabelle 14-16. Action-Associations

Nr.	Darstellung	Beschreibung
1	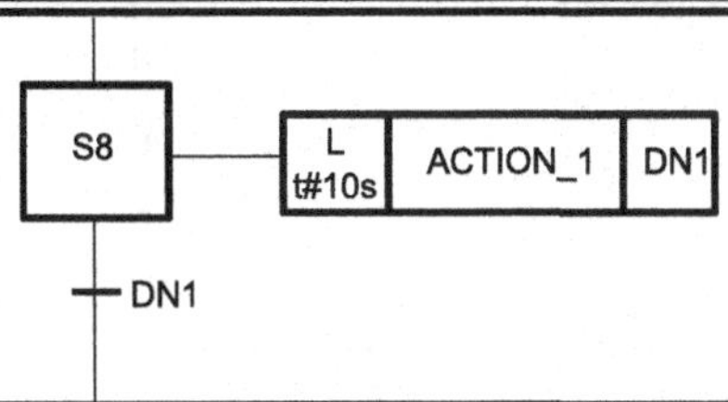	Action-Block
2	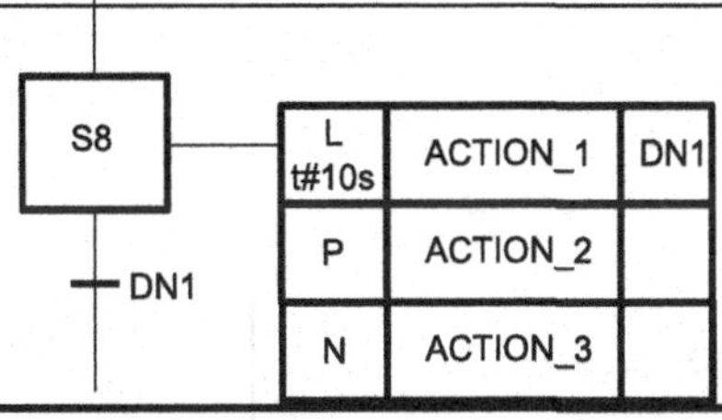	Aneinandergereihte Action-Blocks

digitalisierte analoge Signale. Die mitgelieferten Funktionsbibliotheken umfassen z. B. auch Module für diskrete PID-Regelalgorithmen (vergl. Abschn. 10.6.1).
Moderne SPS bieten außerdem die Möglichkeit, verschiedene Programmteile – für den Anwender quasi gleichzeitig – abzuarbeiten (vergl. Bild 14-13). Dadurch kann eine Gesamtaufgabe in struktuierte Teilaufgaben zerlegt werden, wobei z. B. eine Task verknüpfungsorientierte binäre Variablen verarbeitet, während eine andere Task z. B. für das Hochfahren einer Maschine oder deren Drehzahlregelung abhängig von äußeren Randbedingungen zuständig ist.

Tabelle 14-17. Action-Qualifiers

Nr.	Qualifier	Beschreibung
1	None	Non-stored (null qualifier)
2	N	**N**on-stored
3	R	overriding **R**eset
4	S	**S**et (stored)
5	L	time **L**imited
6	D	time **D**elayed
7	P	**P**ulse
8	SD	**S**tored and time **D**elayed
9	DS	**D**elayed and **S**tored
10	SL	**S**tored and time **L**imited

14.5.3 Prozesssignale von Speicherprogrammierbaren Steuerungen

Für die analogen Spannungs-Ein-/Ausgangssignale hat sich zumeist ein Standardwertebereich von +/−10 V oder 0...10 V eingebürgert. Bei den analogen Strom-Ein-/Ausgangssignalen sind es 0...20 mA bzw. 4–20 mA. Bei letzteren Schnittstellen lassen sich auf einfache Weise Drahtbrüche erkennen, wenn der eingeprägte Strom unter 4 mA sinkt. Bei analogen Eingängen unterscheidet man die beiden Betriebsarten Single-Ended-Mode und Differenzial-Mode. Im Differenzial-Mode werden zum Anschluss von Hin- und Rückleitung eines Analogsignals zwei Kanäle benutzt, die vor der AD-Wandlung auf einen Differenzverstärker gegeben werden. Eingekoppelte Störsignale, die sich gegen Massepotenzial aufbauen, werden so weitgehend eliminiert.
Digitale Ein-/Ausgänge werden größtenteils in 24 V-Technik ausgeführt. Die digitalen Ausgänge können dabei meistens einen Strom treiben, der ausreichend ist, ein 24 V-Gleichstromschütz anzusteuern.
Für die elektrische Betriebssicherheit der Anlage, ist es oft von Bedeutung, dass die Prozessschnittstellen galvanisch entkoppelt sind.

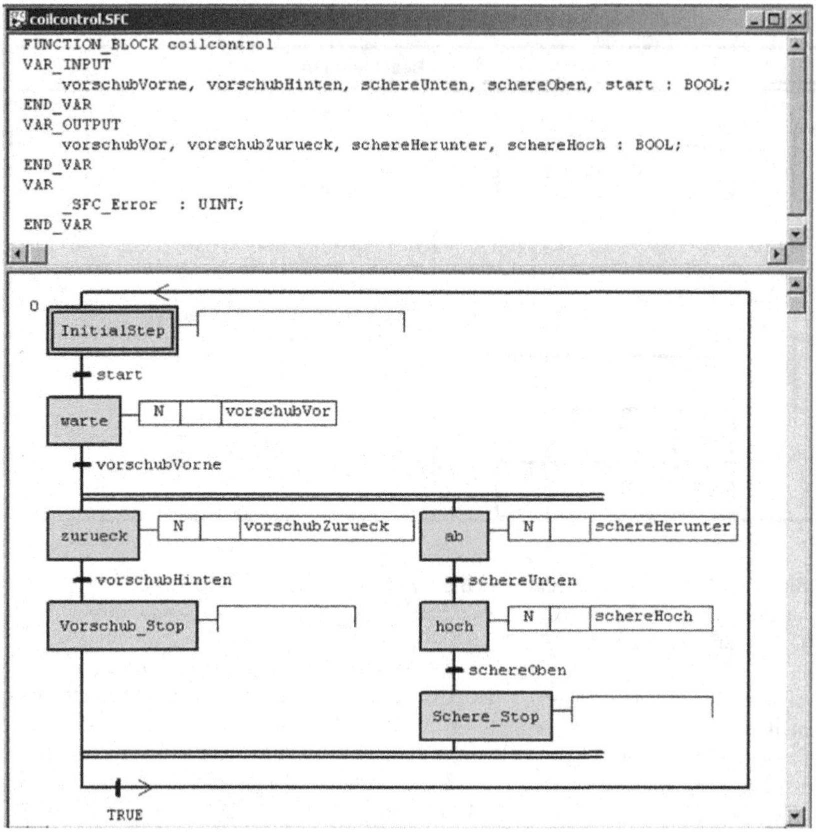

Bild 14-30. Beispiel Coil-Anlage

Formelzeichen der Regelungs- und Steuerungstechnik

a) *Allgemeine Darstellung*

$e(t), f(t), \ldots$	kontinuierliche Zeitfunktionen, Signale
$e(k), f(k), \ldots$	diskrete Zeitfunktionen, Folgen
$E(s), F(s), \ldots$	Laplace-Transformierte von $e(t), f(t), \ldots$
$E(\mathrm{j}\omega), f(\mathrm{j}\omega), \ldots$	Fourier-Transformierte von $e(t), f(t), \ldots$
$E_\mathrm{Z}(z), F_\mathrm{Z}(z), \ldots$	z-Transformierte von $e(k)$, $f(k) \ldots$
$\boldsymbol{x}, \boldsymbol{x}(t)$	Vektoren (konstant bzw. zeitabhängig) (anders in Kap. 14!)
$\boldsymbol{A}, \boldsymbol{A}(t), \boldsymbol{\Phi}(t)$	Matrizen (konstant bzw. zeitabhängig)
$\lvert\boldsymbol{A}\rvert$	Determinante der Matrix $\boldsymbol{A}$
$\boldsymbol{X}(s), \boldsymbol{U}(s), \ldots$	Laplace-Transformierte der Vektoren $\boldsymbol{x}(t), \boldsymbol{u}(t), \ldots$
$\underline{G}(s), \underline{\Phi}(s)$	Matrizen, deren Elemente Funktionen, z. B. Polynome, von s sind
$\mathcal{L}$	Operator der Laplace-Transformation
$\mathcal{F}$	Operator der Fourier-Transformation
$\mathcal{Z}$	Operator der z-Transformation
Z	doppelter Operator für $\mathcal{Z}\{\mathcal{L}^{-1}\{\ldots\}\rvert_{t=kT}\}$

$\boldsymbol{x}^{\mathrm{T}}, \boldsymbol{A}^{\mathrm{T}}$	Transponierte des Vektors $\boldsymbol{x}$ bzw. der Matrix $\boldsymbol{A}$
$\boldsymbol{A}^{-1}$	Inverse der Matrix $\boldsymbol{A}$
$\hat{x}, \hat{p}$	Schätzwert oder rekonstruierter Wert von x oder p

b) *Spezielle Kennzeichnungen*

t	kontinuierliche Zeitvariable
$\sigma(t)$	Sprungfunktion
$\delta(t)$	Impulsfunktion
$h(t)$	Übergangsfunktion
$g(t)$	Gewichtsfunktion
k	diskrete Zeitvariable
$\delta_{\mathrm{d}}(k)$	diskreter Impuls
$h(k)$	Übergangsfolge
$g(k)$	Gewichtsfolge
u	Stellgröße
u_{R}	Reglerausgangsgröße
w	Führungsgröße
y	Regelgröße
z	Störgröße
s	$= \sigma + \mathrm{j}\omega$, komplexe Bildvariable für die Laplace-Transformation, auch als Frequenzvariable bezeichnet
ω	$= 2\pi/T$, Kreisfrequenz
$G(s)$	Übertragungsfunktion
$G(\mathrm{j}\omega)$	Frequenzgang (allgemein)
$G_0(s), G_0(\mathrm{j}\omega)$	Übertragungsfunktion bzw. Frequenzgang des offenen Regelkreises
$G_{\mathrm{W}}(s)$	Führungsübertragungsfunktion
$G_{\mathrm{Z}}(s)$	Störungsübertragungsfunktion
z	komplexe Bildvariable der z-Transformation
$G(z)$	z-Übertragungsfunktion
$R(\omega)$	Realteil von $G(\mathrm{j}\omega)$
$I(\omega)$	Imaginärteil von $G(\mathrm{j}\omega)$
$\boldsymbol{x}(t)$	Vektor der Zustandsgrößen, Zustandsvektor
$\boldsymbol{u}(t)$	Vektor der Stellgrößen, Stellvektor (auch Steuervektor)
$\boldsymbol{y}(t)$	Vektor der Ausgangsgrößen, Ausgangsvektor
$R_{\mathrm{ab}}(\tau)$	Korrelationsfunktion
$S_{\mathrm{ab}}(\mathrm{j}\omega)$	Spektrum

c) *International genormte Formelzeichen* (in Klammern die in Deutschland bevorzugten Ausweichzeichen) nach DIN 19221

u	Eingangsgröße
w	Führungsgröße
$v, (z)$	Störgröße
e	Regeldifferenz, Regelabweichung
$m, (y)$	Stellgröße
$y, (x)$	Regelgröße
$q, (x_{\mathrm{A}})$	Aufgabengröße
$f, (r)$	Rückführgröße

Literatur

Allgemeine und weiterführende Literatur insbesondere zu den Kapiteln 1 bis 8

Angermann, A.; Beuschel, M.; Rau, M.; Wohlfarth, U.: Matlab – Simulink – Stateflow. München: 4. Aufl. Oldenbourg 2005

Antsaklis, P.; Michel, A.: Linear systems. New York: McGraw-Hill 1997

Belanger, P.: Control Engineering, Orlando, Fla.: Saunders 1995

Bode, H.: MATLAB in der Regelungstechnik. Stuttgart: Teubner 1998

Böttiger, A.: Regelungstechnik. 3. Aufl. München: Oldenbourg 1998

Cremer, M.: Regelungstechnik. 2. Aufl. Berlin: Springer 1995

De Carvalho, J.: Dynamical systems and automatic control. New York: Prentice-Hall 1993

Dickmanns, E.D.: Systemanalyse und Regelkreissynthese. Stuttgart: Teubner 1985

Dörrscheidt, F.; Latzel, W.: Grundlagen der Regelungstechnik. 2. Aufl. Stuttgart: Teubner 1993

Föllinger, O.: Regelungstechnik. 8. Aufl. Heidelberg: Hüthig 1994

Franke, D.; Krüger, K.; Knoop, M.: Systemdynamik und Reglerentwurf. München: Oldenbourg 1992

Geering, H.P.: Regelungstechnik. 3. Aufl. Berlin: Springer 1994

Grantham, W.: Modern control systems. New York: Wiley 1993

Leonhard, W.: Einführung in die Regelungstechnik. 6. Aufl. Wiesbaden: Vieweg 1992

Levine, W.: The control handbook, Boca Raton, Fla.: CRC Press 1996

Litz, L.: Grundlagen der Automatisierungstechnik. München: Oldenbourg 2005

Ludyk, G.: Theoretische Regelungstechnik, 2 Bde. Berlin: Springer 1995

Lunze, J.: Regelungstechnik, 2 Bde. Berlin: Springer 2006, 2007

Mann, H.; Schiffelgen, H.; Froriep, R.: Einführung in die Regelungstechnik. München: 9. Aufl. Hanser

Merz, L.; Jaschek, H.: Grundkurs der Regelungstechnik. 14. Aufl. München: Oldenbourg 2003

Ogata, K.: Modern control engineering. 2nd. Englewood Cliffs, N.J.: Prentice-Hall 1990

Olsson, G.; Piani, G.: Steuern, Regeln, Automatisieren. München: Hanser 1993

Oppelt, W.: Kleines Handbuch technischer Regelvorgänge. 5. Aufl. Weinheim: Verl. Chemie 1972

Philips, C.; Harbor, R.D.: Feedback control systems. 3rd ed. Englewood Cliffs, N.J.: Prentice-Hall 1996

Reinhardt, H.: Automatisierungstechnik. Berlin: Springer 1996

Reinisch, K.: Analyse und Synthese kontinuierlicher Steuerungssysteme. Berlin: Verl. Technik 1979

Reinschke, K.: Lineare Regelungs- u. Steuerungstheorie. Berlin: Springer 2006

Roppenecker, G.: Zeitbereichsentwurf linearer Regelungen. München: Oldenbourg 1990

Samal, E.; Becker, W.: Grundriß der praktischen Regelungstechnik. München: 21. Aufl. Oldenbourg 2004

Schlitt, H.: Regelungstechnik. 2. Aufl. Würzburg: Vogel 1993

Schmidt, G.: Grundlagen der Regelungstechnik. 2. Aufl. Berlin: Springer 1987

Schneider, W.: Regelungstechnik für Maschinenbauer. 2. Aufl. Wiesbaden: Vieweg 1994

Schulz, G.: Regelungstechnik Bd. 1 u. Bd. 2. München: Oldenbourg 2002 u. 2004

Solodownikow, W.W.: Analyse und Synthese linearer Systeme. Berlin: Verl. Technik 1971

Solodownikow, W.W.: Stetige lineare Systeme. Berlin: Verl. Technik 1971

Stefani, R.T. et al.: Design of feedback control systems. Orlando: Saunders College Publishing 1994

Unbehauen, H.: Regelungstechnik I: Klassische Verfahren zur Analyse und Synthese linearer kontinuierlicher Regelsysteme. 14. Aufl. Wiesbaden: Vieweg 2007

Weinmann, A.: Regelungen, Bd. I: Systemtechnik linearer und linearisierter Regelungen. 3. Aufl. Wien: Springer 1994

Wolovich, W.: Automatic control systems. Orlando, Fla.: Saunders 1994

Kahlert, J.; Frank, H.: Fuzzy-Logik und Fuzzy-Control. Braunschweig, Wiesbaden: Vieweg 1993

Kahlert, J.: Fuzzy Control für Ingenieure. Fuzzy-Regelsystemen. Braunschweig, Wiesbaden: Vieweg 1995

Zimmermann, H.: Fuzzy set theory and its applications. 2nd ed. Boston: Kluwer 1992

Boullart, L.: Krijgsman, A.: Vingerhoeds, R.A.: Application of artificial intelligence in process control. Oxford: Pergamon 1992

Hrycej, T.: Neurocontrol. New York: Wiley 1997

Spezielle Literatur zu Kapitel 1

1. Wiener, N.: Cybernetics; or, Control and communication in the animal and the machine. New York: Wiley 1948
2. DIN 19226-1/6: Leittechnik; Regelungstechnik und Steuerungstechnik

Spezielle Literatur zu Kapitel 2

1. Schöne, A.: Simulation technischer Systeme, 3 Bde. München: Hanser 1974

Spezielle Literatur zu Kapitel 3

1. Unbehauen, R.: Systemtheorie, Bd. 1 u. 2. München: Oldenbourg 1998/2002

Spezielle Literatur zu Kapitel 4

1. Doetsch, G.: Anleitung zum praktischen Gebrauch der Laplace-Transformation und der z-Transformation. 5. Aufl. München: Oldenbourg 1985
2. Föllinger, O.: Laplace- und Fourier-Transformation. Berlin: Elitera-Verl. 1977
3. [Unbehauen, Regelungstechnik I]

Spezielle Literatur zu Kapitel 5

1. [Unbehauen, Regelungstechnik I]
2. Tietze, U.; Schenk, Ch.: Halbleiter-Schaltungstechnik. 10. Aufl. Berlin: Springer 1993

Spezielle Literatur zu Kapitel 6

1. Hurwitz, A.: Über die Bedingungen, unter welchen eine Gleichung nur Wurzeln mit negativen reellen Teilen besitzt. Math. Ann. 46 (1895) 273–284
2. Routh, E.J.: A treatise on the stability of a given state of motion. London: Macmillan 1877
3. Nyquist, H.: Regeneration theory. Bell Syst. Tech. J. 11 (1932) 126–147

Spezielle Literatur zu Kapitel 7

1. Evans, W.R.: Control system dynamics. New York: McGraw-Hill 1954

Spezielle Literatur zu Kapitel 8

1. Newton, G.C.; Gould, L.A.; Kaiser, J.F.: Analytical design of linear feedback control. New York: Wiley 1957
2. Unbehauen, H.: Stabilität und Regelgüte linearer und nichtlinearer Regler in einschleifigen Regelkreisen bei verschiedenen Streckentypen mit P- und I-Verhalten. (Fortschr.-Ber., R. 8, 13) Düsseldorf: VDI-Verl. 1970
3. [Oppelt], S. 462–476
4. Ziegler, J.G.; Nichols, N.B.: Optimum settings for automatic controllers. Trans. ASME 64 (1942) 759–768
5. [Unbehauen, Regelungstechnik I]
6. Truxal, J.G.: Entwurf automatischer Regelsysteme. Wien, München: Oldenbourg 1960, S. 297–338

Allgemeine Literatur zu Kapitel 9

Atherton, D.: Nonlinear control engineering. London: Van Nostrand 1981

Föllinger, O.: Nichtlineare Regelung, 7. Aufl. München: Oldenbourg 1993

Khalil. K.: Nonlinear systems. New York: Macmillan 1992

Nijmeijer, H.; van der Schaft, A.: Nonlinear dynamical control systems. Berlin: Springer 1990

Parks, P.C.: Hahn, V.: Stabilitätstheorie. Berlin: Springer 1981

Schwarz, H.: Nichtlineare Regelungssysteme. München: Oldenbourg 1991

Unbehauen, H.: Regelungstechnik II: Zustandsregelungen, digitale und nichtlineare Regelsysteme. 9. Aufl. Wiesbaden: Vieweg 2007

Vidyasagar, M.: Nonlinear systems analysis. Englewood Clifs, N.J.: Prentice-Hall 1993

Spezielle Literatur zu Kapitel 9

1. Siehe [2] zu Kap. 8
2. [Unbehauen, Regelungstechnik II]
3. Gille, J.; Pelegrin, M.; Decaulne, O.: Lehrgang der Regelungstechnik, Bd. I. München: Oldenbourg 1960
4. Feldbaum, A.: Rechengeräte in automatischen Systemen. München: Oldenbourg 1962
5. Boltjanski, W.G.: Mathematische Methoden der optimalen Steuerung. München: Hanser 1972
6. Hahn, W.: Theorie und Anwendung der direkten Methode von Ljapunov. Berlin: Springer 1959
7. Aiserman, M.; Gantmacher, F.: Die absolute Stabilität von Regelsystemen. München: Oldenbourg 1965
8. Schultz, D.; Gibson, J.: The variable gradient method for generating Liapunov functions. Trans. AIEE 81, Part II (1962) 203–210
9. Popov, V.: Absolute stability of nonlinear systems of automatic control. Autom. Remote Control 22(1961) 961–978

Allgemeine Literatur zu Kapitel 10

Ackermann, J.: Sampled-data control systems. Berlin: Springer 1985

Braun, A.: Digitale Regelungstechnik. München: Oldenbourg 1997

Feindt, E.: Regeln mit dem Rechner. 2. Aufl. München: Oldenbourg 1994

Föllinger, O.: Lineare Abtastsysteme. 5. Aufl. München: Oldenbourg 1993

Franklin, G.; Powell, J.; Workman, M.: Digital control of dynamic systems. London: Addison-Wexley 1990

Gausch, F.; Hofer, A.: Schlachter, K.: Digitale Regelkreise. 2. Aufl. München: Oldenbourg 1993
Günther, M.: Zeitdiskrete Steuerungssysteme. Berlin: Verl. Technik 1986
Isermann, R.: Digitale Regelsysteme, 2 Bde. 2. Aufl. Berlin: Springer 1987
Kuo, B.: Digital control systems. Orlando, Fla.: Saunders 1992
Latzel, W.: Einführung in die digitalen Regelungen. Düsseldorf: VDI-Verlag 1995
Ogata, K.: Discrete-time control systems. 2nd ed. Englewood Cliffs, N.J.: Prentice-Hall 1995
Phillips, C.; Nagle, H.: Digital control system analysis and design. Englewood Cliffs, N.J.: Prentice-Hall 1984
Santina, M.; Stubberud, A.; Hostetter, G.: Digital control system design. Orlando, Fla.: Saunders 1994
Unbehauen, H.: Regelungstechnik II; siehe zu Kap. 9
Van den Enden, A.; Verhoeckx, N.: Digitale Signalverarbeitung. Wiesbaden: Vieweg 1990

Spezielle Literatur zu Kapitel 10

1. Siehe [1] zu Kap. 4
2. Zypkin, S.: Theorie der linearen Impulssysteme. München: Oldenbourg 1967
3. [Unbehauen, Regelungstechnik II]
4. Tustin, A.: Method of analysing the behaviour of linear systems in terms of time series. J. IEE 94, Part IIA (1947) 130–142
5. Jury, E.: Theory and application of the z-transform method. New York: Wiley 1964
6. [Föllinger, Abtastsysteme]
7. Takahashi, Y.; Chan, C.; Auslander, D.: Parametereinstellung bei linearen DDC-Algorithmen. Regelungstechnik 19 (1971) 237–244

Allgemeine Literatur zu Kapitel 11

Hippe, P.; Wurmthaler, Ch.: Zustandsregelung. Berlin: Springer 1985
Ludyk, G.: Theoretische Regelungstechnik Bd. 1 und Bd. 2. Berlin: Springer 1995
Ogata, K.: State space analysis of control systems. Englewood Cliffs, N.J.: Prentice-Hall 1967
Unbehauen, H.: Regelungstechnik II; siehe zu Kap. 9

Spezielle Literatur zu Kapitel 11

1. [Unbehauen, Regelungstechnik II]
2. Kalman, R.: On the general theory of control systems. Proc. 1st IFAC Congress, Moskau 1960, Bd. 1. München: Oldenbourg 1961, S. 481–492
3. [Unbehauen, Regelungstechnik III; siehe zu Kap. 12]
4. [Angermann, A., Beuschel, M.; Rau, M.; Wohlfarth, U.]

Allgemeine Literatur zu Kapitel 12

Eykhoff, P.: System identification. London: Wiley 1974
Gevers, M.; Li, G.: Parametrizations in control, estimation and filtering problems. Berlin: Springer 1993
Isermann, R.: Identifikation dynamischer Systeme. 2 Bde. 2. Aufl. Berlin: Springer 1992
Johansson, R.: System modeling and identification. New York: Prentice-Hall 1992
Juang, J.: Applied system identification. Englewood Cliffs, N.J.: Prentice-Hall 1994
Ljung, J.: System identification. 2nd ed. Englewood Cliffs, N.J.: Prentice-Hall 1999
Natke, H.G.: Einf. in Theorie und Praxis der Zeitreihen und Modalanalyse. 3. Aufl. Wiesbaden: Vieweg 1992
Sinha, N.; Rao, G.P.: Identification of continuous-time systems. Dortrecht: Kluwer 1991
Söderström, T.; Stoica, P.: System identification. New York: Prentice-Hall 1989
Unbehauen, H.: Regelungstechnik III: Identifikation, Adaption, Optimierung. 6. Aufl. Wiesbaden: Vieweg 2000
Unbehauen, H.; u.a.: Parameterschätzverfahren zur Systemidentifikation. München: Oldenbourg 1974
Unbehauen, H.; Rao, G. P.: Identification of continuous systems. Amsterdam: North-Holland 1987

Spezielle Literatur zu Kapitel 12

1. [Unbehauen, Regelungstechnik III]
2. Schwarze, G.: Algorithmische Bestimmung der Ordnung und Zeitkonstanten bei P-, I- und

D-Gliedern. messen, steuern, regeln 7 (1964) 10–18
3. [Unbehauen/Rao]
4. Unbehauen, H.: Kennwertermittlung von Regelsystemen an Hand des gemessenen Verlaufs der Übergangsfunktion. messen, steuern, regeln 9 (1966) 188–191
5. Unbehauen, H.: Bemerkungen zu der Arbeit von W. Bolte „Ein Näherungsverfahren zur Bestimmung der Übergangsfunktion aus dem Frequenzgang". Regelungstechnik 14 (1966) 231–233
6. [Unbehauen, Regelungstechnik III]

Allgemeine Literatur zu Kapitel 13

Ackermann, J.: Robust control: Systems with uncertain physical parameters. New York: Springer 1993

Aström, K.; Wittenmark, B.: Adaptive control. Reading (Ma.): Addison-Wesley 1989

Aström, K.; Wittenmark, B.: Computer-controlled systems: Theory and design. London: Prentice-Hall 1990

Chalam, V.: Adaptive control systems. New York: Dekker 1987

Cichocki A.; Unbehauen, R.: Neural networks for optimization and signal processing. Chichester (UK): Wiley 1993

De Keyser, R.; Van de Velde, P.; Dumortier, F.: A comparative study of self-adaptive long-range predictive control methods. Automatica 24 (1988) 149–163

Goodwin, G.; Sin, K.: Adaptive filtering and control. Englewood Cliffs (N.J.): Prentice-Hall 1984

Harris, C.; Billings, S.: Self-tuning and adaptive control. London: P. Peregrinus 1981

Ioannou, P.; Sun, J.: Robust adaptive control. Upper Saddle River (N.J.): Prentice-Hall 1996

Isermann, R.; Lachmann, K.; Matko, D.: Adaptive control systems. New York: Prentice-Hall 1992

Kahlert, J.; Frank, H.: Fuzzy-Logik und Fuzzy-Control. Braunschweig: Vieweg 1993

Kiendl, H.: Fuzzy Control methodenorientiert. München: Oldenbourg 1997

King, R.: Computational intelligence in control engineering. New York: Dekker 1999

Koch, H.; Kuhn, T.; Wernstedt, J.: Fuzzy Control. München: Oldenbourg 1996

Krstic, M.; Kanellakopoulos, I.; Kokotovic, P.: Nonlinear and adaptive control design. New York: Wiley 1995

Landau, Y.: Adaptive control. New York: Dekker 1979

Levine, W. (ed.): The control handbook. Boca Raton (Fl.): CRC Press 1996

Lin, C.: Advanced control systems design. Englewood Cliffs: Prentice-Hall 1994

Maciejowski, J.: Predictive control with constraints. London: Prentice-Hall 2002

Martin-Sanchez, J; Rodellar, J.: Adaptive predictive control. London: Prentice-Hall 1996

Mosca, E.: Optimal predictive and adaptive control. London: Prentice-Hall 1995

Mutambara, A.: Design and analysis of control systems. Boca Raton (Fl.): CRC Press 1999

Narendra, K.; Annaswami, A.: Stable adaptive systems. Englewood Cliffs (N.J.): Prentice-Hall 1989

Nijmeijer, H.; van der Schaft, A.: Nonlinear dynamic control systems. Berlin: Springer 1990

Nise, N.: Control systems engineering. New York: Wiley 2000

Rawlings, J.: Tutorial overview of model predictive control. IEEE Contr. Syst. Magazine 20-3 (2000) 38–52

Sastry, S.; Bodson, M.: Adaptive control – Stability, convergence and robustness. Englewood Cliffs: Prentice-Hall (N.J.) 1998

Strietzel, R.: Fuzzy-Regelung. München: Oldenbourg 1996

Unbehauen, H.: Regelungstechnik III; siehe zu Kap. 12

Wellstead, P.; Zarrop, M.: Self-tuning systems. Chichester (UK): Wiley 1991

Zilouchian, A.; Jamshidi, M. (eds.): Intelligent control systems using soft computing methodologies. Boca Raton (Fl.): CRC Press 2001

Spezielle Literatur zu Kapitel 13

1. Smith, O.: A controller to overcome dead-time. ISA Journal 6-2 (1959) 28–33
2. Hang, C.C.: Smith predictor and modifications. In: H. Unbehauen (ed.): Control systems, robotics and automation–UNESCO-Encyclopedia of

Life Support Systems (EOLSS). Oxford (UK): Eolss-Publishers (Internet) 2003
3. Francis, B.; Wonham, W.: The internal model principle for linear multivariable regulators. Applied Mathematics and Optimization 2 (1975) 170–194
4. Morari, M.; Zafiriou, E.: Robust process control. Englewood Cliffs (N.J.): Prentice-Hall 1989
5. Barmish, B.: New tools for robustness of linear systems. New York: Macmillan 1994
6. Bhattacharyya, S.; Chappelat, H.; Keel, L.: Robust control: The parametric approach. Upper Saddle River (N.J.): Prentice-Hall 1995
7. Zames, G.: Feedback and optimal sensitivity: Model reference transformations, multiplicative seminorms, and approximate inverses. IEEE Trans. AC 26 (1981) 301-320
8. Boyd, S.; Barratt, C.: Linear controller design: Limits of performance. Englewood Cliffs (N.J.): Prentice- Hall 1991
9. Kharitonov, V.: Über eine Verallgemeinerung eines Stabilitätskriteriums (russ.). Izvetiy Akademii Nauk Kazakhskoi SSR, Seria Fizikomatematicheskaia 26 (1978) 53–57
10. Camacho, E.; Bordons, C.: Model predictive control. London: Springer 1999
11. Soeterboek, A.: Predictive control: A unified approach. New York: Prentice-Hall 1992
12. Clarke, D.: Advances in model-based predictive control. New York: Oxford University Press 1994
13. Krämer, K.: Ein Beitrag zur Analyse und Synthese adaptiver prädiktiver Regler. Düsseldorf: VDI-Verlag 1992
14. Chen, H.; Allgöwer, F.: Nonlinear model predictive control schemes with guaranteed stability. In: Berber, R.; Kravaris, C. (eds.): Nonlinear model based process control.Dordrecht: Kluwer Academic Publishers 1998
15. Halldorsson, U.: Synthesis of multirate nonlinear predictive control. Düsseldorf: VDI-Verlag 2003
16. [Unbehauen, Regelungstechnik III]
17. Clarke, D.; Gawthrop, P.: Self-tuning controller. IEE Proc. Pt.D: Control Theory and Applications 122-9 (1975) 929–934
18. Annaswamy, A.: Model reference adaptive control. In: H. Unbehauen (ed.): Control systems, robotics and automation–UNESCO-Encyclopedia of Life Support Systems (EOLSS). Oxford (UK): Eolss-Publishers (Internet) 2003
19. Gawthrop, P.: Continuous-time self-tuning control. Vol. 1: Design. Lechworth (UK): Research Study Press 1987
20. [Unbehauen, Regelungstechnik III]
21. Anderson, B. et al.: Stability of adaptive systems. Cambridge (Ma.): M.I.T. Press, 1986
22. Aström, K.; Hägglund, T.: Automatic tuning of simple regulators with specification on phase and amplitude margins. Automatica 20 (1984) 645–651
23. Filatov, N.; Unbehauen, H.: Adaptive dual control. Berlin: Springer 2004
24. Kokotovic, P.; Khalil, H.; O'Reilly, J.: Singular perturbation methods in control: Analysis and design. Philadelphia: SIAM 1999
25. Utkin, V.: Variable structure systems with sliding modes. IEEE Trans. AC 22 (1977) 212–222
26. Hung, J.Y.; Gao, W.; Hung, J.C.: Variable structure control. IEEE Trans. IE 40-1 (1993) 2–22
27. Khalil, H.: Nonlinear systems. Upper Saddle River (N.J.): Prentice-Hall 2002
28. Driankov, D.; Hellendorn, H.; Reinfrank, M.: An introduction to fuzzy control. Berlin: Springer 1993
29. Funahashi, K.: On the approximate realization of continuous mapping by neural networks. Neural Networks 2 (1989) 183–192
30. Harris, C.; Brown, M.; Bossley, M.; Milis, D.; Feng, M.: Advances in neurofuzzy algorithms for real-time modelling and control. Engng. Applic. Artif. Intell. 9 (1996) 1–16
31. Linkens, D.; Nyongesa, H.: Learning systems in intelligent control: An appraisal of fuzzy, neural and genetic control applications. IEE Proc. CTA 143 (1996) 367–386

Allgemeine Literatur zu Kapitel 14

Bonfatti, F.; Monari, P.D.; Sampieri, U.: IEC 1131-3 programming methodology. Seyssins: CJ International 1997

John, K.-H.; Tiegelkamp, M.: SPS-Programmierung mit IEC 1131-3. Berlin: Springer 1997

Lewis, R.W.: Programming industrial control systems using IEC 1131-3. London: The Institution of Electrical Engineers 1998

Pickhardt, R.: Grundlagen und Anwendungen der Steuerungstechnik. Braunschweig: Vieweg 2000

Allgemeine Literatur zu Kapitel 1 bis 14

Früh, K.F. (ed.): Handbuch der Prozeßautomatisierung. München: Oldenbourg 2000

Singh, M.G. (ed.): Systems and control encyclopedia. Oxford: Pergamon Press 1987

Levine, W.S. (ed.): The Control Handbook. Boca Raton (Fl): CRC Press 1996

Unbehauen, H. (ed.): Component Encyclopedia of Control Systems Rolotics and Automation (ECSRA) of UNESCO-Encyclopedia of Life Support Systems (EOLSS). Oxford (UK): EOLSS-Publishes (Internet) 2003